ANNE KRÜGER-DEGENER

Wenn Pferde Komplimente machen

HarmoniLogie® – Kommunikationstraining für Mensch und Pferd

MIT KOSMOS MEHR ENTDECKEN
Damit Pferde motiviert mitarbeiten
SEIT 1822

KOSMOS

Inhalt

ZU BEGINN

»Ein Meister ist nicht derjenige, der etwas lehrt, sondern jemand, der seinen Schüler dazu anregt, sein Bestes zu geben, um ein Wissen zu entdecken, das er bereits in seiner Seele trägt.«

Paulo Coelho, Der Weg des Bogens

Herzlich willkommen, mein Name ist Anne Krüger-Degener und ich freue mich, Ihnen in diesem Buch meinen Weg der Pferdeausbildung vorzustellen.

Als Tierwirtschaftsmeisterin, Betriebsleiterin, Ausbilderin, Tiertrainerin, Züchterin, Lehrerin, Buchautorin, Künstlerin, Reiterin und Mutter habe ich den größten Teil meines Lebens damit zugebracht, Kommunikation zu erlernen und zu verstehen. Dabei habe ich mich mit den unterschiedlichsten Gattungen befasst. So habe ich mich auf einen eigenwilligen Weg gemacht, maßgeblich von den Tieren gelernt und eine eigene Methode entwickelt.

Die HarmoniLogie® ist eine beobachtende Lehre, die sachlich, aber gefühlvoll ein wertfreies Miteinander erzielt. Mein Weg mit den Pferden basiert auf der Idee, ihnen durch eine klare und faire Kommunikation Führung zu geben und offen zu sein für ihre individuellen Antworten auf meine Fragen. Ich wünsche mir das Pferd als gesunden und leistungsbereiten Partner, der mir zuhört, mir zugewandt ist und gerne mit mir arbeitet.

In dieser Beziehung soll sich jeder sicher fühlen, sie soll Freude machen und auf Vertrauen und Respekt begründet sein.

In diesem Buch erfahren Sie, warum Pferde besser rechnen und lesen können als wir Menschen, warum Pferde die besten Menschentrainer sind und wie man sie von sich überzeugen kann.

Es erwartet Sie ein praktischer Leitfaden, gefüllt mit neurobiologischen Grundlagen, persönlichen Erfahrungen, aber auch eine philosophische Denkweise, die überhaupt nicht den Anspruch hat, das Rad neu zu erfinden. Das Rad der Reiterei ist gut. Doch vielleicht braucht das Rad immer wieder ein neues Profil, einen besseren Antrieb oder auch eine klare Navigation. Und ich bin davon überzeugt, dass diese Navigation in Richtung Pferd führen muss.

Mir ist bewusst geworden, dass ein Miteinander, egal ob mit Artgenossen oder auch artübergreifend, nur funktionieren kann, wenn die Individuen zwei Dinge beherrschen: Wir brauchen eine friedschaffende Dominanz und die Bereitschaft, Kompromisse zu schließen. Der Führungsstil der Natur besteht aus diesen beiden Grundzügen. Ein stures Dominieren ist für eine Beziehung ebenso ungut wie ein ständiges Verhandeln. Die Kombination aus beiden ist es, die uns auf den richtigen gemeinsamen Weg bringt.

Durch Korrigieren der inneren Haltung formen wir die äußere Haltung nach unseren Wünschen. Die HarmoniLogie® transportiert diesen Ansatz, und führt zu einer fairen und gelungenen Partnerschaft, zu einem harmonischen Miteinander, bei dem am Ende auch sportliche Höchstleistungen stehen können.

Sie dürfen gespannt sein auf unsere gemeinsame Reise in die HarmoniLogie® – genießen Sie diesen Ausflug in meine, in unsere Welt. In diesem Buch erfahren Sie eine lebenswerte Philosophie, die nicht nur Pferde wunderbar schult.

Ihre

Anne Krüger-Degener

Anne Krüger-Degner mit Socio und Fürstenkind

ZUM GELEIT

Liebe Anne,

schon als kleines Mädchen wollte ich nur eines: Reiten! Mit dreizehn Jahren ritt ich meine erste Prüfung auf einem Turnier. Mit vierzehn machte ich das Reitabzeichen und mit zwanzig absolvierte ich mein erstes S-Springen. Alles auf selbst ausgebildeten Pferden. Ich liebte die Reiterei und konnte mir nie vorstellen, einmal ohne Pferde zu sein. Diese wunderbaren Tiere mit dem seidigen Fell, den weichen Nüstern, der enormen Kraft und Geschmeidigkeit. Das Glück, das ich verspürte, wenn ich ihnen etwas beigebracht hatte, schien mir unübertrefflich.

Dann kam eine Phase, in der ich aus gesundheitlichen Gründen zehn Jahre gar nicht mehr reiten durfte. So widmete ich mich voll und ganz den Hunden. Und sie waren es, die mich vor acht Jahren zu Dir nach Melle führten. Dort lernte ich eine Welt kennen, von der ich nicht einmal wusste, dass es sie gibt. Und das, obwohl ich bis dahin jeden Tag in meinem Leben entweder mit Hunden oder mit Pferden zu tun gehabt hatte. Es war die Welt der HarmoniLogie®. Annes Welt.

Ich hatte keine Vorstellung davon, wie es ist, mit einem Pferd wirklich zu kommunizieren, mit diesem großen Geschöpf auf Augenhöhe Dinge zu entwickeln, ja gemeinsame Ziele zu verfolgen. Sich jederzeit zu hundert Prozent sicher zu fühlen – nicht etwa, weil man alles im Griff hat, sondern weil die Pferde bei Dir zu echten Kameraden werden. Ein kleines Beispiel: Als ich kürzlich beim Aufsteigen auf meinen dreijährigen Oldenburger-Hengst im Bügel abrutschte, hängen blieb und kopfüber an der Seite des Pferdes baumelte, schaute der große Schwarze mich nur an. Er wartete geduldig und umsichtig, bis ich endlich wieder auf den Füßen war. So etwas ist nicht nur sehr selten. Nein, es geschieht nur, wenn die Pferde nach Deiner großartigen Methode ausgebildet sind. Davon bin ich überzeugt. Ich habe viele Jahre versäumt, einen echten Dialog mit meinen Pferden zu führen. Dabei ist diese Art der Kommunikation mit den Tieren echtes Lebensglück und pure Lebensfreude!

Ich bin Dir, liebe Anne, unendlich dankbar, dass ich Deine Sprache lernen durfte. Sie hat nicht nur mein Leben, sondern besonders das meiner Tiere vielfach bereichert. Und ich kann behaupten, dass es meinen Tieren vorher auch schon recht gut ging. Aber wenn mein Pferd mir ohne jeden Zwang folgt, sich auf ein ganz leises Zeichen zu mir wendet, beim Reiten auf die feinste Hilfe reagiert und dazu noch jederzeit entspannt ist, dann ist das wirklich unübertrefflich.

Es ist ein absolutes Glücksgefühl!

Ich und viele andere Menschen danken Dir für ein glücklicheres, freieres Leben mit unseren Tieren.

Herzlich
Deine Schülerin und Freundin
Alexandra

Alexandra Jahr mit dem PRE Osito

GRUNDLAGENWISSEN

— *Die Bausteine zum Erfolg*

HARMONILOGIE® – FÜR ECHTE ZUSAMMENARBEIT

Sie grasen friedlich Kopf an Kopf unter dem Apfelbaum. Ein unfassbar idyllisches Bild. Alle vier Pferde sind in eine Himmelsrichtung ausgerichtet und es wirkt wie eine einstudierte Choreographie, denn jedes Pferd hält zu seinem Kumpel denselben Abstand. Man gewinnt den Eindruck, als hätten sie beim Grasen sogar denselben Rhythmus. Drei Warmblüter und die 1,30 Meter große Welsh A-Stute teilen sich die Koppel.

Fällt ein Apfel vom Baum, gibt es keine Fragen. Die kleine Stute geht in Ruhe hin und frisst ihn genüsslich. Zugegeben, ihr Gesichtsausdruck ist dabei nicht ganz spannungsfrei. Aber wenn ich morgens den Hafer in die Tröge fülle, kann ich so verspannt schauen, wie ich will – meine vierbeinigen großen Gefährten drängeln dennoch zum Frühstück.

Wie macht diese kleine Stute das nur? Sie kann Nähe und Distanz durch minimale Gesten steuern und hat die drei Warmblüter ohne großes Aufheben im Griff. Ist der Apfel verspeist, grasen alle wieder Kopf an Kopf. Und auch hier entsteht der Eindruck, dass die Jungs sich nach der Fressrichtung der kleinen Grande Dame richten und nicht umgekehrt.

So viel Einfluss hat dieses kleine Tier. So will ich das auch, denn es wirkt friedlich und unaufwändig. Still dominant, oder aber es ist die stille Dominanz der räumlichen Organisation der körperlichen Sprache. Erschrecken Sie nicht vor diesem Satz, Sie werden ihn noch einmal lesen. Es handelt sich um die klassische Frage: „Wer bewegt wen?“ Es geht um die Dominanz über Raum und Zeit oder um eine gelungene Symbiose aus Nähe und Distanz.

Das Erfolgsprinzip Herde besteht aus Spur, Vertrauen und Respekt.

DAS NATURGESETZ DER SPRACHE

Das System einer Herde zu erkennen ist für mich ein Heimspiel, und im Spiel aus Nähe und Distanz bin ich zuhause. Bin ich heute mehr Schäferin aus Leidenschaft, so war es anfangs die Leidenschaft zu den Tieren, zu ihrer Gesunderhaltung, die mich meinen eigenwilligen oder vielleicht auch einfach einzigartigen Weg gehen ließ. Entdeckt, gelernt und verstanden habe ich dabei die Gesetze der Natur, das Naturgesetz der Sprache.

NÄHE, DISTANZ, VERTRAUEN, RESPEKT

Dieses System konnte ich in meinem Leben studieren – und die Meister, die ich traf, hatten meist vier Beine und eine Menge Fell. Als Tierwirtschaftsmeisterin war ich unter anderem fast 30 Jahre mit einer großen Herde Schafe unterwegs. Und um es gleich vorwegzunehmen: Es waren die besten, schönsten und schlausten Schafe der Welt. Auf den Hof, auf dem meine Familie und ich nun leben, bin ich mit 800 Schafen gekommen, mit zwei Pferden und zehn Hunden.
Die Umtriebe der Herden durch den fließenden Verkehr, über Bahnschienen und Autobahnbrücken haben die Hunde und ich bislang unfallfrei gemeistert. Dabei gilt es, 3.200 Füße Nutzvieh und 16 Füße Hütehund sowie die zwei eigenen Beine zu steuern, die Schafe zu „lesen“, vier Sprachen zu sprechen – denn jeder Hütehund spricht eine eigene – und den Straßenverkehr zu regeln. Das ist Multitasking. Anders gerechnet bedeutet es, ohne Kraft 64.000 Kilogramm Lebendmasse alltagstauglich nach den Gesetzen der deutschen Straßenverkehrsordnung zu lenken. Dagegen sollte das Treffen der Mittellinie in einer Dressurprüfung ein echter Spaziergang sein ...
Es ist die gelebte HarmoniLogie®, das logische, intelligente, zielführende Anwenden der beiden Komponenten Nähe und Distanz sowie Vertrauen und Respekt, was das Zusammenleben regelt und in allen Bereichen reguliert. Heraus kam eine innere Losgelassenheit, ein Höchstmaß an Leistungsbereitschaft, ein harmonisches Miteinander. Echtes Teamwork eben! Und diese echte Teamarbeit ist artübergreifend möglich. Sie funktioniert mit Pferden, mit Hunden, mit Wiederkäuern sowie mit Menschen. Denn die Fähigkeit, sich gut – und damit meine ich interpretationsfrei und sachlich – zuzuhören, die Gabe, den anderen zu respektieren und denselben Respekt für sich einzufordern, sowie die Fähigkeit, jedes Geschöpf zu achten und zu lieben, kann man erlernen, sich bewusst machen und sollte sie stets und beständig üben.

MENSCH UND PFERD – EIN TEAM

Seit dreißig Jahren arbeite ich mit Pferden. Selbst gefesselt von der Dressur, bin ich stets fasziniert von jeder Art der echten Zusammenarbeit zwischen Menschen und ihren Pferden. Dieser Zusammenarbeit liegt immer ein gelungener Dialog zugrunde. Ob Sport oder Freizeit, ob klein oder groß, der Zugang zum Partner Pferd sollte stabil und beständig sein und geprägt von Liebe und Fürsorge, von Achtung und Teamgeist.

DER WEG ZUM GLÜCK

Die HarmoniLogie® schult die Fähigkeit, sein Gegenüber mit allen Sinnen wahrzunehmen, zu „lesen“. Sie schult die Gesetze der körperlichen, der leiblichen Sprache, und sie schult, wie man durch ein geregeltes System aus Nähe und Distanz Freude und Glück erreichen und vermehren kann. Die HarmoniLogie® ist so einfach, dass Tiere sie verstehen. Sie hilft, die innere Haltung zu identifizieren und zu korrigieren, um zu einer erwünschten und gesunden äußeren Haltung zu kommen. Sie ermöglicht echte Partnerschaften zwischen Mensch und Tier und schult Gefährten. Wir wollen Mitarbeiter, keine Soldaten!
Die HarmoniLogie® bringt Pferde dazu, sich dem Menschen höflich und voller Respekt auf gleicher Augenhöhe anzuschließen. Sie bereitet den Boden für die Beziehungsebene, auf der sich Menschen und Pferde gegenseitig Komplimente machen.

DIE ENTSTEHUNG DER METHODE

Es waren nicht nur die Meister mit Fell, die mein Denken und Handeln dahingehend beeinflusst haben, diesen Weg im Leben mit den Tieren so intensiv zu beschreiten. Aber sie haben gewiss maßgeblichen Einfluss gehabt.

Meine ziemlich besten Freunde: Oldenburger-Hengst Fürstenkind und Lusitano-Wallach Socio

So hielt mich eines Tages mein Philosophielehrer in der Oberstufe auf dem Weg in die Pause auf. Er hatte kein Fell und zwei Beine, trug eine Brille und sah aus wie Harry Potter mit Mitte fünfzig. Und er sagte zu mir: „Anne, erlaube deinen Gedanken, sich zu Ende zu denken." Als wäre es eine Geheimformel für den Zauberstab, behielt ich diese Worte bis heute in mir.

Sehr oft in meinem Leben forschte ich diesem weisen Satz nach. Ich ließ meine Gedanken immer wieder frei und folgte dem, was die Tiere mich lehrten. Ich war nie gut in Mathe, aber ich konnte den Tieren schon als Kind gut zuhören, sie „lesen", und ich entdeckte bald, dass das wohl mein Kapital im Leben sei, das man mir in die Wiege gelegt hatte.

A WAY OF LIFE

Die Methode oder auch Philosophie – wenn Sie wollen auch Lebensart – ist ein absolut beweglicher, lebendiger Prozess. Sie ist geprägt von Herdentieren wie Pferden, Schafen, Ziegen und Kühen, ebenso wie von Hunden jeder Couleur. Ein Kerngedanke der HarmoniLogie® ist das Aktivieren des Gegenübers. Mit anderen Worten: Machen, dass er macht. Meine Idee muss zur Idee des Tiers werden – und das ist durchaus zu schaffen. Das brauche ich als Dressur- oder Springreiter ebenso wie beim Holzrücken. Die Tiere in der Show müssen mitarbeiten, wenn die Darbietung nicht darauf basiert, dass sie den Trubel nur ertragen.

In dem Moment, in dem wir genau hinsehen, erkennen wir sehr schnell, ob das Tier mit allen Sinnen dabei ist, mitdenkt und selbst Initiative ergreift – oder ob es nur ein braver Soldat ist, der ein hohes Maß an Leidensfähigkeit aufweist. Genau an dieser Stelle setzen wir mit der Schule des Dialogs an.

KOLLEGEN

Leistungsbereitschaft, Teamwork und innere Losgelassenheit, echte Zugewandtheit und Angeschlossenheit sind Eigenschaften und Wahrnehmungen, die meine Arbeit mit den Tieren sehr geformt haben.

Der Kerngedanke, auf diese Art mit Tieren zu arbeiten, basiert auf der existenziellen Zusammenarbeit mit dem Tier als Berufskollegen. Es ging immer darum, mit der Leistungsfähigkeit von Tieren das Überleben zu sichern. Heraus kam im Pferdebereich ein Ansatz, der von der ersten Begegnung in der Box bis zur sportlichen

Spielerisch und kinderleicht soll das Miteinander sein.

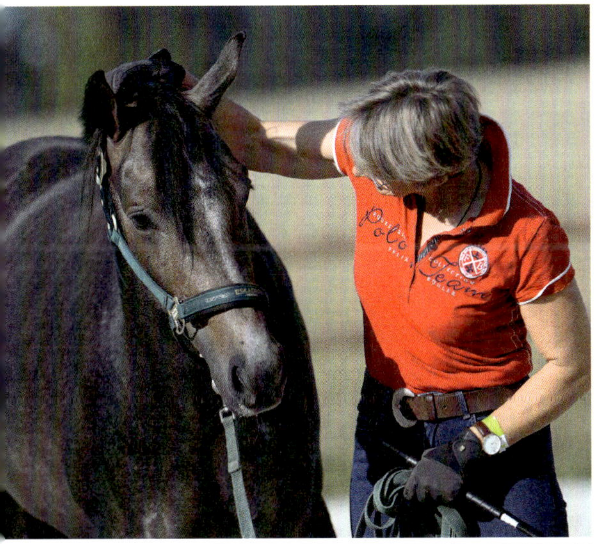

Mit Bindungsritualen beginnt der Weg in eine neue Partnerschaft.

Höchstleistung alles anspricht: gutes Führen im Dialog, Bodenarbeit als Vorbereitung für das Anreiten, Handarbeit zur Gymnastizierung des Reitpferdes und zur Optimierung seines inneren Lernmusters ebenso wie die reiterliche Ausbildung mit deutlicher Horizonterweiterung des Partners Pferd.

Ich kann die Pferde, die ich allein ausbilde, nur sicher auf den Weg bringen, wenn Respekt und Vertrauen im absoluten Einklang sind. Und ich kann nur so mit meiner Familie diese Darbietungen auf internationaler Bühne zeigen, wie wir es seit zwei Jahrzehnten tun: wenn die Freude am Miteinander, an echter Teamarbeit, ein lebendiger, sich fortwährend weiterdenkender Gedanke ist.

IM DIALOG

Die Grundlagen der leiblichen Sprache, die Gesetze der räumlichen Organisation, das intelligente Spiel aus Harmonie und Disharmonie habe ich hier zusammengefasst, in einem umfassenden Werk für die Menschen, die den echten Dialog mit dem Partner Pferd führen wollen. Der Weg zum Dialog von der ersten Begegnung über gelungene Grunderziehung, erfolgreiche Bodenarbeit bis hin zur sportlichen Höchstleistung ist das Ziel der HarmoniLogie®. Sie will den Menschen in die Lage versetzen, die Signale des Pferdes wertfrei und früh zu erkennen, um schnell und zielgenau den gemeinsamen Weg mit dem Partner Pferd formen und gestalten zu können. Schulen Sie den Dialog am Boden, nehmen Sie Elemente daraus mit in den Sattel und kombinieren Sie Ihre Ziele mit der Fähigkeit des Pferdes, die Sprache des Menschen zu verstehen. Verstehen Sie im Umkehrschluss die Signale des Pferdes und optimieren Sie das Zusammenleben und die Ausbildung aufgrund einer korrekten inneren Haltung. Ob vom Boden oder aus dem Sattel, führen Sie den Dialog fair und positiv. Erkennen Sie die Momente, in denen Ihr Pferd Ihnen Komplimente macht, und genießen Sie die daraus entstehende tiefe Bindung zwischen Ihnen und Ihrem Pferd, die Leistungsbereitschaft, die daraus resultiert, sowie ein harmonisches Miteinander.

Teamleistung entsteht durch gegenseitiges Vertrauen und Respekt.

Jede Kreatur ist ein Gesamtkunstwerk.

LIEBE FÜR JEDES GESCHÖPF

„Mama, stopp, der lebt noch!", rief meine Tochter Carla vom anderen Zirkel. Ich parierte gerade passend durch und fand ihn sofort. Es war ein Jahrhundertsommer und häufig fielen junge Vögel aus den Nestern, da sie zu vertrocknen drohten. Ein kleiner Spatz, noch ganz nackt, lag im Sand. „Glück gehabt, Kleiner", dachte ich und hob ihn auf. Ja, und jetzt? Mit einer Piaffe an der Stelle hätte sein Schicksal eine andere Wendung genommen und ich würde mir diese Frage nun nicht stellen.

EINE BESONDERE FREUNDSCHAFT

Wir zogen in die Küche um und begannen mit der Versorgung und einer Freundschaft der besonderen Art. „Was frisst denn ein Spatz?", fragte ich Carla. Siri half. Eine absolut spannende Reise durch das Leben der Spatzen begann. Wir lernten die unterschiedlichsten Arten der Stubenfliegen kennen, die sich anscheinend geschmacklich sehr unterscheiden. Wir haben verstanden, dass Bio-Amaranth-Müsli als „Overnight-Porridge" den Wasserhaushalt stabilisiert, dass es möglich ist, mit einem Spatz in der Hand eine Hamburg-Rundfahrt zu machen, und dass ein Spatz ein durchaus gern gesehener Gast in guten Restaurants sein kann.

Wir konnten beobachten, dass Spatzen in Familienclans leben, und begriffen wieder einmal, wie fürsorglich die Eltern ihre Jungen begleiten müssen, wenn diese eine Chance haben sollen zu überleben. Dieser winzig kleine Vogel konnte uns auf wunderbare Weise seine Welt erklären und Bindung entwickeln. Wir haben gelernt, dass Spatzen pünktlich sind und wie lange Fliegen schlafen, wir verstanden, wie wichtig Verbindlichkeit und gutes Zuhören für eine Bindung sind und dass die Liebe für jedes Geschöpf die Grundlage für friedschaffendes und harmonisches Miteinander darstellt.

Ein Zwerg eroberte im Nullkommanichts die Herzen einer ganzen Familie, ja sogar des gesamten Betriebs. Er lernte fliegen, wurde selbstständig und hinterließ ein warmes Gefühl in unseren Herzen. Ein Spatz, eine winzige Kreatur, war in der Lage, mit uns zu kommunizieren, uns die Spatzenwelt zu erklären und sich in das Leben von uns Riesen einzufügen.

Es war ein Abenteuer der besonderen Art.

VOM DULDEN ZUM RESPEKTIEREN

Sie waren gute Lehrer, die braven und einfachen Pferde. Doch die schwierigen waren mir stets die besten Meister: nicht nur die mit kurzem dickem Hals, festem Maul und kurzen Fesseln. Vielmehr auch die Pferde, die vielleicht aufgrund eines mangelhaften Äußeren, meist aber wegen eines fehlerhaften Inneren auf kleinem Dienstweg den Heimatort wechselten. Es ging keinesfalls darum, mir an diesen Kollegen die Hörner abzustoßen, vielmehr war es das echte Interesse am Tier und die Frage: „Wo finde ich hier einen Zugang?" Gut war, wenn die Pferde mich geduldet haben, aber von Respekt war meist keine Spur. Man hatte ja bereits alles (an ihnen aus-)probiert. Ein anderes Gebiss, der Sattler war gekommen und „gerenkt" wurde auch schon. Das hat alles seine Berechtigung, und genau diese Fakultäten müssen

Das Pferd in seinen Signalen ernst nehmen …

erlesen und erspüren, ob das Pferd nicht kann oder nicht will. Für den Fall, dass es nicht will, muss das innere Lernmuster korrigiert werden.

MISSVERSTANDEN UND ANEINANDER VORBEIGEREDET

Und nun war er hier und legte prompt die Ohren an, als ich seine Box betrat. Er drehte den Kopf in die Ecke und schaute starr zur Wand. Ich musste nach seinem Kopf angeln, als er ihn hochriss, weil ich ihm das Halfter überstreifen wollte. Als wir die Box verließen, schlug er mit dem Schweif und die Ohren hielt er regungslos nach hinten. Es schien, als würde er nach meinen Füßen zielen, sonst gäbe es keinen Grund, mich zu rempeln. Beim Putzen versuchte er, mich zu beißen. Ich hatte Glück gehabt, beidseitig angebunden, da konnte nichts passieren. Seine Atmung war fest und kurz. Das Auge hatte keinen Lidschlag. Die Nüster war schmal und die Lippen presste er aufeinander. Als ich die Trense einlegen wollte,

… und von sich überzeugen. Dann entsteht Bindung und Glück.

Mit Ruhe und entspannter Freundlichkeit entwickeln wir Zuneigung. Dem Pferd mit allen Sinnen zuzuhören, ist ein Weg zum Erfolg.

biss er fest die Zähne zusammen. „Und dabei soll er schon Einerwechsel gehen?“, dachte ich. Die Menschen, die bisher seine Begleiter gewesen waren, haben es hingenommen. „Der ist halt so.“

ZURÜCK AUF NULL

„Also gut“, dachte ich, „fangen wir einfach ganz von vorn an.“ Ich freute mich wieder einmal auf eine Reise in das innere Lernmuster eines großen Kollegen.

Meine Vision von diesem Sportsfreund und mir in ein paar Wochen klingt wie folgt:

Ich betrete seine Box. Er wendet sich mir zu und hält mir seinen Kopf entgegen, so, dass ich besser an seine Lieblingskraulstelle herankommen kann. Er senkt den Kopf und ich streife ihm so das Halfter mühelos über. Nun folgt er mir mit wippendem Kopf auf die Diele, steht gelassen da und ich kann den Strick auf den Boden fallen lassen, während ich ihn putze. Sein Schweif hängt locker und ruhig. Wenn ich ihm die Trense gebe, holt er sich das Gebiss unterhalb meiner Kniehöhe ab. Sein Auge ist sehr beweglich, er hat regelmäßigen Lidschlag, und das Ohr ist verspielt und nimmt alle Umgebungsgeräusche auf. Er schmatzt auf dem Gebiss herum und schnaubt entspannt aus. Nun freuen wir uns beide auf das Training, das vor uns liegt.

Diese kleine Geschichte ist nur ein Beispiel aus meinem Alltag. Es gibt sie auch in weniger intensiven und in deutlich krasseren Versionen. Unzählige Pferde reden mit uns, drohen, rufen und signalisieren ihren Missmut oder klagen uns hier und da auch mal ihr Leid.

Manchmal werden die Tiere nicht gehört, manchmal werden sie falsch verstanden, manchmal schlichtweg ignoriert.

Die Fragen, die mich immer wieder bewegen, sind: Wie werden Mensch und Tier ein Team? Und: Was braucht es, damit Menschen besser lernen, die Tiere zu lesen?

ZUHÖREN, LESEN UND SPRECHEN

Das „Lesen“ der Tiere haben selbige mir beigebracht. Das Identifizieren ihrer Lernmuster sowie das interpretationsfreie Annehmen ihrer Reaktionen haben mich vor allem diejenigen unter ihnen geschult, die dringend Hilfe brauchten, weil sie missverstanden waren.

Jeder, der den Tieren zuhört, ist auch eine Art Lebenshilfe für missverstandene Pferde. So ist die HarmoniLogie® eine beobachtende Lehre, bei der Menschen lernen, die Signale zu erfassen, ohne sie zu bewerten. Dazu gehören mütterliche Empathie sowie eine klare und aufgeräumte Sprache. Das Ziel reicht von sportlicher Höchstleistung bis hin zu gelungener Partnerschaft und Reitdisziplin. Rasse und äußeres Erscheinungsbild sind uns dabei völlig egal.

Eines der größten Probleme, das die Tiere mit uns Menschen haben, ist die Sprache. Unsere Unmittelbarkeit in der Reaktion wird meist gelähmt durch die Kopf-Bauch-Schranke, unlogische geometrische Bewegungen und ein zu Ich-emotionales Handeln.

Bei manchen Menschen müssen wir den Bauch wiederbeleben und bei manchen Pferden das Dulden gegen Respektieren tauschen, damit gegenseitiges Vertrauen wieder möglich ist. Beides sind erreichbare Ziele, und ich kann Ihnen versichern, der Weg dorthin ist ein wunderbares Abenteuer zum Partner Pferd und Kunstwerk Mensch. Und andersherum.

DAS PFERD – EINE MISCHUNG AUS SCHAF UND WOLF

Zwei Persönlichkeiten schlummern in diesen so wunderbaren Tieren. Und sie treten auf wie eine doppelte Persönlichkeit, nicht wie eine gespaltene. Das Pferd ist ein Fluchttier, ein Vegetarier und ein Herdentier. Und dennoch ist da weitaus mehr „drin" als in einem Schaf oder einer Antilope. Das Pferd kann auch jagen und töten. Es kann so viel sinnlose Mordlust entwickeln wie ein Raubtier im Blutrausch. Das kommt nicht nur bei Stuten in der Säugezeit vor, auch einfach so. Zum Glück wissen das die meisten Pferde nicht und es ist auch vielen Menschen nicht bewusst. Vielleicht ist es genau dieses doppelte Lottchen, welches die Pferde mit so viel Anmut und Faszination überzieht und das uns Menschen so sehr fesselt. Als Herdentier verfügt das Pferd über besondere Fähigkeiten der geometrischen und leiblichen Sprache. Das heißt, es muss jederzeit Nähe gegen Distanz tauschen können. Wenn es sein muss, kann es auch bei Höchstgeschwindigkeit Raum und Zeit berechnen und es wirkt als lebendiges Regulativ für seine Artgenossen und andersherum. Das Pferd entfacht das Gefühl von familiärer Geborgenheit in uns.

Als Vegetarier ist es mit einem besonderen Verdauungstrakt ausgestattet, der 24 Stunden am Tag und 7 Tage die Woche befüllt werden muss, damit es nicht zu Engpässen kommt. Das Pferd verbringt seinem Ursprung nach somit den ganzen lieben langen Tag mit Laufen, Fressen, Dösen und damit, Tanzbereiche abzugrenzen. Beneidenswert. Vielleicht ist es auch die Sanftheit des Pferdes, die das große Jetzt erfüllt und die wie Magie auf uns wirkt.

Wenn Vertrautheit zu Vertrauen wird. Eine echte Freundschaft hat sechs Beine!

DAS DOPPELTE LOTTCHEN

Pferde müssen nicht töten, um wie ein Raubtier Nahrung zu beschaffen. Das Pferd jagt und mordet, um Bedrohungen von außen beziehungsweise aus der eigenen Gattung einzudämmen. Oder aber aus Spielerei. So kann es vorkommen, dass es andere Tiere anderer Gattung, die sich auf derselben Weide befinden, treibt und gezielt tötet – zum Beispiel freilaufende Hunde. Manche Rassen sind darauf spezialisiert und attackieren Rinder, etwa bei den arbeitenden Westernpferden der Cutting-Disziplin. Und wieder andere morden frischgeborene Fohlen auf der Koppel oder greifen Menschen an, die sich um die Neugeborenen kümmern wollen.

Das Pferd scheint ein Schaf im Wolfspelz zu sein, ausgerüstet mit extrem wachen Sinnen, sehr viel Kraft und unglaublichen Möglichkeiten, die in dieser Form bei keinem anderen Tier zu finden sind. Es ist gut, wenn man diese Möglichkeiten auf seiner Seite hat, im gegenteiligen Fall kann es eng werden. Vielleicht ist es auch diese Spannung, die den Menschen den Kick gibt, sich untrennbar an diese wundersamen Kreaturen zu binden. Zum Glück sind die meisten Pferde mit einem riesigen Herz und gutem Willen ausgestattet.

DIE SPUR, DER ÜBERLEBENSTRICK DER HERDE

Pferde gibt es fast überall auf der Welt, und das zeigt, wie unglaublich anpassungsfähig sie sind. Sie sind in Herden strukturiert, und dieser Aspekt ist für die Arbeit mit ihnen von großer Bedeutung. Die Nähe von Artgenossen bedeutet eine größere Überlebenschance, denn durch diese Versammlung einer Vielzahl guter Sinnesorgane wächst die Überlebenschance des Einzelnen. Die Herde bietet Schutz bei einem Angriff auf Leib und Leben. Tauchen wir in das System Herde tiefer ein, dann ist es ein stetes Berechnen und Abgrenzen des eigenen „Tanzbereichs" und des Respektierens des „Tanzbereichs" anderer.

VON HÖCHSTGESCHWINDIGKEIT UND SCHNELLRECHNERN

Nur auf diese Weise kann innerhalb einer Herde dafür gesorgt werden, dass „Spur" gehalten wird. Und das wiederum sorgt dafür, dass bei plötzlich drohender Gefahr und rasanter gemeinsamer Flucht niemand über den Haufen gerannt wird. Sollte das dennoch passieren, ist der, der nicht gut rechnen kann und gerempelt wird, ganz schnell Löwenfutter.

Durch das rigorose Einhalten der geometrischen Gesetze wird die Verletzungsgefahr minimiert. Das heißt, dass Pferde in der Lage sind, auch bei Höchstgeschwindigkeit die Fliehkraft, den Untergrund und die Distanz zum Kollegen zu berechnen und zu steuern. Das ist wirklich

Das System Herde sichert weltweit unzähligen Gattungen das Überleben.

beneidenswert, habe ich doch schon Mühe, wenn ich nach hinten schauen soll, während mein Mountainbike den Berg hinunter rollt …
Dieses Spurhalten ist zum Teil angeboren, wird aber auch vom allerersten Tag an durch das dichte Folgen an der Seite der Mutter, das Einhalten ihrer Geschwindigkeit und das Regulieren der passenden Distanz zu ihr eingeübt. Ebenso regulieren Pferde in Konflikten das friedschaffende Miteinander über ein nicht enden wollendes „Wer bewegt wen?". Es wird alles geregelt: Wer wo stehen und dösen darf, wer wo frisst und wann sich die Herde in welche Richtung in Bewegung setzt. Das bestimmt nicht etwa ein Leittier. Dieses Dominieren der Spur unterliegt auch vielen äußeren Einflüssen, wie Witterung, Nahrung, Fortpflanzung, Gefahr. So gibt es ein inneres Dominieren, das „Wer bewegt wen?"-Prinzip, und ein äußeres Dominieren, das äußeren Einflüssen unterliegt und das ganze System der Herde bewegen kann.

IN ETAGEN STRUKTURIERT

Das System Herde ist in sich geschlossen, und es gibt nicht immer nur ein Oberhaupt, sondern Etagenstrukturen, die durchaus wechseln können. Es gibt die Kinder, die die vierte Etage darstellen, kauend und schmatzend füllen sie mit Demutsgesten und Albereien das Leben mit Farbe und Frohsinn. Dann gibt es die Jährlinge, die entwöhnt, aber noch nicht fruchtbar sind. Das ist die dritte Etage. Sie spielen noch gerne, und

Das Spiel aus Nähe und Distanz endet nie.

wirken ein bisschen wie die zweibeinigen Jugendlichen, die gern „Dirty Dancing" gucken wollen. Und dann sind da die Ab-zwei-Jährigen. Die haben die erste Pubertät geschafft und wollen schon ein wenig auf dicke Hose machen, können aber noch keine Verantwortung übernehmen. Alles, was danach kommt, zählt zu den Adulten. Je nach Struktur der Herde finden wir hier in der Chefetage ältere Leittiere oder eben auch junge Tiere.
Es wird immer eine Etage sein, kein einzelnes Oberhaupt. Das würde den Genpool und die Erhaltung der Art zu sehr gefährden. Pferde können wie andere Herdentiere auch nur im Team überleben. Und sollte bei einem Angriff einer der Chefs auf der Strecke bleiben, dann steht im genau nächsten Moment eine neue aktive Führung da. Weggegangen, Platz vergangen – so ist das in der Natur.

DER KOFFER FÜR DEN NOTFALL

So sind unsere Pferde ausgerüstet und ich vergleiche das mit einem Notfallkoffer, den auch jeder von uns Menschen in sich trägt. Hier findet man das Rüstzeug, um selbst unter schwierigen Bedingungen sofort überlebenswichtige Beschlüsse zu fassen. Dieses Rüstzeug wird erst angefordert, wenn die Führung, also das Regulativ, wegfällt. Das Drängen nach Wachstum und Fortpflanzung kann das Öffnen dieses Koffers beschleunigen.

Bei vielen domestizierten Pferden in der Obhut der Menschen kann man beobachten, dass keine Spur vorgegeben wird und diese Tiere kein Regulativ vorfinden. Schwups! springt der Koffer auf und sie sind bereit, Beschlüsse zu fassen und Spur vorzugeben. Das kann in der Partnerschaft mit dem Menschen schnell zu Konflikten führen. Das Regulativ der Herde gibt dem Individuum Halt und Sicherheit. Diese Sicherheit scheint für Herdentiere ebenso wichtig zu sein wie gute Nahrung. Es erzeugt wohl einen Moment der Zufriedenheit, wenn jemand anderes weiß, wo es langgeht. Dieses Regulieren von Nähe und Distanz, das Abgrenzen der Tanzbereiche sowie das Einhalten der Spur ist das Geheimnis für ein wunderbar verlässliches und friedvolles Miteinander. Es ist die gelungene Symbiose aus Vertrauen und Respekt, die echte Partnerschaften, Freundschaften und, wenn Sie so wollen, auch Liebe ermöglicht. Es gibt dem Leben miteinander und somit der Beziehung Struktur und Disziplin, die es in einer gelungenen Partnerschaft einzuhalten gilt.
Die Lösung für ein glückliches und zufriedenes, leistungsbereites Pferdeleben liegt nicht nur in der Gestaltung einer Herdensituation, sondern auch darin, dass das Zusammenleben zwischen Mensch und Pferd geprägt sein muss von diesem aufgeräumten Umgang der körperlichen, leiblichen Sprache.

ZÄUNE ZERSTÖREN DEN DIALOG

Viele Herdensituationen werden bezüglich Anzahl der Tiere und Größe der Fläche extrem unterschätzt. Um Verletzungen zu vermeiden, sind wir in unserem Betrieb dazu übergegangen, kleine Gruppen und Partnerschaften zusammenzustellen, sodass ständiger Sozialkontakt möglich ist, aber das Problem der von Menschen gemachten äußeren Grenze (Zaun) nicht die Qualität der Kommunikation der Pferde untereinander einschränkt beziehungsweise beeinträchtigt.
Die Möglichkeit, den Tanzbereich des anderen zu respektieren, also weit genug ausweichen zu können, wird durch die von uns gemachten Zäune, Gatter und Wände schlicht eingeschränkt. Das führt unweigerlich zu massiven Konflikten, wenn die Herdendynamik größer wird. Wir richten also Partnerschaften ein, die das Zusammen-

leben der Pferde bereichern, aber nicht gefährden. Ausgenommen sind hier die Hengste, die meist ab dem Alter von zweieinhalb Jahren nicht mehr friedlich spielen, sondern bald aggressiv bedrängen. Sofern sie nicht gelegt werden, bekommen sie ein Paddock mit Weide, aber in Einzelhaltung, mit Zaunfreundschaften.

Die HarmoniLogie® befähigt die Menschen, die körperliche Sprache der Pferde zu verstehen und zu benutzen. Sie bietet ihnen die Möglichkeit, den Tieren durch Spur Sicherheit und Zufriedenheit zu geben, sie gut und ohne Strafen oder Verführungen und ohne das Einwirken von Kraft zu erziehen. Die HarmoniLogie® schult echte Teamfähigkeit, fördert die Harmonie, formt Gefährten auf beiden Seiten und schafft durch geistige sowie körperliche Gesunderhaltung die Grundlage für geistige und körperliche Leistungsbereitschaft.

Können Nähe und Distanz zwanglos bedient werden, schlummert der Wolf und erwacht das Herdentier zu ganzer Pracht und Schönheit.

IN KÜRZE

Zwei Seelen leben in der Brust von Pferden: die eines Raubtiers und die eines Fluchttiers. Indem der Mensch dem Tier Spur gibt und es von der Verantwortung entbindet, die Führung zu übernehmen, nimmt er erheblichen Einfluss darauf, welche Seele die Oberhand behält.

Sichere Gefährten – dank HarmoniLogie®.

Soziale Fellpflege ist das Bindungsritual, mit dem das Bedrohungssystem beruhigt wird.

SOZIALE FELLPFLEGE

Als wir mit dem Spatz im LKW auf Tournee unterwegs waren, war ich total verblüfft, wie viel Körperkontakt dieser Vogel suchte. Er rief und ich holte ihn nach vorn, bot ihm Fliegen und Müsli an, aber das wollte er gar nicht. Er drückte seinen kleinen Kopf fest in meine Hände, und als ich anfing, ihn zu streicheln, kullerte er auf die Seite und blickte mich aus seinen großen Augen eine gefühlte Ewigkeit an. Da entstand etwas in meinem Herzen, das riesengroß und warm war: Bindung.

KÖRPERKONTAKT UND SEINE WIRKUNG

Es sind die Fingernägel, an denen man Pferdemenschen schnell identifizieren kann. Warum? Weil sie immer etwas dunkel gefärbt sind. Das kommt vom Kraulen – hoffentlich.

Stehen gute vierbeinige Pferdefreunde zusammen auf der Weide, füllt das Sich-gegenseitig-Benagen und Kraulen einen großen Teil des gemeinsamen Tages aus. Sofort weiß jeder die Stelle des anderen zu aktivieren, um selbst an der Lieblingsstelle beknabbert zu werden, und wie auf ein geheimes Zeichen beginnen sie, diese Form der Körperpflege auszuüben. Ebenso unsichtbar ist das Signal, um damit vorerst wieder aufzuhören. Zu gern beschnuppern Pferde sich oder legen den Kopf auf den Rücken des Kumpels, stehen Kopf an Po beim Dösen oder pusten sich gegenseitig ihre Atemluft in die Nüstern.

BINDUNGSHORMON UND FREUNDSCHAFTSPFLEGE

Als ich in der Landwirtschaft gelernt habe, zeigte mein Bauer, ein weiterer Meister in meinem Leben, wie man während des Melkens die Kühe dazu bringen kann, die Milch besser loszulassen. Er erklärte, dass an der Schwanzrübe eine Stelle sei, die Oxytocin ausschüttet, wenn man sie massiert. Das sei ein Entspannungshormon und fördere den Milchfluss. Das begriff ich zu gern. Und tatsächlich: So wie ich mit der Massage begann, entspannten sich die riesigen Körper und die Melkmaschine legte einen Zahn zu. Ich kraulte und massierte dann auch, um mich bei den Kühen für die Milch zu bedanken, und nahm mit, was mein Meister mich lehrte.

Bei Pferden konnte ich denselben Entspannungseffekt feststellen. Und dann entwickelte ich ein kleines Spiel daraus. Hatte ich mit den Pferden frei gearbeitet, kraulte ich sie so lange, bis die Schweifrübe sich ein Stück anhob, und immer, wenn sie entspannten, hörte ich auf und ging ein paar Meter weg. Umgehend folgte das Pferd mir aus freien Stücken und forderte mich quasi erneut zu dieser Kontaktform auf, was natürlich stets von Erfolg gekrönt war.

So konnte ich mit Leichtigkeit dafür sorgen, dass die Tiere meine Nähe, meine Berührung und dann auch meine Ansprache genossen. Bis heute entsteht dabei immer wieder dieses große warme Gefühl in meinem Herzen und ich meine, ich könnte das des anderen auch spüren. Bei dieser Tiefenwirkung lohnen sich schmutzige Fingernägel allemal.

01

02

03

RITUALE FÜR DIE BEZIEHUNG

Mir ist sehr klar geworden, dass so ein Ritual in der radikal-rationalisierten Form der Pferdeausbildung ähnlich wie in der Milchviehhaltung keinen Platz hat. Kein Melkroboter krault bei 500 Kühen die Schwanzrübe. Und ein Bereiter, der unter kommerziellem Druck steht, entwickelt vielleicht eher eine Oberflächlichkeit als ein Mensch, dessen Begegnung mit dem Pferd geprägt ist von Zeit, Raum und dem Wunsch nach Entspannung. Leider fallen der Oberflächlichkeit des Dialogs nicht nur Pferde zum Opfer, sondern auch Reiter – und ebenso Beziehungen zwischen Tier und Mensch.

Bindungsrituale sind entscheidend für Respekt und Vertrauen. Sie ermöglichen die Bereitschaft zur Teamarbeit in einem besonderen Maß.

Und die Zeit, die wir Berufsreiter an der einen Stelle einsparen, müssen wir an anderer Stelle in Reparaturen investieren. So sollte der Dialog der nachhaltigen Pferdeausbildung wieder mehr in den Fokus treten und deutlich pferdeschonender und menschenfreundlicher gestaltet werden.

Tiere, die soziale Fellpflege betreiben, haben eben diese Besonderheit, dass sie über Körperkontakt Bindung aufbauen und Freundschaften pflegen können. Diese Tricks könnten unter den Pferdesportlern häufiger angewandt werden. Ist es nicht gerade die Bindung, die echtes Teamwork anfeuert? Und es ist so einfach und sogar leicht in den Sattel zu übertragen, denn diese Kraulstellen lassen sich mühelos an geeigneten Stellen am Hals des Pferdes etablieren.

Tiere, die soziale Fellpflege betreiben, haben Drüsen in der Haut, die Bindungshormone freisetzen. Mit dem Wissen darum ist es ein Leichtes, mit Tieren dieser Art über Körperkontakt in einen Dialog zu finden.

01 In einem ruhigen Ambiente suchen wir die Lieblings-Knubbelstellen der Pferde …

02 … die individuell verschieden sein können …

03 … und ritualisieren abrufbare Glücksmomente.

Erlesen Sie sorgfältig die Form des Mauls …

… die Spannung und die Winkel des Gesichts …

… und auch den Ausdruck der Nüstern und den Verlauf der Atmung.

WENN PFERDE BESSER LESEN ALS MENSCHEN

Mit wenigen Worten auszukommen ist eine Fähigkeit, die Tiere deutlich besser beherrschen als wir Menschen. Nicht etwa, weil sie keine Worte im Sinne der menschlichen Sprache verwenden, sondern weil sie mit allen Sinnen zuhören und mit dem ganzen Körper sprechen können. Die Wahrnehmung der Tiere im Dialog mit Gesprächspartnern derselben oder auch einer anderen Gattung basiert nach den Gesetzen der Herde zum Teil auf räumlichen Laufmustern, die über Nähe und Distanz bestimmen; zum Teil sind es die Winkel und die Stellung des Körpers. Ebenso haben wir das Spiel aus Spannung und Entspannung sowie eine eindeutige Mimik. Getoppt wird die Fähigkeit, einen Dialog zu führen, von der Unbefangenheit, Antworten zu geben, Beschlüsse zu fassen und wertfrei im Jetzt zu sein.

ALLE SINNE IM DIENST DES DIALOGS

Nehmen wir die **visuelle Wahrnehmung**, dann ist das Pferd durch die Position der Augen am Kopf uns gegenüber eindeutig im Vorteil. Es kann durch seinen großen Rundumblick mehr wahrnehmen als wir. Das Auge hat eine rundovale Pupille und ist wachsam und sensibel für jede Form von Bewegung und Veränderung. Der Blickwinkel ist viel weiter und das Auge kann extrem lange ohne Lidschlag geöffnet bleiben, so, dass es keinerlei Irritationen im Sehfeld gibt.
Die **olfaktorische Wahrnehmung** ist sensationell, denn das Pferd hat zwei riesengroße Nüstern und einen langen Geruchskanal, mit dem es Witterung aus großen Distanzen aufnehmen, differenzieren und einordnen kann. Und so ist es eben auch mit Leichtigkeit in der Lage, jede Geruchsveränderung unseres Körpers wahrzunehmen.
Die **Ohren** funktionieren wie zwei Satellitenschüsseln, die extrem beweglich und unabhängig voneinander in alle Richtungen lauschen und kleinste Geräusche erkennen und einsortieren können.
Die große Oberfläche der Pferde ist überzogen von Sinneszellen, die an jeder Stelle des Leibes eine Mücke wahrnehmen können. Die Sensitivität der Oberfläche spürt die Abwärme des Gegenübers und kann diese als adäquaten Reiz wahrnehmen.

Und dann scheinen Pferde auch noch Spannungen wahrzunehmen, die außerhalb unserer Wahrnehmungsfähigkeit liegen. Das wäre dann der sprichwörtliche siebte Sinn.
Mit den Unmengen an Muskeln, den starken und immer leistungsbereiten Gliedmaßen, den harten und treffsicheren Hufen und dem enormen Gleichgewicht sind Pferde hochsensible Kraftwerke mit absoluter Vollausstattung.

GEOMETRISCHE LAUFMUSTER

Pferde führen den Dialog mit allen Sinnen und sind damit in der Lage, uns Menschen schnell zu durchschauen, können uns aber leider manchmal dennoch nicht verstehen. Denn wir führen den Dialog meist nicht auf dieser sehr feinen Ebene und beherrschen die Geometrie der Sprache sowie die Gesetze der Herde nicht von Haus aus.
Letztere sind leicht erklärt, widersprechen aber unserer Sozialisation: Willst du Nähe, gehe weg. Willst du Distanz, dann gehe hin. Da wurden wir schon im Streichelzoo falsch geprägt: „Jaqueline, geh mal zu dem Mäh und mach ei." Kommt das Mäh dann auf Jaqueline zugerannt, ruft Oma „Lauf schnell weg!". Das sind extreme Missverständnisse im Reich der „Rechner".
Begegnet ein Mensch einem Pferd, kann er davon ausgehen, dass dieses Tier im Nullkommanichts alle notwendigen Informationen über seinen zweibeinigen Sparringspartner ermittelt hat – und das alles ohne „Herrn Google". Es beginnt sofort, uns mit allen Sinnen zu erfassen, und berechnet unsere Laufmuster.
Geometrische Laufmuster beziehen sich immer auf den jeweiligen Mittelpunkt, den jedes Individuum für sich darstellt: der eigene Tanzbereich. Und von da führt ein Radius zur ersten Zirkellinie: Sie markiert die **Bedrohungszone**. Ein kleines Stückchen weiter außen finden wir die etwas größere **Aktivierungszone**.
Legen wir hier eine rechtwinklige Tangente an, dann haben wir bereits die Winkel, in denen wir geometrisch flankieren dürfen, um unser Gegenüber zu entspannen. Laufen wir aber direkt in einer geraden Linie auf unser Gegenüber zu und platzen unangekündigt in dessen Abwehrzone, dann kann es eben auch eine abwehrende Antwort geben. Eine gute Habituation (Gewöhnung an die unbelebte Umwelt) sowie eine gute Sozialisation (Gewöhnung an die belebte Umwelt) führen zu einer Vergrößerung der Toleranzzone.

LESEN LERNEN

Es ist ganz wichtig für unseren wertfreien Umgang mit den Signalen: Die Pferde erkundigen sich nicht nach unserer Vorgeschichte oder nach unseren Problemen und sie haben auch kein Mitleid mit uns. Auch wenn sie manchmal so zu schauen scheinen, wenn sie plötzlich ihren Reiter verloren haben …

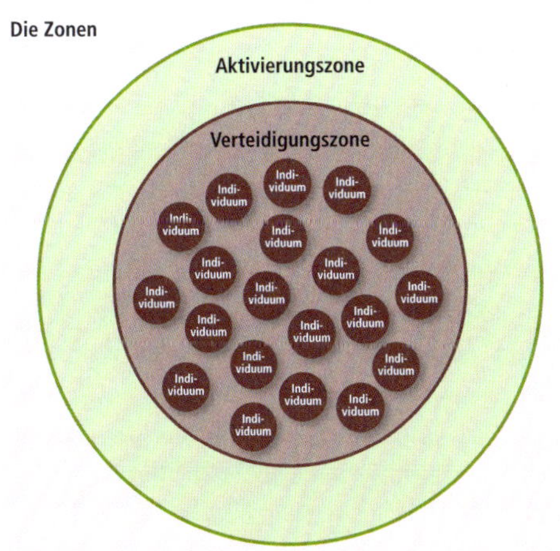

Jede Kreatur und auch jede Herde hat eine Verteidigungs- und eine Aktivierungszone.

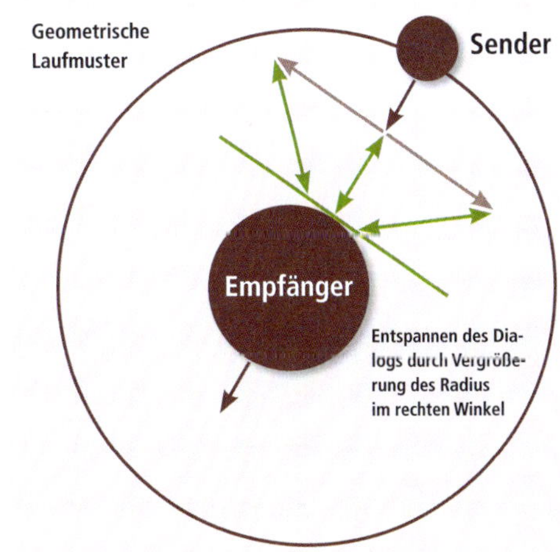

Wichtig sind die Winkel, auf denen die Zonen tangiert werden. So funktioniert die Geometrie der Sprache.

Pferde lesen ihre Menschen – immer und mit allen Sinnen.

Sie nehmen uns in dem Moment der Begegnung genau so wahr, wie wir ihnen im Hier und Jetzt entgegentreten, und bekommen so alle Informationen, die sie brauchen. Der kopflastige Mensch hingegen sinniert noch über viele Dinge nach, während er gar nicht merkt, dass er schon mittendrin im Dialog steckt. Und so kommt er gar nicht mehr an seinen Bauch heran, der ihm vielleicht notwendige Informationen geben könnte. Er nimmt gar nicht wahr, wie das Pferd geantwortet hat. Das Pferd hingegen nimmt sehr wohl wahr, wie der Mensch reagiert hat, und berechnet danach die nächste Aktion.

Lesen bedeutet wert- und interpretationsfrei wahrnehmen. So, als wenn Sie die Buchstaben F-R-E-U-D-E lesen. Das Erkennen der Buchstaben macht nichts mit Ihren Emotionen. Das Wort in seinem Sinn vielleicht schon. Die Kunst beim Lesen ist, mit allen Sinnen ehrlich, unbefangen und ohne zu urteilen oder zu werten wahrzunehmen, welche Signale unser Gegenüber sendet. Die HarmoniLogie® schult dieses Lesen und hilft, die Antworten auf einer sachlichen Ebene anzunehmen und in einem Dialog zu verarbeiten.

Das heißt, Sie können lernen, das ganze Pferd schnell zu erfassen, seine Bewegungsmuster zu berechnen und aufgrund dieser Ergebnisse den Dialog zu gestalten. Sie können lernen, Ihre Sinne zu schulen und die Ich-Emotionen auszuschalten. Und so werden Sie es den Pferden gleichtun und die Wirklichkeit dieser so einzigartigen Wesen mit Leichtigkeit erfassen. .

IN KÜRZE

- **Pferde sind hochsensible Kraftwerke mit absoluter Vollausstattung und uns weit überlegen darin, eine Situation sofort und wertfrei zu erfassen.**
- **Die Kunst beim Lesen besteht darin, das Pferd mit allen Sinnen ehrlich, unbefangen und ohne zu urteilen, zu interpretieren oder zu werten wahrzunehmen.**
- **Sind wir mit allen Sinnen im Hier und Jetzt und uns darüber im Klaren, dass uns ein Herden- und Fluchttier gegenübersteht, können wir den Dialog mit dem Pferd aktiv und sachlich führen – und das lehrt uns die HarmoniLogie®.**

DAS ERFOLGSSYSTEM HERDE

Sie sind unfassbar niedlich, diese kleinen neugeborenen Lämmchen – und wenn sie zu dritt zur Welt kommen, dann brauchen sie etwas Hilfe. Wir nehmen immer eines der Drillingslämmer zu uns, denn die Mütter sind meist damit überfordert, allen gerecht zu werden. Zum Glück kommt das eher selten vor, aber knapp zehn Lämmchen ziehen wir dennoch jedes Jahr mit der Flasche auf. Diese kleinen hilflosen Kreaturen werden drei bis vier Mal am Tag mit warmer, frischer Milch getränkt und lernen schnell, die Geräusche der Menschen mit der Nahrung, die sie bringen, zu verknüpfen. Mit drei Wochen sind sie zwar noch auf niedlich abonniert, aber es wird langsam anstrengend, in den Stall zu gelangen, in Ruhe den Tränkeimer aufzuhängen und für Ordnung zu sorgen. Mit fünf Wochen nervt es massiv. Da wird gerempelt, geklaut, gestoßen und auf meinen Füßen rumgetrampelt. Dann schiele ich jedes Mal neidisch in die Nachbarbox zu den Mutterschafen. Friedlich liegen sie da, die Lämmer ruhen. Stehen sie auf und geben ein leises Zeichen, sortieren sich beide Lämmer und jedes geht an seine eigene Euterhälfte. Hier wird nicht getauscht und geschubst. Noch ein leises Zeichen der Mutter und die Lämmer hören auf zu saugen und gehen rechts- und linksseitig der Mama ihres Weges.

DIE DREI B

Wie machen die Mutterschafe das nur? Sie haben gewiss keinen Ratgeber gelesen. Mutterschaf und Lämmer leben in Frieden und Einklang, in einer harmonischen Ausgewogenheit aus Vertrauen und Respekt.

BINDEN

Nun habe ich viele Jahrzehnte mit und zwischen verschiedenen Herdentieren verbracht und weiß, dass das Abfragen der einzelnen Funktionskreise (siehe Seite 54) der Schlüssel zum Erfolg ist, genauso wie

Die Herde ist ein sehr strukturiertes System.

Sie gibt Halt und Sicherheit.

eine wechselseitige Dominanz zu echtem Teamgeist führt. Distanzlosigkeit wird nicht geduldet.
Das System Herde ist vergleichbar mit dem System Familie, Rudel oder Gruppe. Es gibt eine Bindung untereinander. Wir differenzieren hier zwischen innerer und äußerer Bindung. So ist die äußere Bindung (alle Menschen aus Niedersachsen, die Schüler einer Klasse oder die Menschen, die in einem Bus sitzen) eine, die von außen auferlegt wird – eine räumliche Bindung sozusagen.
Die innere Bindung hingegen bezieht sich auf die innere Angeschlossenheit. Sie wird gekennzeichnet durch Akzeptanz und Wohlwollen, aber auch durch Respekt und Achtsamkeit. Diese innere Bindung wird in der Herde geübt und erarbeitet.

BEGRENZEN

Kurz nach seiner Geburt ist ein Fohlen in der Lage, dem Menschen wegzulaufen – der eigenen Mutter nicht. Sie kann es mit ihrem Körper begrenzen. Der Mensch allerdings braucht Zäune, Gatter und Halfter. Diese Begrenzung ist entscheidend dafür, ob Kontakt zustande kommen kann. Während die Stute nur etwas schneller laufen muss, müssen wir Menschen bereits mit Stricken hantieren, um unsere Unterlegenheit zu verbergen und auszugleichen.

BEDROHEN

Drohen ist unter Pferden und auch unter anderen Herdentieren an der Tagesordnung, um ein stetes Einhalten der Individualdistanz zu garantieren. Sowie diese eingehalten wird, wird nicht mehr gedroht!
Der Begriff „Bedrohen" ist meiner Ansicht nach aber für den inneren Bereich zu groß – nennen wir es besser Aktivieren. Und das trifft es genau: Den anderen aktiv zu machen, das ist das Ziel. Ist das erreicht, dann herrscht auch schon Ruhe und Einklang. Ja, und genau das gelingt mir bei meinen Flaschenlämmern nicht. Ich kann sie zwar zähmen und sie sind gierig nach der Nahrung.
So fällt es über die Konditionierung leicht, Nähe zu erzeugen, aber sie respektieren mich nicht.
Ich kann die Nähe schlichtweg nicht gegen Distanz tauschen. Flaschenkinder, ebenso auch Fohlen aus Handaufzucht, haben meist ein nachhaltiges Problem, Nähe und Distanz zu tauschen.

In einer echten Freundschaft kann man Nähe problemlos …

Es ist auch nicht leicht, sie später in eine Herde zu integrieren, da sie immer mit Drängen/Bedrängen Erfolg hatten. Nun sollen sie plötzlich höflich sein und Platz machen, das verstehen sie nicht.
Schaffe ich es, trotz meines Mitleids für die Situation, mutterlos aufgezogen zu werden, auch noch für Distanz zu sorgen? Klug wäre es, denn das System Herde lebt davon und es ist eine der klügsten Überlebensstrategien auf diesem Planeten.

GELUNGENE SYMBIOSE

Das Spiel aus Nähe und Distanz hängt also von diesen drei B (Binden, Begrenzen, Bedrohen) ab. Und das sollten wir Menschen uns immer klarmachen.
Das Einfordern von Distanz ist keine Strafe, sondern eine Möglichkeit, die nie verloren gehen sollte und Nähe zum Genuss werden lässt. Es ist die gelungene Symbiose aus diesen drei B, die für ein gesundes Miteinander sorgt, und es muss jedem Menschen klar sein, dass wir in dem Moment, in dem wir uns mit einem Herdentier befassen, diese drei B beherrschen müssen. Das eine B ermöglicht das andere.
Seien Sie ehrlich: Wenn Sie in eine Schafherde blicken, dann sehen Sie nur viele Schafe. Ich als Schäferin sehe die Clans, die zusammenhalten, die ständig miteinander kommunizieren, und ich kann sehr leicht erkennen, welche der Tiere aneinander gebunden sind.

... und jederzeit gegen Distanz tauschen. So funktioniert Familie, Partnerschaft und Herde.

LEBEN IN DER GROSSFAMILIE

Das Leben in den Clans können Sie sich vorstellen wie in einer Großfamilie mit vielen Kindern. Die Alten und die Jungen eines Clans stehen füreinander ein, sooft sie sich auch zanken. Bei Herdentieren ist das nicht anders. Trennen wir die Mütter von ihren halbwüchsigen Lämmern, dann erkennen sie sich auch nach monatelanger Trennung wieder und bilden sofort wieder Clans. Alles ist reguliert innerhalb einer Herde: wer wo frisst, wer wo ruhen darf und, wenn wir unterwegs sind, auch, wer neben wem laufen darf.
Bei Pferden ist das nicht anders. Diese Clans oder auch Partnerschaften nehmen wir Menschen selten ernst. Da werden die Gruppen in den Herden immer wieder neu zusammengewürfelt und einander fremde Tiere auf engem Raum getrieben. Zu den vernarbten Leibern der Pferde sagen die Menschen dann: „Das ist halt die Natur."
Nein, ist es nicht. Es ist Stress, großer Stress. Denn eine Herde ist ein System, das nicht gestört werden sollte. Ein Clan hat seine Gesetze und eine Partnerschaft ihren Wert.
Die Wallache, die bei uns die Fohlengrunderziehung machen, bauen zu jedem Fohlen eine feste Bindung auf. Mit zweieinhalb Jahren werden sie getrennt, da die Jungspunde zu aggressiv werden. Sollten diese kleinen Ganoven kastriert werden, kommen sie zurück zu ihren Patenonkeln und sofort herrscht wieder das System des alten Clans. Es ist so faszinierend und beschämend zugleich, denn wir Menschen nehmen diese Struktur nicht ernst genug – sorgt doch dieses System mitunter zu einem großen Teil für das Wohlbefinden des Individuums.
Das Leben vieler Pferde ähnelt dem Leben in Hotels: Es ist ein ständiges Kommen und Gehen, was eine unfassbare soziale Flexibilität von allen Herdenmitgliedern fordert.
Das kann für den einen oder anderen schon Grund genug sein, ein Magengeschwür zu entwickeln. Es ist in jedem Fall eine der Stellschrauben, die man bedienen kann, wenn es um das Glück des Pferdes sowie um die gelungene Partnerschaft mit diesen wundervollen Geschöpfen geht.

IN KÜRZE:

- **In einer Herde/Gruppe wird Distanzlosigkeit nicht geduldet!**
  Die innere Angeschlossenheit in einer Herde/Gruppe wird gekennzeichnet durch Akzeptanz und Wohlwollen sowie Respekt und Achtsamkeit.
- **Uns Menschen muss klar sein, dass das Einfordern von Distanz keine Strafe ist, sondern eine Möglichkeit, Nähe zum Genuss werden zu lassen.**
- **Die gelungene Symbiose aus Binden, Begrenzen und Bedrohen/Aktivieren sorgt für ein gesundes Miteinander.**

DIE VIER SÄULEN DER HARMONILOGIE®

Stellen Sie sich vor, Sie möchten Holzbildhauer werden, und Sie gehen zu einem Meister dieser Kunst und bitten ihn um Unterricht. Zunächst werden Ihnen die Werkzeuge nähergebracht, die es zu benutzen gilt, und dann wird man Sie Art und Struktur des Holzes lehren. Erst nach abgeschlossenem Studium dieser Lerninhalte werden Sie in der Lage sein, eine wunderbare Skulptur nach Ihren individuellen Wünschen entstehen zu lassen. Sie lernen, sagen wir einmal, vier Werkzeuge kennen, sie zu bedienen und zu warten. Unabhängig von Ihrem Ziel arbeiten Sie sich mit diesen Hilfsmitteln ein, bis Sie geschickt und selbstverständlich damit umgehen können. Und genau so arbeiten wir auch in der Ausbildung von Tieren. Wir haben in der HarmoniLogie® vier Werkzeuge zur Verfügung, um in einen Dialog mit dem Tier zu kommen. Wir nennen das die vier Säulen. Dieses System gibt dem Menschen stets einen guten Überblick über den Stand des Informationsaustausches.

Die vier Säulen der HarmoniLogie® enthalten jeweils drei Aspekte der Antwort.

Sie erarbeiten sich mit Ihrem Tier aus dem Zusammenhang herausgelöst jede einzelne Säule. Wenn Sie und Ihr Tier gut damit umgehen können, dann entwickeln wir daraus einen Weg der Ausbildung und Lektionen. Sie lernen also erst, miteinander zu sprechen, bevor Sie sich etwas sagen. Hat Ihr Tier gelernt, Ihnen zuzuhören, können Sie ihm alles sagen und erklären, was Sie möchten und was zur Veranlagung des Tiers passt.
Ebenso lernen Sie die Struktur, die Individualität, den Charakter Ihres vierbeinigen Partners kennen und können somit den Lehrplan gut entwickeln und anpassen. Das Gesamtkunstwerk Pferd und die Partnerschaft zu diesem wundervollen Tier unterliegt am Ende Ihrem Vermögen und Ihrer Kreativität. Jeder Mensch hat individuelle Bedürfnisse und schult ganz selbstverständlich auch sein individuelles Tier. Nur das Werkzeug, das dazu benutzt wird, bleibt gleich.
Die Grundsäulen der HarmoniLogie®, Ansprechbarkeit, Lobbarkeit, Störbarkeit und Abgrenzbarkeit, werden im Folgenden erklärt. Sie alle sind Grundlage des Dialogs, ergänzen einander und gehören zusammen.

IN KÜRZE

- **Zunächst lernen Sie in der HarmoniLogie®, Ihr Pferd zu lesen und dann mit ihm zu „sprechen". Erst dann können Sie ihm sagen, was Sie möchten, das es tun soll.**
- **Hat Ihr Pferd gelernt, Ihnen zuzuhören, dann können Sie ihm alles erklären.**

SÄULE 1: DIE ANSPRECHBARKEIT

Ein Pferd muss nicht unbedingt gehorchen, aber es muss zuhören. Dieser Grundsatz ist der Ursprung des Miteinanders, soll Ihr vierbeiniges Kunstwerk ein Mitarbeiter und kein Soldat werden. Und egal, in welcher Disziplin Sie unterwegs sind: Das Pferd muss auf Sie und Ihre Signale reagieren.
Vor dem Zuhören kommt das Ansprechen. Bei Hunden ist das fast jedem Menschen geläufig: Dem Hund gibt man einen Namen und kann ihn bei selbigem rufen. Auch unter Menschen ist das üblich. Man spricht sich an und fordert so Aufmerksamkeit, im besten Fall Achtsamkeit ein. Erst dann ist gutes Zuhören und dadurch ein reger Austausch an Informationen möglich. Das ist eigentlich selbstverständlich. Nur beim Pferd sehen die Menschen das irgendwie anders. Da stehen Name, Abstammung und Futterration auf dem Boxenschild. Über den Hafer freut sich der Vierbeiner, von seinem Namen weiß er nichts.

Die Ansprechbarkeit ist der direkte, verbindliche Zugang zum Partner Pferd. Daher sollte jedes Tier seinen Namen kennen.

DEN NAMEN VERANKERN

Machen Sie den Test. Stellen Sie sich neben Ihr Pferd, während ein anderes aus dem Stall geführt wird, und sprechen Sie es an. Bewegt es das Ohr, das auf Ihrer Seite ist, zu Ihnen oder nicht? Wendet es Hals und Kopf in Ihre Richtung oder nicht? Stehen Sie in der Reithalle und sagen leise seinen Namen, nimmt es Sie dann wahr? Gibt es eine eindeutige Reaktion? Meist nicht. Denn das haben Sie ja nie geübt und vielleicht auch nicht gewusst.
Bei den Holzrückern und Fahrern unter Ihnen ist das schon etwas anderes. Hier wird gern mit dem Namen gearbeitet, denn so ist man in der Lage,

01

01 Das Pferd soll mit allen Sinnen seine Umwelt wahrnehmen können.

02 In dem Moment der Ansprache wird Aufmerksamkeit eingefordert.

03 Hört das Pferd dem Menschen zu, geht es weiter.

04 Das aktive Lob bestätigt das Pferd mit seinem Tun.

jedes Pferd differenziert anzusprechen oder auch zu drehen und herbeizurufen. Auch in der Freiarbeit ist der Name sehr wichtig, denn er ist die ziehende Hilfe, mit der ich das Pferd in jeder Situation zu mir drehen und auf mich als Zentrum ausrichten kann.

Bei den reinen Reitern spielt der Name meist keine Rolle. Man geht in die Box, zieht dem Pferd das Halfter über und von dem Moment an wird alles über Leinenkontrolle geregelt: anbinden, fertig machen, aufsteigen und losreiten. Ohne die Verbindung von Führstrick oder Zügel bewegt sich das Pferd eher selten auch nur einen halben Meter neben bzw. unter seinem Menschen.

03

HÖREN UND ZUHÖREN

Dabei hat die Ansprechbarkeit einen so hohen Stellenwert. Die höfliche Kontaktaufnahme, das gegenseitige Wahrnehmen, das Auf-sich-aufmerksam-Machen ist die Hilfe schlechthin bei der Arbeit mit dem Tier. So benutze ich den Namen bei den jungen Pferden, wenn sie nach außen orientiert sind, um die Konzentration mit wohlwollender Leichtigkeit auf mich zu lenken. Ich kann das Pferd mit seinem Namen ohne Probleme auf mich ausrichten, auf mich konzentrieren, egal ob zu Fuß oder aus dem Sattel.

02

04

Der ein oder andere von Ihnen wird das schon mal gesagt oder gespürt haben: „Der hört aber gut zu!", oder aber: „Der hört einfach nicht zu!" Und genau dieses Zuhören, das schulen wir, bevor das Pferd etwas anderes lernen soll. Es lernt seinen Namen und die gewünschte Reaktion auf selbigen.

IN KÜRZE

Die Ansprechbarkeit, also das Reagieren auf den Namen, hat beim Pferd eine ebenso große Bedeutung wie beim Hund, bei dem es uns allen viel geläufiger ist. Üben Sie, Ihr Pferd durch Ansprache auf sich zu konzentrieren.

SÄULE 2: DIE STÖRBARKEIT

Es ist gut, wenn ein Pferd sich leicht in seinem Vorhaben unterbrechen lässt – durch die innere Störung, also durch die Störung, die zwischen Ihnen und Ihrem Pferd im Dialog stattfindet. Ungünstig ist es, wenn das Pferd sich leicht durch eine Störung von außen unterbrechen lässt und dadurch die innere Störung übersieht oder ignoriert. Dann sagt man: „Es ist guckig." Der Außenreiz geht über den inneren Reiz. Es ist gewiss ein Stück weit genetische Veranlagung, ob ein Pferd ein großes Phlegma gegenüber Außenreizen in sich trägt oder nicht. Im Idealfall ist es unerschrocken, aber sensibel.

AUFMERKSAMKEIT GEWINNEN

In der HarmoniLogie® schulen wir die innere Störbarkeit. Wir machen das Tier sensibel und feinfühlig gegenüber unserer Ansprache. Und reagiert es nicht, dann soll es sich leicht und ohne Mühe in seinem Handeln kritisieren lassen. Ein Beispiel: Ein leises Signal beim Reiten, etwa zum Antraben, sollte ausreichen. Tut es das nicht, dann reicht eine leise treibende Hilfe und das Pferd reagiert. Dann wiederholt der Reiter das Signal für Trab noch einmal. Die Störung soll unmittelbar zu einer Unterbrechung der Handlung des Tiers führen. Es soll seine volle Aufmerksamkeit auf den Störenden richten. Es kann die Störung also

durch Aufmerksamsein sofort abstellen. Ähnlich wie bei einem verrutschten Radiosender: Hat man ihn wieder richtig eingestellt, nervt er nicht mehr, sondern der Klang ist wohltuend.
Wir üben diese Störbarkeit mit den Pferden losgelöst vom Zusammenhang bei überschaubarer Reizlage ein, sodass das Tier die Lösung schnell finden kann.
Störungen können auch von einem ungünstig platzierten Lob, von Futtergaben, von der Anwesenheit anderer Pferde oder von ritualisierten Geräuschen (Futterwagen oder Traktor) ausgehen. Die Menschen lernen, die Störungen im Dialog mit dem Pferd nach dem Prinzip der Ampel (siehe Seite 71) zu erarbeiten und sie dem Ziel und der Lösung angemessen zu gestalten.

STÖREN, NICHT STRAFEN

Eine Störung ist niemals eine Strafe. Sie soll eine Unterbrechung bewirken und kann positive wie negative Kritik enthalten. Eine Störung wird immer wohlwollend angebracht, denn sie hat zum Ziel, das Tier erreichbar zu machen. Sie führt unweigerlich in die Ansprechbarkeit sowie in die nächste Säule, die Lobbarkeit. Die Störung erzeugt innerhalb des Dialogs Raum und Zeit und echte Achtsamkeit.
Mit diesen beiden Werkzeugen, der Ansprechbarkeit sowie der Störbarkeit, kann man schon viel erreichen. Arbeite ich beispielsweise mit einem jungen Pferd, das sich immer mal wieder ablenken lässt, spreche ich es mit seinem Namen an. Reagiert es auf mich als inneren Reiz nicht, sondern bleibt dem Außenreiz zugewandt, beginne ich, es zu stören – so lange, bis es mich wahrnimmt. Habe ich mein Ziel erreicht, wechsle ich sofort zurück in die Ansprechbarkeit und sage den Namen des Pferdes. Mit dieser zurückgewonnenen Aufmerksamkeit kann ich in Ruhe weiterarbeiten und den Dialog sowie den Unterricht fortsetzen.
Es gibt hier alle Varianten unter den Vierbeinern: leicht zu störende und eher stumpfere Kollegen, ebenso kritikfähige wie auch schnell verstimmte Freunde – genau wie bei den Menschen auch. Art und Maß einer Störung richten sich immer nach demjenigen, der gestört werden soll. Hier braucht der Mensch ein gutes Auge, um die Reaktion des Pferdes zu lesen und zu verarbeiten.

DAS ZIEL: DER GELUNGENE DIALOG

Sie stellen fest: Es geht zu Beginn nicht um bestimmte Lektionen, sondern um das echte Miteinander, das ich mit diesen ersten zwei Säulen erreichen will – echten Kontakt, eine Atmosphäre verbindlicher Konzentration und ein aufrichtiges Achten aufeinander. Wie ich das in der Praxis erarbeite, erkläre ich etwas später. Hier geht es erst einmal darum, Ihnen einen Überblick über das Werkzeug zu geben.
Die Ansprechbarkeit und die Störbarkeit führen uns unmittelbar zur nächsten Säule der HarmoniLogie®: der Lobbarkeit.

IN KÜRZE

- **Stören bedeutet nicht strafen!**
- **Auch das Stören müssen Sie zunächst völlig unabhängig von der Situation üben, denn anfangs weiß das Pferd ja nicht, was Sie damit bezwecken.**
- **Sie haben erst dann genug gestört, wenn das Pferd sein (in diesem Fall unerwünschtes) Verhalten unterbricht und Ihnen seine Aufmerksamkeit schenkt.**

SÄULE 3: DIE LOBBARKEIT

Vielleicht wirkt das Wort „Lobbarkeit“ etwas befremdlich auf Sie, aber es sagt alles aus, was diese Säule ausmacht. Es geht hier schlicht um die Fähigkeit unseres Gegenübers, unser Lob anzunehmen. Diese Fähigkeit hängt nicht davon ab, ob ein Tier gern kuschelt oder nicht, vielmehr davon, ob Respekt und Vertrauen im Einklang sind.

LOB ANNEHMEN

Sie kennen es aus Ihrem eigenen Leben, dass Sie das Lob von Menschen, die Sie nicht respektieren, gar nicht gut annehmen können; dass allerdings das Lob desjenigen, mit dem Sie sich auf gleicher Augenhöhe befinden, schnell Treibstoff für weitere 100 Kilometer sein kann. Und natürlich kommt es darauf an, wie derjenige lobt, ob mit Ruhe und Zeit und der nötigen Intensität oder oberflächlich im Vorbeigehen, sodass es sich anfühlt wie mit kalter Hand am Hals getätschelt.

Das Kernstück der HarmoniLogie®: Loben, bis das Lob wirkt!

BIS DAS LOB WIRKT

Das Lob ist erfüllt von der Dauer, die es braucht, um sein Gegenüber zu erreichen, von der angemessenen Intensität und der Zielsetzung. Die verschiedenen Arten des Lobes werden später näher erläutert (siehe Seite 93).

Sie werden aber hier schon feststellen, dass Sie vielleicht nicht immer darauf geachtet haben, ob Ihr Pferd auf Ihr Lob reagiert hat, also ob es das Lob „beantwortet" hat oder nicht. Und das ist der Knackpunkt. Weil man dies nicht immer spürt oder wahrnehmen kann, lobt man fast mechanisch. Dabei geht es beim Loben doch um das eindeutige positive Markieren eines Verhaltens oder einer Reaktion, nicht darum, das Lob einfach „loszuwerden". Und dafür braucht es vielleicht mal Zeit. Es ist wichtig wahrzunehmen, ob man mit seinem Lob zum Pferd durchgedrungen ist!

Ist die Säule der Lobbarkeit gut gearbeitet, dann ist es, als hätte man einen Link zum Herzen des Pferdes gelegt, dem man mit Leichtigkeit folgen kann, um es zu erreichen. Und es lohnt sich in jedem Fall, diese Säule auszukosten, zu zelebrieren, zu ritualisieren und stabil zu gestalten. Die Lobbarkeit ist das Gewürz in der guten Küche, mit dem alles gut schmeckt.

IN KÜRZE

- **Verteilen Sie Lob nicht mechanisch und mit der Gießkanne, sondern loben Sie so gut und so lange, bis das Lob erkennbar beim Pferd angekommen ist.**
- **Auch das Loben und das Gelobtwerden kann man üben.**

01

02

01 In der Handarbeit können wir Vertrauen und Respekt erklären und überprüfen.

02 Der dreijährige Hengst Fly beantwortet die freundliche Frage des Ausweichens – er macht selbstverständlich und entspannt Platz.

03 Das ganze Pferd weicht dem Menschen höflich aus und hält einen stabilen Kontakt zu seiner Reiterin.

04 Mit dem inneren Ohr signalisiert das junge Pferd die Bereitschaft, zuzuhören und zu folgen. So entsteht Leichtigkeit im Umgang.

03

04

SÄULE 4: DIE ABGRENZBARKEIT

Die einen Menschen wollen mit ihrem Pferd Sport treiben, die anderen möchten Nähe. Beide brauchen dafür ein gutes System aus regulierbarer Nähe und Distanz. Nähe ist nur dann gesund, wenn man sie auch problemlos und jederzeit mit einer selbstverständlichen Leichtigkeit gegen Distanz tauschen kann.
Die Fähigkeit, den eigenen „Tanzbereich" zu markieren, entspricht dem System der Herde und ist sowohl unter Zwei- als auch Vierbeinern absolut gesellschaftswichtig. Distanzlosigkeit ist Gift für eine Beziehung. Und Pferde, die rempeln, schubsen oder dem Menschen auf die Füße treten, tun dies nicht mit böser Absicht. Sie haben es nicht anders gelernt.

MIT HÖFLICHKEIT KOMMT MAN WEITER

Das Respektieren feiner Signale ist nicht gottgegeben, sondern wird anerzogen. Und genau das schult die HarmoniLogie® sehr geschickt und für den Schüler überschaubar. Die freundlich und integrativ gestellte Frage an das Pferd, ob es bitte etwas mehr Abstand halten könnte, findet in der Praxis selten eine passende Antwort. Wie auch? Herrscht doch im Pferdestall häufig Enge und ein Ambiente, in dem Erziehen oft nicht gut möglich ist.
Wie soll das Pferd wissen, was es tun soll, wenn diese Frage gestellt wird? Wurde die Antwort vielleicht noch gar nicht erklärt?
Das System Herde fordert von den Mitgliedern alle möglichen Funktionskreise, die in ihrem Verhaltensrepertoire zu finden sind. Hierzu gehören auch unmittelbares Ausweichen und Höflichkeitssignale. Damit diese angemessene Antwort in der sechsbeinigen Pferd-Mensch-Beziehung wieder vorkommt, muss man dieses Verhalten schulen und dem Pferd erklären, wann und wie es den Tanzbereich des Zweibeiners am besten verlässt. Damit ist nur etwas mehr räumliche Distanz gemeint. Es geht nicht darum, die Bühne zu verlassen oder einzuknicken, sondern nur darum, dem Kollegen nebenan etwas mehr messbaren Raum zu geben.
„Nett kann ich auch, hilft aber nicht" – das stimmt so nicht. Die Struktur einer Herde lebt davon, dass man sich gegenseitig treibt und „zieht". Nur so ist das System beweglich. Jeder kann jederzeit Distanz einfordern, muss sie aber auch gewähren, wenn er dazu aufgefordert wird. Jeder ist des anderen Regulativ. Bei den in „Einzelhaft" gehaltenen Pferden findet das oft nicht mehr statt. Nett und höflich hilft genauso weiter wie Dominanz. Bleibt dieser Teil der Schulung allerdings aus, dann wäre es die Dominanz, für die sich das Pferd in letzter Konsequenz entscheiden würde.

IN KÜRZE

- **Das Pferd muss lernen, den Tanzbereich des Menschen zu respektieren und ihm Platz zu machen, wenn es darum gebeten wird.**
- **Ausweichen ist eine erwünschte Form von Höflichkeit.**

DIE DREI ASPEKTE DER ANTWORT

Wirklich einfach wird das System der vier Werkzeuge, das Konzept der vier Säulen, wenn wir die drei Aspekte der Antwort hinzunehmen. Um in einen Dialog zu kommen, also in einen Austausch von Informationen, brauchen wir ein gutes, alltagstaugliches Konzept.
Jede Säule stellt eine Frage dar und jede Antwort auf eine der vier Fragen hat drei Aspekte:
Aspekt Nr. 1: die Unmittelbarkeit der Reaktion
Aspekt Nr. 2: die korrekte innere Haltung
Aspekt Nr. 3: die korrekte Ausführung
Diese Aspekte checke ich der Reihe nach durch, wobei die Reihenfolge auch ihre Wertigkeit darstellt.
Jeder Pferdemensch kennt diese Begriffe als „Durchlässigkeit". Das prompte Annehmen einer Hilfe, das auf die Einwirkung des Reiters konzentrierte, willig nachgebende Pferd, bekommt gern das Qualitätsmerkmal „hohe Rittigkeit". Auf Menschen übertragen ginge es um eine Begegnung voller Höflichkeit und echtem Interesse aneinander sowie um einen gelungenen Dialog mit sinnvollem Austausch an Informationen – und darum einander zuzuhören.
Und so kombinieren wir die vier Säulen mit den drei Aspekten, damit wir mit dem Tier ins Gespräch kommen.

A WIE ACHTSAMKEIT: DIE UNMITTELBARE REAKTION

Stelle ich also die Frage nach der Ansprechbarkeit und sage den Namen des Pferdes, dann erwarte ich seine unmittelbare Reaktion. Hier haben wir Aspekt 1. Erst nach der Unmittelbarkeit geht es mir um die Art der Reaktion, sie soll höflich,

Fairtrade reagiert prompt auf die Ansprache.

achtsam und konzentriert sein. Das ist Aspekt 2. Und zum Schluss erwarte ich die korrekte Ausführung, also ein mir zugewandtes, für mich aktives, auf mich wartendes Pferd, welches die Außenreize nicht annimmt. Das ist Aspekt 3 der Antworten im Rahmen der Ansprechbarkeit.
Ich kann diese Säule in jeder Lebenslage überprüfen: Betrete ich die Box und spreche das Pferd mit seinem Namen an, soll es sich mir zuwenden und mir zuhören – und nicht etwa nach einer Möhre suchen. Das wäre kein Zuhören, das wären Lohnverhandlungen. Beim Führen in die Reithalle kann ich es ansprechen und überprüfen, ob es unmittelbar ein Ohr zu mir dreht und im Vorwärts-

Entspannt und freundlich ist die innere Haltung zueinander. So wird das feine Annehmen der Hilfen erarbeitet.

drang etwas innehält, um auf mich zu warten. Bei der Handarbeit vor dem Reiten sage ich seinen Namen und es wendet sich mir zu und folgt mir frei. Im Sattel kann ich immer wieder seinen Namen sagen und sehen, ob es unmittelbar ein Ohr zu mir dreht und mir zuhört.

In der Säule 2, der Störbarkeit, sieht es genauso aus. Stelle ich die Frage, ob das Pferd sich mit Leichtigkeit von seiner Intention abbringen lässt, dann erwarte ich daraufhin seine unmittelbare Reaktion (Aspekt 1). Erst danach erlese ich die innere Haltung (Aspekt 2)und überprüfe zuletzt die der Hilfe entsprechende korrekte Ausführung (Aspekt 3).

KRITIKFÄHIG DURCH EINE KORREKTE INNERE HALTUNG

Im Alltag ist das sehr leicht in Situationen einzusetzen, in denen das Pferd nach außen orientiert ist. Nicht, dass Sie mich falsch verstehen: Ein Pferd darf seine Umwelt durchaus mit allen Sinnen wahrnehmen. Doch möchte ich seine Aufmerksamkeit haben, dann spreche ich es mit dem Namen an. Dass das Pferd darauf nicht reagiert, wird vielen von Ihnen bekannt vorkommen. Also störe ich es. Und ich erwarte daraufhin seine unmittelbare Reaktion. Ein leises „Na" – im besten Fall freundlich, weich, nachgiebig und angemessen – muss ausreichen, damit es mich wahrnimmt.

Ansonsten wird die Störung nach dem Ampelprinzip (siehe Seite 71) fortgesetzt, denn es heißt: Stören bis zu einer aktiven Veränderung.
Sie kennen das sicherlich als „gute Akzeptanz der Hilfen". Gern vergleiche ich die gut gearbeitete Störbarkeit mit einem roten Stift, mit dem man die fehlerhaften Stellen in einem Text markieren kann.

LOBEN, BIS DAS LOB WIRKT

Ebenso logisch wird dieses Prinzip bei der Lobbarkeit angewandt. Beginne ich mit dem Lob, dann interessiert mich zuerst, wie unmittelbar das Pferd sich auf mein Lob einlässt, und erst danach, ob es eine angemessene innere Haltung hierzu zeigt, z. B. weich, entspannt, kauend, innerlich losgelassen. Und zum Schluss überprüfe ich, ob die Reaktion des Pferdes auf das Lob angemessen und der Hilfe entsprechend korrekt ist. Hier sind die meisten sechsbeinigen Paare recht ausbaufähig. Sich wirklich die Zeit zu nehmen und das Lob zu Ende zu bringen, durchzuhalten, bis es bei dem großen Freund angekommen ist, das passt häufig nicht in das Zeitfenster des reitambitionierten Pferdemenschen. Und auch ich selbst merke immer wieder, wie gut die Pausen tun, in denen ich durchpariere, den Zügel auf den Hals lege und einfach mal kraule, bis die Oberlippe meines Kumpels lang wird, bis ein besonders tiefer Atemzug die Losgelassenheit signalisiert, bis das Ohrenspiel sich verändert.
Die gelungene Lobbarkeit ist ein grüner Stift, mit dem ich alles anstreichen kann, was gut und besser als vorher ist. Am Ende sollte in jedem Text deutlich mehr grün als rot markiert sein, damit mein Schüler auch Lust hat, weiter zu lernen. Das Maß gibt der Meister vor, der sein Pferd formt. Der Kontostand der Kritik (siehe Seite 106) bleibt so auf einfache Art und Weise stets im schwarzen Bereich.

DAS REZEPT ZUM GLÜCK: NÄHE UND DISTANZ

Stelle ich meinem Pferd die Frage nach mehr räumlicher Distanz, erwarte ich, dass es unmittelbar auf mich reagiert. Danach erlese ich, ob es weich und höflich reagiert, und zum Schluss überprüfe ich, ob die Reaktion meiner Frage entsprechend angemessen rüberkommt.Diese Forderung nach räumlicher Distanz ist im Umgang mit dem Her-

„Etwas mehr Abstand bitte" ist eine entscheidende Übung…

… die sofort zu echter Nähe und intensivem Lob führt.

Der zweijährige Hengst Fairtrade signalisiert mit sichtbarer Maulaktivität, dass das Lob angekommen ist.

denspezialisten Pferd eine ebenso wichtige wie nützliche Übung. Es räumt die innere Haltung auf und macht die mitunter großen und schweren Tiere leicht lenkbar. Ob es das Umtreten auf der Stallgasse ist, das Verladen, das Führen, das Bedienen innerhalb einer Gruppe oder einfach nur das Positionieren beim Aufsteigen – das Pferd kann mit Leichtigkeit verstehen, was die menschliche Körpersprache sowie die akustische Sprache von ihm fordert, und kann diese Frage schlichtweg höflich beantworten.
Menschen, die Angst vor Pferden haben, lernen, diese zu überwinden, wenn sie es schaffen, sich die Tiere vom Hals zu halten. Das Prinzip der regulierbaren Distanz bereinigt jede Beziehung von toxischen Mustern.

DER DIALOG VOR DEM DIALOG

Sie sehen, das Prinzip der vier Säulen und der drei Aspekte der Antwort ist in sich sehr einfach nachzuvollziehen, und es scheint, als ob jeder Mensch es unter Menschen genauso macht. Betritt jemand den Raum, in dem Sie sich befinden, dann wird zunächst überprüft, ob sie unmittelbar aufeinander reagieren, dann erlesen Sie die innere Haltung der Person an ihrer Körpersprache und dann erst beginnt der Informationsaustausch. Das alles passiert vermutlich in Bruchteilen von Sekunden, aber sofern Sie achtsam sind, werden Sie es tun – bewusst oder unbewusst. Und dieses Erlesen des Gegenübers, das wertfreie, ehrliche Wahrnehmen der körperlichen Sprache ist der Dialog vor dem Dialog. Hier werden oft die Weichen für den Verlauf des weiteren Dialogs gestellt.
Setzen Sie sich gedanklich mit dieser Art, ins Gespräch zu kommen, intensiv auseinander. Sowie Sie die vier Säulen und die drei Aspekte verinnerlicht haben, sie gezielt und unaufwändig bei Ihrem Pferd anwenden können, wird es ein Leichtes für Sie sein, nicht nur den Charakter Ihres Pferdes zu erfassen, sondern auch die Schulung und Erziehung mit freundlicher Leichtigkeit voranzutreiben.

IN KÜRZE

Das Pferd ist sehr viel größer und schwerer als wir. Um es richtig einschätzen zu können und es nicht nur mit Strick und Halfter, sondern mit Leichtigkeit führen zu können, gibt die HarmoniLogie® Ihnen ein leicht nachzuvollziehendes Konzept von vier Fragen und drei Aspekten der Antworten an die Hand.

Tiere sind Spezialisten darin, das Beste aus ihrem Jetzt zu machen.

DIE BEDEUTUNG DES JETZT

Es sind komplett unterschiedliche Zeitzonen, in denen wir Menschen und die Tiere leben. Pferde besitzen keinen Kalender, keine Uhr und keinen Kühlschrank. Sie planen nicht. Sie sind die Künstler im Jetzt. Und dieses Jetzt muss stimmen, damit sie zu einem Kunstwerk erstrahlen können. Pferde reden nicht viel, und was sie sagen, meinen sie. Und zwar immer genau dann, wenn sie es sagen. Die Informationen, die wir von den Pferden erhalten können, sind stets auf das Jetzt bezogen. Sie berichten nicht aus ihrer Vergangenheit und interessieren sich nicht für unsere Zukunft. Sie machen sich keine Sorgen um uns und auch keine Vorwürfe. Letzteres macht das Zusammenleben mit ihnen stets sehr attraktiv. Sie machen das Beste aus ihrem Jetzt – und das immer.
Ich persönlich finde das sehr beneidenswert und merke, wie sie es mit dieser Fähigkeit immer wieder schaffen, mich aus meinem Davor und Danach herauszuholen und im Jetzt zu regenerieren. Eine Stunde gutes Pferdewerkeln = eine Woche Urlaub. Welch ein Glück für Pferdemenschen! Für den Menschen als Partner und auch als Coach oder Trainer bedeutet das, dass der Dialog im Jetzt stattfinden und das Reflektieren über den besten vierbeinigen Freund außerhalb dieser Zeitzone stattfinden muss. Suche ich nach Fehlerquellen im Management, nach Möglichkeiten der Weiterentwicklung oder auch nach Optimierung des Trainings, dann sollte ich das nicht während des Dialogs tun. Denn hier brauche ich alle Sinne, um das Jetzt zu erfassen.

WAS TIERE UNS VORAUSHABEN

Pferde sind rasend schnell darin, Beschlüsse zu fassen, und brauchen keine Zeit, um sich eine zweite Meinung einzuholen. Sie kommen mit wenigen eindeutigen Signalen aus, die wir manchmal gar nicht schnell genug wahrnehmen.

Und sie können uns Menschen sensationell gut und schnell erfassen. Fremde Personen werden in kürzester Zeit gescannt, bekannte jeden Tag aufs Neue eingelesen.
Ebenso durchschauen sie die Tagesform der Trainer und des Personals mit einem Wimpernschlag und sind hervorragende Menschentrainer, denn sie schaffen es ohne Aufwand, die Menschen so zu stellen, zu drehen, zu beschleunigen, auszubremsen oder sogar zu stoppen wie kein anderes Tier. Und das ganz ohne Möhre oder Gerte und ohne jemals einen Ratgeber für Menschentraining gelesen zu haben. Sie entscheiden schnell, haben keine Fragen und wissen, wo es langgeht. Punkt. Sie sind Meister in der stillen Dominanz, der räumlichen Organisation, der körperlichen Sprache. Sie haben eher ein räumliches, geometrisches Denken, spielen mit Nähe und Distanz, und sie erfassen uns Menschen, ohne uns zu bewerten. Sie machen aus jeder Begegnung das für sie Beste, was sie in dem Moment erreichen können. Und sie sind bereit, uns das zu lehren.
Das Allerbeste jedoch ist, dass Pferde bereit sind, uns jeden Tag ein neues weißes Blatt aufzumachen. Sind wir Menschen in der Lage, unsere Fragen einmal etwas anders an das Pferd zu richten, dann werden wir auch ohne Probleme eine andere Antwort bekommen. Dies ist ein Glück, das sogar die verfahrensten Beziehungen wieder in neues Fahrwasser lenken kann.

IN KÜRZE

- **Pferde erfassen die Situation und den Menschen rasend schnell, holen sich keine zweite Meinung ein, fragen nicht nach dem Warum und dem Wozu und sind Meister darin, Beschlüsse zu fassen.**
- **Der Mensch tut gut daran, die Körpersprache des Pferdes zu erlernen, sich auf den Dialog im Jetzt zu konzentrieren und das Reflektieren und Weiterentwickeln auf später zu verschieben.**

DIE ERKENNTNIS DES DAVOR UND DER PLAN FÜR DAS DANACH

Bei all der Bewunderung für das große Jetzt dürfen wir gern Mensch bleiben und den Überblick über das Davor und das Danach behalten. Denn eben diese Fähigkeit kommt am Ende auch den Pferden zugute.
Es geht bei dem Kunstwerk Pferd, bei der Freundschaft auf sechs Füßen und dem Weg zu einem Gefährten darum, einen sinnvollen Zeitplan, ein logisches bewegliches Konzept für die Ausbildung und einen guten Überblick über die Lebenssituation zu haben. Es sind die Fragen nach den Details, die uns verbessern können: nach der Fütterung, der Haltung, der Zäumung und dem Trainingsplan; die Entwicklung unseres inneren und äußeren Gleichgewichts ebenso wie die korrekte räumliche und körperliche Sprache, in der wir uns stets schulen müssen, um ein Höchstmaß an Leistung, eine verbindliche Partnerschaft und eine Langlebigkeit in wundervoller Freundschaft zu erreichen. Die Erkenntnisse aus dem Davor können Fehler für das Danach vermeiden und ebenso wie „gute Rezepte“ zum Glück überbringen. Das Pferd versucht, das Beste aus dem Jetzt zu machen.

LESEN LERNEN

Es ist eine eigene Kursserie in unserer Schule: das Lesenlernen. Und zu Beginn dieser Lehrgänge beschreibe ich immer, wie ich als kleines Kind mit zwei Fingern unter den Buchstaben hergerutscht bin, um die Worte zu identifizieren – langsam und Stück für Stück. Und genauso beschreiben sich häufig die Menschen in dem Moment, in dem sie ein Tier lesen sollen.
Wir arbeiten in diesem Bereich gern mit Videoanalysen und Slow-Motion-Aufnahmen, denn so sind wir in der Lage, die Signale gut zu identifizieren und an den angemessenen Veränderungen zu arbeiten.
Beim Lesen eines Wortes erkennen Sie die Buchstaben und konstruieren daraus einen Begriff. Sie lesen es, ohne es verändern zu wollen. Die Buchstaben machen nichts mit Ihnen, der Sinn des Wortes vielleicht schon. Beim Lesen eines Wortes haben Sie Zeit – beim Lesen des Pferdes hingegen nicht immer. Und hier hilft die Slow-Motion-Darstellung des Dialogs ungemein.

SIGNALE SCHNELL ERFASSEN

In der Arbeit mit Tieren habe ich lernen müssen, schnell zu lesen, denn nur durch das Erkennen der individuellen Signale war ich bei 800 Schafen in der Lage, den Zustand und das Wohlbefinden meiner Tiere effektiv zu überprüfen. Überleben mit einer Herde kann man nur, wenn diese froh, gesund und zufrieden ist. Der Winkel der Ohren, die Rückenlinie, die Art, wie sie abfußen, und vieles mehr waren für mich die Indikatoren, die es zu erkennen galt.
Auf den Leistungswettkämpfen war das Lesen der Schafe der Trick, mit dem man gewinnen konnte. Mein Ziel war immer, die Tiere auf meine Seite zu bekommen, sie zu erfassen, ja, zu verstehen und schnell die gewonnenen Informationen an die Hunde weiterzugeben, damit mein Manöver gelingen konnte. Ein absolut faszinierender Vorgang, bei dem der Hund der Dolmetscher zwischen Mensch und zu treibendem Vieh ist, um etwa filigranste Aufgaben auf riesengroße Distanzen zu meistern.
So musste ich an den Tieren ablesen, was sie vorhatten, wie sie den Hund berechneten, ob sie mehr Distanz zum Hund brauchten oder deutlich weniger. Genauso legte ich mir in dieser Zeit entscheidende Reflexe zu – ähnlich einem guten Berufsreiter, der blitzschnell und reflexartig auf das reagieren kann, was das Pferd signalisiert. Diese Reflexe ermöglichen einen Dialog im Jetzt.

LESEN OHNE ZU BEWERTEN

Seien Sie unbesorgt. Das Lesen ist gar nicht schwer. Die eigenen Emotionen herauszunehmen, das fällt vielen Menschen deutlich schwerer. Es macht Mühe, nicht das eigene Bild in das Tier hineinzuinterpretieren, das eigene Verständnis für die Welt am Tier zu erklären und die eigenen Defizite am Tier zu begründen. An dieser Stelle hilft die HarmoniLogie® den Menschen, eine gute sachliche Distanz zum Partner Pferd aufzubauen. Sie werden erkennen, wann es droht, wann es bedrängt und auch, wann es Ihnen Komplimente macht. Und das zu erlesen, ist eine wahre Freude. Wenn die Lesekunst beherrscht wird, dann können Sie auf Missstände der inneren Haltung bereits eingehen und sie zurechtrücken, bevor Sie in den Sattel steigen. Sie können mit dem guten Überblick und der Kunst des wertfreien Lesens die Leistungsbereitschaft Ihres Pferdes ungleich steigern, denn es führt zu einem Wohlbefinden in der Beziehung zum Menschen. Somit ist das Teamgefüge schnell perfekt. Wenn wir nun mit der Leseschule beginnen, ist der allererste Schritt der, dass Sie versuchen, Ihre Interpretationen

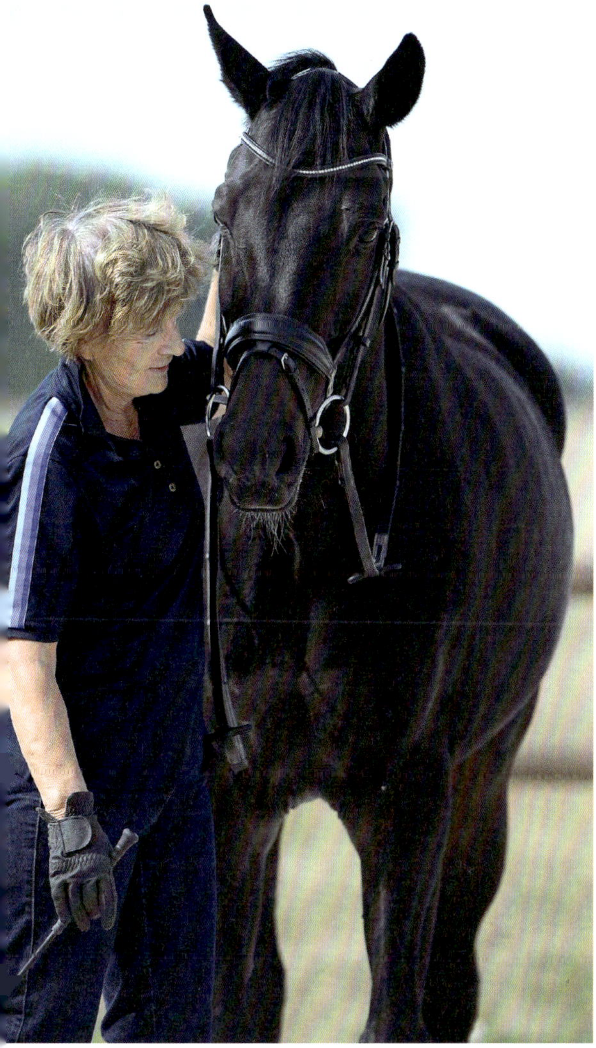

01

02

03

und Emotionen beiseitezulassen. Wir analysieren nicht und belegen die Reaktionen des Pferdes nicht mit unserer Wirklichkeit. Vielmehr erfassen wir protokollartig die tatsächlichen Signale und beziehen am Ende die möglichen Funktionskreise, aus denen diese Signale stammen, mit ein.

01 Es braucht Zeit und Ruhe, das Tier wertfrei lesen zu lernen.

02 Mit allen Sinnen und sachlich …

03 … können wir die Signale in ihrer Gesamtheit erkennen und einsortieren.

IN KÜRZE

- **Das Wichtigste beim Lesen des Pferdes ist: Lesen Sie wertfrei. Versuchen Sie nicht, zu begründen oder herauszufinden, woher die Reaktion des Pferdes rührt. Das bringt Sie nicht weiter.**
- **Durch sachliches Beobachten gestehen Sie dem Pferd eine eigene Wirklichkeit zu und bringen den Dialog auf eine ehrliche Ebene. So erreichen Sie das innere Lernmuster des Pferdes.**

PFERDE RICHTIG LESEN
— *Für einen wertfreien Dialog*

Wir teilen den Pferdekörper in fünf „Großbuchstaben" ein. Das macht das Lesenlernen einfacher. Beginnen wir mit dem Kopf, dem folgt der Hals, dann der Rumpf, der vom Widerrist bis zum letzten Rückenwirbel vor der Schweifrübe reicht. Der Schweif selbst stellt einen eigenen Buchstaben dar, ebenso das Gangwerk. Das „Kleingeschriebene" betrachten wir danach.

01

02

03

Spannend: die Nüstern

Beginne ich am Kopf mit dem Lesen, dann schaue ich gern zuerst auf die Nüster. Diese kann entspannt sein, ebenso wie lang gezogen, asymmetrisch, zusammengepresst oder auch stark geweitet und sie kann deutlich unter Spannung stehen. Die Nüster kann wittern, atmen und sprechen zugleich, denn sie sendet mit ihrer Möglichkeit, Spannung auszudrücken, jede Menge Signale.

Fressen und sprechen: das Maul

Das Maul besteht aus einer Ober- und einer Unterlippe. Pferde können das Maul fest zusammenpressen, aber auch total entspannen, sodass die Unterlippe herunterhängt, als solle man Münzen einwerfen. Andersherum geht es auch, nämlich so, dass die Unterlippe verkürzt ist und die Oberlippe über die Unterlippe gepresst wird. In diesem Fall haben wir es mit mehr Spannung zu tun als beim „Münzeinwurf-Maul".

Das Maul kann schmatzen, kauen und gähnen. Das Pferd kann die Oberlippe langziehen und sie unabhängig von der Unterlippe wie ein Nasenbär bewegen.

Fast 360-Grad-Rundumblick: das Auge

Die Augen sind seitlich am Kopf, sodass das Pferd einen Rundumblick hat. Dennoch gibt es tote Winkel an seinem Kopf und Körper. Das Auge hat eine rund-ovale Pupille und wird von je zwei Augenlidern eingefasst. Diese Augenlider können sich langziehen oder runden, sie können regelmäßig Lidschlag erzeugen, um das Auge zu befeuchten, oder auch sehr lange geöffnet bleiben. Das Auge kann ruhig und entspannt blicken, hell und wach wahrnehmen oder auch drohen. Dieses Drohen entsteht durch die Intensität des Blicks und die Augenbraue, die sich wie eine finstere Wulst über dem Auge erheben und es verdunkeln kann. Wir nennen es eine angeschwollene Wulst über dem Auge.

Satellitenschüsseln und Signalgeber: das Ohr

Die Ohren sind unglaublich beweglich. Sie können sich unabhängig voneinander in alle Richtungen bewegen und alle Geräusche wie Satellitenschüsseln erfassen. Das Pferd sendet mit dem Ohr, seiner Winkelung und Spannung eindeutige Signale, die recht leicht zu identifizieren sind. Fast jeder versteht es, wenn ein Pferd die Ohren aufrichtet oder anlegt.

04

05

06

07

01 Die Bewegungsintention kann bereits ein passives Abwehrverhalten signalisieren. Steifheit und Spannung signalisieren das fehlende Einverständnis.

02 Unterlegenheitskauen ist eine Geste aus dem devoten Bereich. Es ist entscheidend für das friedschaffende Miteinander in dem System Herde.

03 Maulaktivität wie Schlecken, Schmatzen, Kauen gehört in den Bereich des Komfortzonenverhaltens, des aktiven Angebotes sowie des Drängen/Bedrängens.

04 Spannungssignale wie strammes Ohr, fehlender Lidschlag, geweitetes Auge, feste Nüster deuten auf Flucht, Abwehr oder aggressives Bedrängen.

05 Im aktive Angebot signalisiert das Pferd aufrichtiges Interesse und gleichzeitig Entspannung durch gebrochene Winkel, ein bewegliches Maul und ein weiches Auge.

06 Beweglichkeit bedeutet Lebendigkeit. Mit deutlich verlangsamtem Lidschlag und beweglichen Gesichtszügen findet Kontakt im Komfortzonenbereich statt. Das ist Genuss pur.

07 Das Gähnen kann eine Entspanntheit ebenso wie eine sich lösende Spannung signalisieren. Ob Müdigkeit oder Erschöpfung, es ist ein ernst zu nehmendes Signal der Belastbarkeitsgrenze.

01

Das Genick: stark und beweglich

Das entspannte, bewegliche Genick des Pferdes kann in alle Richtungen spielen. Es ermöglicht den Rundumblick, die Beweglichkeit des Kopfes und es sorgt – rein kommunikativ gesehen – sehr dafür, in welchem Winkel der Kopf getragen wird. Beim Reiten soll es die Bewegung durchlassen und sich biegsam zeigen. Jede Form von Spannung oder Entspannung des Pferdes gipfelt im Genick und daher wird es sowohl für den Reiter als auch für den Dialog immer eine Schlüsselfunktion haben.

02

Groß und sehr groß: der Hals

Der Hals des Pferdes ist lang und durch ihn kann es sich sehr groß machen. Der Hals kann Spannung signalisieren und durch den Winkel zum Rumpf auch Signale der inneren Haltung senden – etwa, wenn er über oder unter der Waagerechten getragen wird.

Der Rücken: die schwingende Waagerechte

Ein entspannter Rücken schwingt durch und ist elastisch wohlgeformt und bemuskelt. Jede Form von Spannung im Pferd wird sich in seinem Rücken widerspiegeln.

Stimmungsbarometer: der Schweif

Der Schweif besteht aus der Schweifrübe und den daraus wachsenden Schweifhaaren, die hervorragend Ungeziefer verscheuchen können.

03

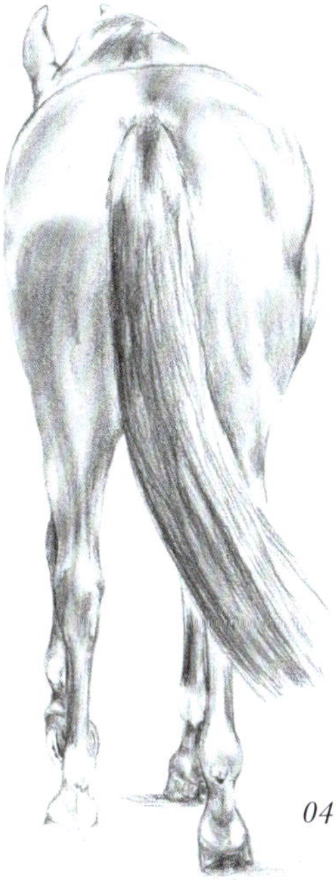

04

05

06

Das Pferd kann ihn aber auch benutzen, um sich groß zu machen, indem es mit dem Schweif schlägt, ihn abspreizt oder aufwölbt.
Ebenso kann der Schweif eingezogen und eingeklemmt werden. Er kann schief stehen, senkrecht nach oben getragen werden oder auch schwingend das Bild des Rückens abrunden.

Die Beine: mehr als nur Laufen

Durch die Bewegung seiner Beine kann das Pferd unglaublich gut Spannung oder Entspannung signalisieren. Ebenso sind die Hufe Waffen, Werkzeug und Finger zugleich. Pferde, die angreifen, tun dies häufig mit den Vorderbeinen, die sie außerordentlich gezielt und geschickt einsetzen können. Die Hinterbeine hingegen dienen nicht dem Angriff, sondern vielmehr der Verteidigung. Sie sind der Motor des Pferdes, sind gut gewinkelt und geschickt. Durch Steigen kann ein Pferd seine Größe verdoppeln.
Das Gangwerk hat durch die vier Beine einen eigenen Rhythmus. So ist der Schritt ein geregelter Viertakt, der Trab ein Zweitakt und der Galopp ein Dreitakt. Und außerdem gibt es noch die Gangpferde, die im besten Fall zwei Fußfolgen mehr haben.
Das Pferd hat in entspanntem Zustand immer einen bewegungskonformen Ablauf. Das heißt, es hält den Takt ein. Ist dies nicht der Fall, dann sollte man die Ursache der Taktstörung abklären.

01 Gesunder Phlegmatismus enthält eine innere Ruhe und Losgelassenheit. Die Signale sind hier klar zu lesen: eine waagerecht wirkende Oberlinie, entspannte Mimik und abfallende Körperlinien.

02 Die Unterlippe ist länger als die Oberlippe und hängt entspannt. Das Ohr ist beweglich und das Auge nicht geweitet. Ruhendes Interesse an der Umwelt gehört in das aktive Angebot ebenso wie zum neugierigen Drängen.

03 Offensives Drohen: Das Pferd macht sich groß und sucht die Frontalstellung. Maul und Nüstern zeigen die Spannung, über dem starren Auge erscheint eine geschwollene Wulst und auch das gewinkelte Ohr ist stramm.

04 Ein losgelassener Bewegungsablauf mit pendelndem Schweif, in der Waagerechten getragenem Hals sowie einem korrekten Abfußen ohne Spannung gehören in den Funktionskreis Drängen und zum aktiven Angebot.

05 Eine gesunde Neugierde ist die Grundlage für positives Lernen. Drängen/Bedrängen ist der Motor des Lebens und wird hier durch Beweglichkeit aller Sinnesorgane und ein entspanntes Maul mit aktiver Oberlippe bekundet.

06 Abwehrverhalten gehört zu jeder Kreatur dazu. Spannung in Nüster und Maul, eine Wulst über dem geöffneten Auge, ein gespanntes Ohr und der gewinkelte Kopf transportieren die Signale.

Die individuelle Eigensprache des Pferdes lernen wir in der Gesamtheit zu erfassen.

DAS KLEINGESCHRIEBENE FÜR FORTGESCHRITTENE

Das „Kleingeschriebene" stellt die Signale dar, die zu Beginn der Leseschule meist nicht leicht zu erfassen sind.

Die Atmung zum Beispiel kann entspannt und tief sein, mit langen ruhigen Atemzügen in den Bauch hinein, oder aber auch flach und kurz bis hin zu stoßend und schnaubend. Die Oberfläche der Haut kann eine Spannung aufweisen und bei der kleinsten Berührung zucken und zittern oder weich und entspannt sein (und auch alles dazwischen). Das Fell des Pferdes kann sich aufstellen, die Haare ebenso wie die Tasthaare, und genauso können sie sich auch stramm anlegen. Die Körpertemperatur des Pferdes kann in enormer Geschwindigkeit ansteigen und an unterschiedlichen Stellen des Körpers zu Schweißausbrüchen führen. Ebenso kann man den Anstieg der Körpertemperatur meist schon an den Hufen wahrnehmen, die bei Temperaturanstieg anders riechen.

Den Muskeltonus oder auch die Muskelspannung kann man mit den Händen fühlen, zum Teil auch mit dem bloßen Auge erkennen. Er reicht von einem maximal entspannten Muskel bis zu einer brettharten Muskulatur oder auch Muskelzittern. Alles ist möglich. Auch Pulsfrequenz und Äußerungen des vegetativen Nervensystems (Kot absetzen) gehören hierher.

LESEN UND NICHT DEUTEN

Wir haben uns nun tatsächlich nur damit befasst, Signale zu erkennen und sie nicht zu deuten. So macht es auch ein Biologe, der in einen Apfelbaum schaut und zu Protokoll nimmt: In diesem

Wir erfassen die Oberlinie, die Art des Auffussens, die Mimik, Atmung,...

... die Schweif- und Kopfhaltung ebenso wie die Natürlichkeit des Verhaltens.

Baum sitzen zwei Blaumeisen, eine Schwarzdrossel und drei Rotkehlchen. Es geht nicht darum, zu wissen, wie es den Vögeln geht.

Schauen Sie Ihr Pferd an und versuchen Sie, seine Signale wertfrei wahrzunehmen. Nein, Sie sagen nicht, was es Ihnen mitteilen möchte – das können Sie gar nicht wissen; das wird immer Ihre eigene Wirklichkeit bleiben. Sagen Sie, was Sie sehen. Und wenn Sie sich nicht ganz sicher sind, ob Sie es gut erkannt haben, dann schauen Sie noch einmal in Ruhe hin. Und bitte legen Sie Ihr Pferd nicht auf ein einziges Signal fest. Es ist die Gesamtheit, die Summe des ganzen Pferdes. Sonst ist es ja, als würden Sie einen Text aufgrund einiger weniger Buchstaben zu verstehen glauben. Aber brauchen wir nicht den ganzen Text, um den Sinn zu erfassen? Wie wir das Ganze dann verarbeiten, erfahren Sie in dem Kapitel über die Funktionskreise. Nur so viel sei schon einmal verraten: In der Natur ist immer erst einmal alles positiv, was beweglich ist. Denn Beweglichkeit bedeutet Lebendigkeit. Alles, was unbeweglich ist, ist ungut und kann toxisch sein.

IN KÜRZE

- **Üben Sie, Ihr Pferd zu lesen. Schauen Sie sich wertfrei seine Signale an. Interpretieren Sie keine Gefühle oder Stimmungen hinein.**
- **Wichtig: Abonnieren Sie Ihr Pferd nicht auf ein Verhalten oder eine Charaktereigenschaft. Schauen Sie unvoreingenommen hin – immer wieder.**
- **Lesen Sie die „ganze Geschichte" (das Pferd mit all seinen Signalen) und nicht nur „ein Kapitel" (zum Beispiel „Was macht der Schweif?") – nur so erfassen Sie die Aussage.**

DIE SECHS FUNKTIONSKREISE

Er ist siebenjährig und hat tolle Bewegungen. Sein waches Auge und seine Intelligenz machen der jungen Frau jeden Tag Freude. Wenn da nicht immer dieses Wegspringen wäre. Nun, sie reitet auf M-Niveau und hat schon viele Pferde erfolgreich bis zu mittelschweren Klasse vorgestellt. Aber dieser, der macht im Viereck immer wieder Quatsch. So auch jetzt. Sie reitet auf die Ecke zu, er spitzt die Ohren und spannt etwas auf. Sie tätschelt seinen Hals und sagt: „Ist schon gut, da ist ja gar nichts. Du musst keine Angst haben.“ Und genau hier entsteht eines der beliebtesten, immer wieder zu beobachtenden Missverständnisse zwischen Mensch und Pferd.

DAS SPIEL DER WIRKLICHKEITEN

Wer von beiden Angst hat, scheint noch nicht klar erkannt. Und somit ist auch nicht klar, über wessen Gefühle gerade gesprochen wird. Nehmen wir einmal an, das Pferd hätte keine Angst, sondern Spaß daran, aus der Spur zu springen. Die Reiterin hätte darum Angst, in „Wohnungsnot“ zu geraten, mindestens aber darum, Punktabzug wegen Ungehorsams zu bekommen.
Analysieren wir einmal: Was genau hat sie gemacht? Sie hat positiv auf das Pferd eingewirkt, sie hat versucht, es zu beruhigen, und damit die Intention des Pferdes, bei einer gewissen Reizlage aus der Spur zu springen, eindeutig bestätigt. Es fühlt sich also für das Pferd gut an, die Konzentration nach außen zu lenken, sich vom Menschen weg zu konzentrieren und Spannung zu erzeugen. Brav. Selbst wenn es dieses Mal nur ein angedrohtes Wegspringen war, es hat sich wieder gelohnt. Das will die junge Frau gewiss nicht erreichen, aber es zeigt die Schwierigkeit, klar und im Jetzt mit dem Partner Pferd zu kommunizieren. Es ist für beide eine ungünstige Situation, denn das Pferd kann nicht lernen, was es tun soll. Es ist davon überzeugt, dass der Mensch es genauso haben möchte, sonst würde er diesen „Quatsch“, wie er es nennt, nicht ständig bestätigen.
Der Mensch kommt so in der Ausbildung nicht weiter und kann dieses störende Verhalten nicht korrigieren – schon gar nicht in der Öffentlichkeit. Da ist jeder sozial gehemmt. Es würde auch nichts bringen. Fehlt doch die Basis des gelungenen Dialogs. Hätte das Pferd gelernt, die Ohren inklusive seiner Konzentration zu seinem Menschen zu lenken, wenn es seinen Namen hört, wüsste es, dass ein kleines „Na!“ bedeutet, den Funktionskreis Drängen (siehe Seite 56) zu verlassen und stattdessen den Funktionskreis Angebot (siehe Seite 63) aufzusuchen – und dann wäre diese Ecke auch kein Problem.

Das ist Leistungsbereitschaft durch gelungene Kommunikation.

Die sechs Lernmuster der Natur

DIE KARTEN DER MÖGLICHKEITEN

Das Pferd an die Hilfen zu stellen, bezieht sich in der HarmoniLogie® nicht nur auf den Schenkel und die Parade, es bezieht auch die kognitive Anbindung an den Menschen und das Verändern des inneren Lernmusters als nachhaltige Lösung mit ein. Hätte das Pferd gelernt zuzuhören, dann könnte die Reiterin ihm auch in dieser Ecke alles sagen.

Jedes Tier ist, so wie wir Menschen auch, mit sechs unterschiedlichen Funktionskreisen ausgestattet. Diese sechs Möglichkeiten zu reagieren vergleichen wir in der HarmoniLogie® mit einem Kartenspiel, das sechs unterschiedliche Spielkarten beinhaltet, aber in von Individuum zu Individuum unterschiedlicher Anzahl. Auch die Reihenfolge, in der auf diese Karten zugegriffen wird, ist von einem zum anderen unterschiedlich.

CHARAKTER UND LERNMUSTER

So gibt es einen angeborenen Charakter und das sich daraus entwickelnde Lernmuster. Dieses formt die innere Haltung. Der Charakter gehört zum Individuum wie eine schiefe oder gerade Nase. Wie man damit rüberkommt, entscheidet die innere Haltung. Und diese können wir als Erziehungsberechtigte des eigenen Pferdes durchaus modellieren. Durch Erkennen der Funktionskreise können wir entscheiden, ob dieser Funktionskreis Erfolg haben soll oder nicht. Man kann also einen schlechten Charakter gut erziehen und einen guten schnell verziehen.

So macht das erwähnte Dressurpferd nur von seiner Möglichkeit Gebrauch, wegzudrängen. Es hat kein Problem mit der Reiterin und auch keines mit der Ecke. Es hat nur verstanden, dass es jenes Verhalten bei einem gewissen Außenreiz zeigen darf und dafür meist tüchtig gelobt wird.

Der Mensch hingegen verbindet seine Gedanken mit Emotionen, die das Pferd natürlich nicht nachvollziehen kann. Es sind die verschiedenen Wirklichkeiten beider, die ein Wirrwarr an Missverständnissen mit sich bringen. Die HarmoniLogie® arbeitet über das Einlesen der Funktionskreise und verschafft dem zweibeinigen Partner dadurch einen weitaus besseren, sachlicheren Überblick über die tatsächlichen Antworten des Tiers. Wir erlauben den Tieren sozusagen eigene Gedanken und Gefühle und abonnieren sie nicht auf unsere eigenen. Es hat etwas mit echtem Respekt, mit Wertschätzung, mit vertrauensvollem Zuhören zu tun, wenn ich nicht versuche, meinem Gegenüber meine Wirklichkeit überzustülpen, sondern wirklich und ernsthaft versuche, losgelöst von meinen eigenen Emotionen die Wirklichkeit des anderen zu erfassen.

Mit diesen Erkenntnissen bin ich in der Lage, es den Pferden gleichzutun und den Dialog im Jetzt ohne Vorwürfe zu führen. Das befreit und beflügelt das Miteinander gleichermaßen.

IN KÜRZE

- **Analysieren Sie die Situation sachlich und übertragen Sie nicht die eigenen Vorstellungen und Emotionen auf das Pferd – so werden Missverständnisse vermieden.**
- **Es ist eine Form von Respekt und Wertschätzung, dem Pferd seine eigenen Emotionen und seine eigene Wirklichkeit zu lassen.**

DRÄNGEN/BEDRÄNGEN

Das Fohlen ist erst eine viertel Stunde alt. Nass und total wackelig versucht es, sofort auf die Füße zu kommen. Es scheint alle Kraft zu mobilisieren und neben einer enormen Frustrationstoleranz – es fällt noch einige Male um – vor allem ein hohes Maß des Funktionskreises Drängen/Bedrängen in sich zu haben. Kaum steht es, wackelt es zu seiner Mutter und stupst mit der Nase unter ihren Bauch. Es sucht nach Milch.

Drängen/Bedrängen ist der Motor des Lebens. Der Vorgang der Geburt, Hunger, Durst, Neugierde, Sozialkontakte und Fortpflanzung ebenso wie jede Form von Wachstum entspringen diesem Funktionskreis.

RÄUMLICHE VERÄNDERUNG

Stellen wir uns das Drängen/Bedrängen wie einen Raum vor, dann finden wir in diesem all jene positiven wie negativen Verhaltensweisen. Auch das Verlassen des eigenen „Tanzbereichs" und das Eindringen in den eines anderen entspringen diesem Funktionskreis. Es handelt sich also stets um eine räumliche Veränderung. Und in welcher Intention diese stattfindet ist sekundär; so ist ein Angriff ebenso hier einzuordnen wie eine zärtliche Begrüßung.

FÜHRUNG GEBEN

Drängen/Bedrängen ist eine kluge und lebensnotwendige Eigenschaft, die klare Führung braucht, sodass es für das Miteinander gesund bleibt. Einem Pferd, das sich dem Menschen zuwendet – zunächst mit dem Kopf, den Ohren und dem Blick, dann mit dem Hals – und sich am Ende mit dem gesamten großen Körper in

Drängen/Bedrängen ist der Motor jeden Lebens.

Richtung des Menschen dreht; einem sich mit weichen Bewegungen und Ohrenspiel nähernden Tier kann man positives Drängen unterstellen. Ebenso aber kann es mit einer Wulst über den Augen, mit nach hinten geklappten Ohren, Spannung im Maul und im Hals und schmal gezogenen Nüstern auf den Menschen zugehen. Dann ist seine Intention nicht so erfreulich, sondern enthält Aggression und Anspannung. Beide Verhaltensweisen entstammen demselben Funktionskreis.

Scharren, Aufstampfen, Hin-und-her-Treten, Kopfwippen, Prusten, Aufwölben des Halses, manchmal begleitet von einem etwas gespannten Rücken und unruhigem Schweif, können zum Drängen gehören, ebenso ein Sich-groß-Machen und Über-die-Schulter-Wegdrücken, ein beim Reiten Auf-das-Gebiss-Beißen und Losrennen. In denselben Funktionskreis gehören das Tapsen nach den Füßen des Menschen und das Gegendrücken mit der Schulter, dem Rumpf oder der Hinterhand. All das ist Drängen/Bedrängen. Die meisten von uns finden es schön, wenn unser Freund uns sanft ins Ohr pustet, seine Nase an unsere Wange drückt und uns seinen Kopf auf die Schulter legt. Diese Art des Drängens führt unweigerlich zu heftigen Schmuseanfällen ... Beides – das positive wie das negative Drängen – braucht Führung, und man muss sich darüber klar sein, dass Drängen/Bedrängen auch zu einer Form der Distanzlosigkeit führen kann. Es liegt im Ermessen jedes Künstlers, wie viel davon sein Kunstwerk braucht bzw. verträgt.

IN KÜRZE

- **Sowohl ein Angriff wie auch eine zärtliche Berührung gehören in den Funktionskreis Drängen/Bedrängen.**
- **Verhaltensweisen aus diesem Funktionskreis sollten Sie immer einer genauen Prüfung unterziehen. Hier bedarf es einer klaren Führung, denn Drängen/Bedrängen kann schnell in Distanzlosigkeit enden.**
- **Sie allein entscheiden, wie viel Drängen/Bedrängen Ihre Beziehung verträgt, wie viel „Distanzlosigkeit" Sie Ihrem vierbeinigen Gefährten zugestehen können, ohne dass es dem gesunden Miteinander schadet.**

Mit einem Hula-Hoop-Reifen den eigenen Tanzbereich erkennen.

So kann das „Wer bewegt wen?" geübt werden ...

... und eine gesunde Distanz lässt innige Nähe zu.

Pferde haben ein so großes Herz, dass Menschen hineinpassen.

PASSIVITÄT

Seine Unterlippe hängt schlapp herunter, die Ohren sind auf Halbmast, die Augen fast geschlossen: Er ruht. Als ich ihn rufe, kommt er gelassen zu mir, um sogleich wieder zu ruhen. Ganz ehrlich: nach einem anstrengenden Arbeitstag genau das Richtige, um zu entspannen.
Ein Tier, das geprägt ist von gesundem Phlegmatismus, hat am liebsten keine Probleme. Es sorgt für sich und schont seine Energieressourcen. Dennoch lässt es sich jederzeit aktivieren und entspannt im nächsten Moment wieder total.
Diese Pferde haben eine entspannte Nüster, ein bewegliches Maul, eine ruhige, tiefe Atmung. Das Auge hat regelmäßig Lidschlag und das Ohr zeigt ein entspanntes Spiel in alle Richtungen. Der Hals befindet sich meist annähernd in der Waagerechten, der Rücken zeigt keinerlei Spannung. Die losgelassene Oberfläche kann gezielt zucken, um Fliegen zu verscheuchen, bleibt aber bei jeder Form von Berührung entspannt. Der Schweif hängt gelassen herab und versucht ab und an, Insekten zu verjagen, wobei das Geräusch der Schweifhaare nicht peitschend ist. Die Hufe stehen plan auf der Sohle, meist ruht eines der Beine, in der Bewegung schwingt jeder Schritt lässig durch den Körper.

SIGNALE ERKENNEN

Passivität im Sinne innerer Losgelassenheit kann man schulen. Das sollte auf dem Stundenplan eines jeden Pferdes stehen. Denn sie tut gut, ist unendlich wertvoll und nützlich, solange sie nicht eine listige Faulheit ist und das Pferd nur versucht, sich vor der Arbeit zu drücken. Ob diese Passivität noch gesund oder bereits ungesund ist, erkennt man daran, ob sie leicht gegen Aktivität einzutauschen ist.
Ein Pferd jedoch, das unbewegt auf der Anhängerklappe steht, die Lippen aufeinanderpresst, keinen Lidschlag mehr hat und die Luft anhält – das ruht nicht. Es ist zwar auch regungslos, aber innerlich geprägt von einer mit Adrenalin erfüllten Finsternis. Dieses Pferd könnte ebenso eine sehr kurze „Zündschnur" haben und jeden Moment explodieren. Leider weiß man vorher nicht, in welche Richtung.

PASSIVITÄT ALS ABWEHR

Gerät ein Pferd unter zu viel Stress, kann es sich so festhalten, dass es regungslos erscheint. Wir Reiter kennen das als Spannung, die sich fest und rund anfühlt und bei der man sich nicht ganz sicher sein kann, in welche Richtung die Kugel abgefeuert wird. Das ist dann eindeutig Drohen, das in den Funktionskreis der Abwehr gehört. Gern bezeichnen wir ein Pferd, das sich am Schenkel festhält, das still hält, als „stur". Dabei ist es eine Form der Abwehr, die man mit Ruhe und Geduld bearbeiten kann. Denn bei einem enormen Überhang an Adrenalin hilft es nicht, noch mehr Adrenalin freizusetzen. Das Pferd auf der Rampe kann man auch einen Moment dort stehen lassen – so lange, bis das Adrenalin verarbeitet ist und das Hirn wieder freien Zugang für weitere Informationen gewährt.
Die Passivität als Abwehr ist ein kluges Konzept der Natur. Wir kennen es vom Hasen, der sich bei Gefahr duckt, und ebenso vom Igel, der sich einrollt. Nicht gesehen zu werden kann für Tiere, die an einer ungünstigen Stelle in der Nahrungskette stehen, die einzige Überlebenschance bedeuten. Und vor diesem Hintergrund muss man sich fragen, ob am Ausbildungskonzept alles stimmt, wenn das Pferd es für notwendig erachtet, sich zu ducken oder still einzufrieren.

GESUNDES PHLEGMA

Ein gesunder Phlegmatismus, sich in Ruhe umschauen und gelassen durch das Leben zu gehen – nennen wir es „Will to please"– das sollte in der heutigen Pferdezucht ein Ziel sein, denn es würde es vielen Menschen leichter machen, wenn die Pferde schon genetisch eine tiefe Gelassenheit mitbrächten.

IN KÜRZE

- **Passivität im Sinne innerer Losgelassenheit ist erstrebenswert und kann und sollte geschult werden.**
- **Steht das Pferd offensichtlich unter viel Adrenalin, ist es wenig sinnvoll, durch Druck noch mehr von diesem Stresshormon zu produzieren. Hier ist Ruhe angesagt: das Pferd erst einmal „runterkommen" lassen.**
- **Überdenken Sie Ihr Ausbildungskonzept, wenn Ihr Pferd sich häufig „duckt" und „einfriert".**

FLUCHT

Ich halte es für einen Trugschluss, dass das Fluchttier Pferd aufgrund seines Fluchtverhaltens voranlaufen soll. Ich meine, das Pferd soll sich aus Lebensfreude bewegen und nicht aus Angst vor dem Reiter. Ein Tier, das fliehen kann oder aber die Flucht gezielt einsetzt, um sein Leben zu retten, macht weder im Springparcours noch im Dressurviereck eine gute Figur. Das Fluchttier ist mehr ein Herdentier, das aus Not auch noch sehr schnell laufen kann, aber Drängen/Bedrängen sollte gewiss im inneren Lernmuster überwiegen.

... KANN LEBEN RETTEN

Flucht ist die eindeutige Entschiedenheit, eine Situation auf der Stelle körperlich und geistig zu verlassen. Das Auge eines solchen Tiers hat keinen Lidschlag, ist weit aufgerissen und starr, das Ohr ist unbeweglich in Richtung der Bedrohung

Ein in sich ruhendes Pferd ist ein Genuss im alltäglichen Umgang.

gerichtet, die Nüster ist bei flacher Atmung geweitet, das Maul hat Spannung und einen nach hinten gezogenen Mundwinkel. Kopf und Hals bilden ein flaches Dreieck, das Genick ist fest und der Rücken stramm. Der Schweif kann von eingeklemmt bis aufgerichtet alle Positionen einnehmen, nur er schlägt nicht. Die Beine können arhythmisch abfußen bei festen und mitunter gespannten Gelenken.
Muskelzittern und Schweißausbrüche sind ein Indiz für eine massive Aktivierung des vegetativen Nervensystems. Hat ein Pferd entschieden, den Ort des Geschehens zu verlassen, ist es mit Kraft nicht aufzuhalten. Ich habe einmal eines erlebt, das vor dem Piepsen einer Maus derart erschrocken ist, dass es über die geschlossene Stalltür gesprungen ist.
Flucht ist eine von sechs möglichen Reaktionen, aber sie gehört nicht in die Ausbildung und muss auf jeden Fall sorgfältig behandelt werden. Es ist eben nur eine Möglichkeit, die die Pferde (genau wie wir auch) haben. Man kann und darf sie dem Pferd nicht nehmen, sollte sie nur zu vermeiden versuchen – sofern es sich nicht gerade um Mäuse im Pferdestall handelt ... Pferde benutzen die Flucht sehr gern auch als Abwehrverhalten.

IN KÜRZE

— **Flucht ist ein naturgegebenes, sinnvolles Verhaltensmuster, sollte aber durch solide Ausbildung beherrschbar gemacht werden.**
— **Pferde nutzen Flucht oft als Abwehrreaktion.**

ABWEHR

Abwehr – jeder von uns braucht sie. Sie ist absolut lebensnotwendig und muss jeden Tag gestärkt werden. Das Abwehrsystem des Körpers, egal wie viele Beine er hat, gilt es zu pflegen und in Gang zu halten. Ob der wirksame Schutz gegen Bakterien und Viren, gegen Einbrecher und Angreifer oder Neider und Feinde – die Abwehr ist klug, sinnvoll und intelligent! Sie gehört zum Grundbausatz jeder Kreatur. Die Frage ist nur, wann ist sie erwünscht, wann notwendig und wann stört sie. Pferde können viele verschiedene Verhaltensweisen aus Abwehr anbieten.

ABWEHRREFLEXE

Die Abwehr bezieht sich immer auf Eindringlinge in die Abwehrzone, die es zu vertreiben gilt. Krabbelt mir eine Spinne über die Wange, dann werde ich sie verscheuchen. Das ist Abwehr und das funktioniert auch reflexartig im Schlaf. Krabbelt die Spinne an der Wand lang und ich gehe hin und haue mit dem Pantoffel drauf, dann ist es aggressives Bedrängen mit Todesfolge.
Die Fliege am Pferdekörper erzeugt unweigerlich Abwehr. Ebenso haben die Pferde Abwehrreflexe in den Füßen. Hebt man einem Fohlen die Hufe an, dann wird es reflexartig zappeln. Und nun ist es klug, den Fuß geschmeidig festzuhalten und zu warten, bis das Abwehrzappeln aufhört. Dann ist der Reflex überwunden und das Fohlen lernt, dass nicht Abwehr zum Erfolg führt, sondern Stillhalten.
Es gibt Pferde, die es schaffen, ihre Menschen dahin gehend zu trainieren, die Fliegen wegzuscheuchen. Denn sie zappeln so lange rum, bis der Mensch sich der Fliege annimmt. Dann hören sie auf. Und fortan gehorcht der Mensch und schaut, wenn das Pferd unruhig wird, sofort nach der Fliege, um das Problem zu lösen. Ja, und da wird es wieder klar, dass die Pferde sensationell gute Menschentrainer sind. Und Sie sind dann vielleicht ausgebildet zum zweibeinigen, mobilen Fliegenwedel ...

SIGNALE ERKENNEN

Die Abwehr des Pferdes kann sich in Spannung in der Nüster ebenso wie des Ohrs zeigen. Das Auge hat dann fast keinen oder einen sehr hektischen Lidschlag. Die Wulst über dem Auge schwillt an und dadurch wirkt das Auge fast finster. Das ist ein eindeutiges Abwehrdrohen.
Pferde können als Abwehr die Luft anhalten und den Bauch anspannen oder einziehen; sie können das Genick versteifen, die Zunge herausstrecken, die Nüster schmal und lang ziehen, mit dem Kopf schlagen, mit den Hufen aufstampfen, mit dem Schweif schlagen, die Mähne schütteln, mit der Haut und auch den Muskeln zucken, vorn oder hinten auskeilen, sie können nießen oder prusten – all das sind eindeutige Abwehrsignale, die nicht mit aggressivem Drängen verwechselt werden dürfen.

Das Abwehrverhalten ist eine Möglichkeit des Pferdes, die wir mit Ruhe in die richtigen Bahnen lenken.

Das Steigen beispielsweise kann beides sein. Hier hängt es davon ab, ob das Pferd mit den Vorderbeinen ausschlägt oder sich im Steigen dreht. Letzteres gehört in den Funktionskreis der Abwehr, bei der das Pferd nur noch den Weg nach oben findet, um sich von etwas Bedrohlichem, Lästigem zu befreien. Keilt es hingegen während des Steigens nach vorn aus, dann ist es eher ein aggressives Bedrängen, gern schon mal mit Tötungsabsicht.

MIT VERSTAND

Es gibt Lektionen, die wir auf die Abwehr legen, wie beispielsweise den Spanischen Schritt. Hier wird die Abwehr in ein aggressives Bedrängen kanalisiert. Oder das Nein- bzw. Ja-Sagen, bei dem das Pferd auf ein Signal hin entweder den Kopf schüttelt oder nickt. Wir finden kanalisiertes Abwehrverhalten in vielen Bereichen der Hohen Schule, und es sollte den Meistern dieser Kunst überlassen bleiben, dieses zu schulen.
Das Pferd ist ein Pferd und es kann und soll sich wehren können. Besser, man bringt es nicht unvorbereitet in Situationen, in denen das notwendig ist. Passiert es dennoch, macht es Sinn, diesem Überhang an Adrenalin mit Ruhe und beständiger Gelassenheit zu begegnen und die Abwehr nicht als Erfolgskonzept zu etablieren. Dann heißt es schon mal: in Ruhe durchhalten, bis die Abwehr vorüber ist. Es ist so sinnvoll zu erkennen, ob es sich um Abwehrverhalten handelt oder nicht. Bei dem anfangs beschriebenen Fohlen muss ich den Reflex überwinden. So auch beim ersten Satteln, manchmal beim Putzen und Frisieren, beim Tierarzt und auch gelegentlich beim Reiten.
Je häufiger das Pferd mit seiner Abwehr Erfolg hat, um so häufiger wird es sie einsetzen.
Die Ausbildungsskala eines jeden Tiers behält sich die Schulung der Abwehr für die reifen Tiere vor. Das Kanalisieren und Einordnen dieses so besonderen Funktionskreises jedoch gehört schon in die Kinderstube.

IN KÜRZE

- **Abwehr ist wichtig. Das Pferd kann und soll sich wehren können.**
- **In der Ausbildung am Boden wie im Sattel ist es wichtig, der Abwehr des Pferdes mit Ruhe zu begegnen.**
- **Lektionen, die sich die Abwehr zu Nutze machen (wie zum Beispiel der Spanische Schritt oder das Steigen), sollten erfahrenen Ausbildern vorbehalten bleiben.**

DEVOT

Es hat etwas Unterwürfiges, wenn die jungen Pferde der Etagen 3 und 4 (siehe Seite 21) kauend und schmatzend mit gesenktem Hals den großen Veteranen der Herde begegnen. Es ist devot im Sinne der Fähigkeit, sich vor einem anderen kleinzumachen.

SIGNALE ERKENNEN

Werden die Pferde größer und reifer, dann kauen und schmatzen sie nicht mehr, sondern weichen, meiden, wenden den Blick, werden langsam, lassen den Schweif ruhig hängen und ziehen die Schweifrübe ein. Das Ohr steht unbewegt nach hinten und das Auge hat wenig Lidschlag. Die Nüster ist in diesem Funktionskreis eher schmal, manchmal auch schief gezogen. Kopf und Hals bilden einen 45-Grad-Winkel, während der Hals annähernd in der Waagerechten getragen wird. Das Pferd wirkt kleiner als sonst.

DEESKALIEREN

Devot ist einer der notwendigen Funktionskreise im System einer Herde. Es bezieht sich definitiv nicht auf eine permanente Unterwürfigkeit, sondern auf die Fähigkeit, nachzugeben und sich einzuordnen bzw. sich einordnen zu lassen. Nur durch diesen Funktionskreis kann die Etagenstruktur, das Aufspringen des Notfallkoffers (siehe Seite 22), verhindert werden.
Viele Menschen kennen devotes Verhalten beim Hund, haben es aber beim Pferd noch nie wahrgenommen. Vielleicht weil es das noch nie gezeigt hat. Es gibt Reitdisziplinen, die sehr viel von diesem Funktionskreis fordern, und manche können sogar geschickt damit umgehen.
So wichtig Devot auch sein kann, so entscheidend ist ein sinnvoller Umgang damit. Denn es darf nie zu einer nichtabstellbaren Unterwürfigkeit führen. Das würde dem Pferd die Lebendigkeit nehmen und es zu einem Soldaten werden lassen.

DER KLÜGERE GIBT NACH

Es gibt Pferde, die schnell devot werden, andere zeigen dieses Verhalten eher selten. Mit Sicherheit ist es etwas rassebedingt und unterliegt somit der züchterischen Willkür des Menschen.

In der Ausbildung kann es angenehm sein, ein Tier an seiner Seite zu haben, das nicht darauf besteht, immer das letzte Wort zu haben, sondern auch mal nachgeben und weich werden kann. Devot wirkt im System der Gruppe deeskalierend und es kann eine kluge Lösung für ein gutes Miteinander sein. Frei nach dem Motto: Der Klügere gibt nach.
Bei manchen Darbietungen der Freiheitsdressur haben die Pferde schmale Nüstern, die Ohren sind anspannt, die Schweifrüben eingezogen und die Tiere atmen flach. Meist als Freiheit verkauft kann

Das System Herde fordert es, sich einzuordnen.

die Darbietung bei genauem Hinsehen die unnachgiebig eingeforderte Unterwürfigkeit der Tiere nicht verstecken. Dennoch: Alle Künstler ihres Fachs tun gewiss gut daran, Devot gegen das aktive Angebot zu tauschen.

IN KÜRZE

- **Devot zu sein ist nicht von Haus aus schlecht. Es bedeutet letztlich nur, nachgeben und sich einordnen zu können.**
- **Devot wirkt meist deeskalierend und kann eine Lösung sein: Der Klugere gibt nach.**

Sie verfügen über diese sechs Karten. So ist es das aktive Angebot, das Frieden und Freude gleichermaßen in einem Herdensystem erhält. Es ist dafür zuständig, dass das komplexe System aus Nähe und Distanz nicht ein endloses Tyrannisieren wird, sondern echten Teamgeist hervorbringt; Individualisten dienen dem großen Ganzen. Es ist das aktive Angebot, das das Miteinander zwischen Pferd und Mensch so harmonisch werden lassen kann, dass es dem Betrachter Tränen in die Augen treibt. Denn es vereint Würde und Kraft mit Liebe.

DAS AKTIVE ANGEBOT – DER JOKER

Bei den Hunden nennen wir es „Will to please", und es ist die beste Beschreibung des aktiven Angebots. Es gibt bei Pferden ganze Blutlinien, die davon geprägt sind. Es scheint also nicht nur ein besonders angenehmes Verhalten zu sein, sondern auch ein genetisch verankertes.
Im Vergleich zur Karte Devot wirkt das aktive Angebot sehr lebendig und durchaus aufrecht. Es hat nichts Unterwürfiges. Es ist aktiv und strotzt vor lebendiger Leichtigkeit und Stolz, dennoch ist es höflich. Es ist der feine Kontakt miteinander, bei dem es nicht um Dominanzen und Rangordnung geht, sondern um echten Teamgeist.

SIGNALE ERKENNEN

Das Entscheidende beim aktiven Angebot ist der Kontakt, die gegenseitige Achtsamkeit, der gleichmäßig verteilte Respekt.
Ein Pferd im aktiven Angebot schaut sein Gegenüber mit wachen Augen, mit geregeltem, entspanntem Lidschlag, aktivem Ohrenspiel, rundlich geformter Nüster, weichem, beweglichem Genick, biegsamem Hals, schwingendem Rücken, pendelndem Schweif sowie einer entspannten Oberfläche aufmerksam an.
Um mehr Distanz gebeten, weicht es gelassen.
Ein absolut spannungsfreies Miteinander, das von Vertrauen und Respekt geprägt ist. Das ist kein Wunschdenken, sondern Teil des Grundbausatzes von Pferden – auch Ihres Pferdes. Ebenso haben Sie diese Möglichkeit in sich selbst, denn auch

Dem Menschen gern folgen, höflich und entspannt, ist eine Folge ...

... des aktiven Angebots. Das erzeugt Harmonie und Teamgeist.

WEG AUS DER SACKGASSE

Und wenn der Dialog ins Stocken gerät, die Gesprächspartner sich in den Wirren der Abwehr verfangen haben, dann sollte es einen Impuls geben, der dem Partner die Möglichkeit gibt, in den Funktionskreis des aktiven Angebots zu wechseln. Denn das ist der Joker im Dialog, mit dem es immer weitergeht.
Mit weichen Bewegungen ist das Tier unvermittelt bereit, etwas Platz zu machen, sich auf alles einzulassen. Kraulen, Grasen, Spielen, Folgen. Es ist ein wunderbarer Funktionskreis, den es tatsächlich für manche Pferdemenschen erst noch zu entdecken gilt.

EINE GUTE KARTE

Innerhalb einer funktionierenden Herdenstruktur kann man dieses aktive Angebot recht häufig wahrnehmen. In den Clans scheint das aktive Angebot die Karte zu sein, die signalisiert, dass es zwanglos und ohne aufgebauschtes Dominanzgerangel vonstatten geht. Eben freundlich, wohlgesinnt und intakt. Zwischen den Clans wird schon mehr devotes Verhalten gefordert, mehr nachgefasst und auch intensiver nachgefragt. Auch bei einigen Pferden in menschlicher Obhut kann man das aktive Angebot erkennen. Sie nehmen wach ihre Umwelt wahr, weichen reibungslos auf leiseste Aufforderung und bleiben dabei total entspannt. Im Training gehört dies in den Bereich der Grunderziehung und sollte immer wieder eingefordert werden.
In der Freiarbeit (siehe Seite 143) entscheidet es darüber, ob das Training erfolgreich sein wird oder nicht.
Jede Form der Beschäftigung mit dem Pferd ist einfacher, wenn das aktive Angebot neben Drängen/Bedrängen die Hauptspielkarte ist.

IN KÜRZE

Das aktive Angebot hat nichts Unterwürfiges; es ist der feine Kontakt miteinander, bei dem es nicht um Dominanz, sondern um echten Teamgeist geht.

Im Team miteinander sein, ergibt hier einen Clan mit 30 Füßen und einer Spur.

Pferde sollen von all ihren Möglichkeiten Gebrauch machen.

VON FALSCHSPIELERN UND SPIELREGELN

Der Igel, der sich bei Gefahr einrollt, der Hase, der sich duckt – beides hat auf Anhieb den Anschein, ein Ausdruck von Passivität zu sein. In Wirklichkeit ist dieses Verhalten jedoch eine Abwehr(re)aktion. Tiere zeigen dieselben Verhaltensweisen aus ganz unterschiedlichen Gründen, und das ist der Nährboden für manch wundersames Missverständnis.

SIGNALE ERKENNEN

Abwehr hat bei Pferden viele Gesichter: So kann ein Pferd aus Abwehr bocken, aber ebenso auch aus reiner Lebensfreude und positiver Energie mit allen vieren in die Luft springen. Es kann steigen, weil es das gelernt hat, weil es angreift oder auch als Verteidigung.
Sie können **drängen/bedrängen** als Abwehr. Diese Kollegen kurbeln bereits an der Hand um ihre Zweibeiner, rempeln, tapsen nach deren Füßen oder stoßen mit dem Kopf. Andere **fliehen** als Abwehr, rennen weg, und wieder andere bekommen ein finsteres Auge, ziehen die Luft ein und werden **reglos**. Meist ist es ein Abwehrverhalten, das die Tiere dazu bringt, sich des einen oder anderen Funktionskreises zu bedienen. Und nun ist es am Menschen, genau zu lesen. Zur Abwehr gehört meist Schweifschlagen, Spannung auf der Haut und in der Muskulatur; es ist eine geschwollene Wulst über dem Auge, das wenig Lidschlag hat, die Atmung ist kurz und flach.

URSACHENSUCHE

Nun geht es weiter, denn wir Menschen müssen herausfinden:

1. ob sich das Tier mit Leichtigkeit in einen anderen Funktionskreis bringen lässt,
2. ob es einen medizinischen Befund geben kann, der zu diesem Verhalten führt,
3. ob Haltung, Umgang und Management für dieses Pferd passen.

Nicht jedes Pferd, das bockt, braucht einen Arzt. Häufig ist es ein Missverstehen, ein fehlerhaftes Bedienen der Funktionskreise, das dazu führt, dass ein solches Verhalten ritualisiert wird und es zu handfesten Problemen zwischen Menschen und

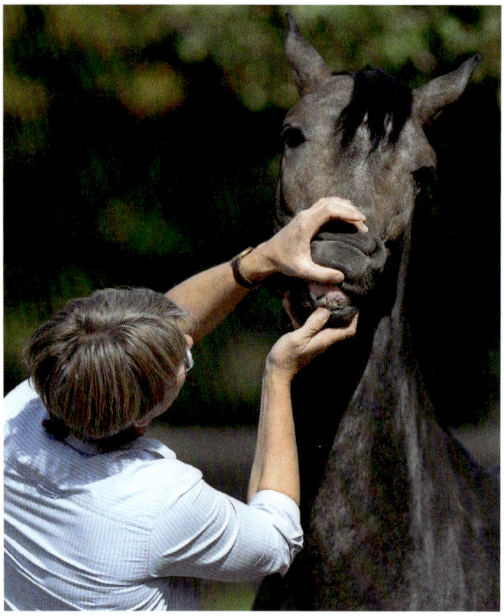

Nicht alles, was wir tun, findet unser Pferd toll.

Mitfühlen hilft dann mehr als Mitleid.

Pferden kommen kann. Und so lohnt es sich weiterhin, die Frage zu stellen, ob es Not tut, das Pferd in Situationen zu bringen, in denen es Abwehr zeigen kann. Hier ist meist Mitleid die Ursache für Missverständnisse.

MISSVERSTEHEN, MITLEID, MITGEFÜHL

Fangen wir beim Anbinden an. Ja, das tut Not, egal ob das Pferd es nun toll findet oder nicht; ebenso das Geben der Füße, das Satteln, Auftrensen, gegebenenfalls auch das Anlegen von Gamaschen und am Ende das Reiten oder Fahren in jeder Disziplin. Also ist der Mensch als Erziehungsberechtigter sehr wohl damit beauftragt, das Pferd auch mal mit Situationen zu konfrontieren, in denen es mit Abwehr regieren könnte. Dabei ist es ganz wichtig, ruhig zu bleiben und dem Pferd klarzumachen, dass die richtige Antwort auf die aktuelle Frage nicht die Abwehr ist – egal in welchem Gewand sie daherkommt.
Mitleid hilft hier nicht weiter, sondern nur echtes Mitfühlen und ein ehrliches Weisen des (Aus-)Wegs. Es ist am Menschen, seinem großen vierbeinigen Freund stets die gewünschte Lösung als den einzig gangbaren Weg zu präsentieren. Und das mit Ruhe und Geduld – nicht mit Nachgiebigkeit.

Lesen Sie das ganze Pferd von vorn bis hinten. Reflektieren Sie über die einzelnen Signale und rechnen Sie die Frage so klein es geht, damit Ihr Kumpel mit Fell garantiert eine Antwort finden kann. Und bleiben Sie so lange an der fehlerhaften Stelle, bis die Abwehr gegen ein Angebot getauscht wurde, quasi wie beim Bügeln: so lange auf der Stelle bleiben, bis die Falte weg ist. Denn mehr als eine Falte ist es meist nicht.
Fast jeder Funktionskreis ruft Emotionen in uns Menschen hervor. Werden Sie von einem Pferd aggressiv bedrängt, dann spüren Sie den Wunsch, sich zu wehren, und Ihr Abwehrsystem startet sein Programm. Sehen Sie ein Pferd, das den Schweif einklemmt und sich kleinmacht, bekommen Sie unweigerlich Mitleid, ebenso wie bei einem Pferd, das mit weit aufgerissenen Augen und strammem Hals die Flucht ergreift. Und dann quälen Sie sich mit der Frage: „Warum?".Warum macht er dies oder jenes? Nur werden Sie darauf nie eine echte Antwort bekommen, denn es wird immer Ihre eigene Antwort sein, nicht die des Pferdes. Die Frage nach dem „Wie?" würde Ihnen eher weiterhelfen. Wie können Sie seine Reaktion verändern, wie können Sie ihm helfen?
Auf diese Frage können wir nur Antworten bekommen, wenn wir noch tiefer in die Funktionskreise einsteigen.

ECHTE ANTWORTEN FINDEN

Ich erlese also durch meine Fragen nach Nähe und Distanz, die ich dem Pferd stelle, sein inneres Lernmuster. Zunächst bekomme ich beispielsweise eine Antwort aus dem Bereich Drängen/Bedrängen. Fordere ich dann mehr Abstand, lehnt sich das Pferd auf die innere Schulter und stemmt gegen mich. Das ganze Tier wirkt dabei groß und über seinem Auge wächst diese düstere Wulst. Es schaut auf mich hinab, als wolle es sagen: „Das nächste Mal, wenn ich da hinschaue, Schatzelein, bist du weg!"

„Erstens: ‚Nein', und zweitens beeindruckt mich die Größe nicht", ist dann immer meine Antwort. Nun grabe ich nicht in seiner Vorgeschichte oder seziere die Umweltreize, sondern stelle mir direkt die Frage: „Wie kann ich das ändern? Was muss ich tun, damit der Kollege ausweicht?" Anderer Winkel, mehr Impuls oder weniger, kurze Pause oder schneller vorangehen? Alles ist denkbar. Aus dem Pferdekörper kann ich erlesen, ob ich es mit toxischer Spannung zu tun habe oder mit aggressiver Energie, aber vielleicht auch nur mit ungehobeltem Phlegmatismus oder echter Unwissenheit.

Ist es Letzteres, stelle ich meine Fragen so klein, dass das Pferd gewiss eine Antwort finden kann. Habe ich es mit einem Abwehrverhalten zu tun, dann stelle ich weder mich noch meine Frage in Frage, sondern reduziere das Tempo. Das Vorgehen gegen Abwehr braucht immer eine ganz geringe Geschwindigkeit.

Pferde, die ein ausgegorenes Abwehrverhalten ritualisiert haben, brauchen grundsätzlich eine umfängliche Schulung und möglicherweise das Personal um das Pferd auch.

Eine korrekte innere Haltung führt direkt in eine echte Partnerschaft.

FAKTOR ZEIT

Pferde wehren sich häufig nicht nur gegen die spezielle Situation, sondern die Abwehr wächst wie ein rollender Schneeball, sofern sie nicht gegen ein anderes Verhalten getauscht wird. Genau das erarbeiten wir gründlich in einem breit angelegten Konzept und versuchen nicht, es in einer Sitzung zu beheben. Häufig müssen die Menschen erst erkennen, in welchen Situationen Abwehrverhalten noch möglich ist und zum Erfolg führt, sofern es nicht korrigiert wird.
Handelt es sich um **aggressives Drängen**, dann erhöhe ich das Tempo, die Impulsivität ebenso, wie ich den Winkel zum Pferd bei meiner Fragestellung verändere. Ich positioniere mich auf keinen Fall vor dem Pferd, sondern immer an seiner Schulter. Auch hier durchforsten wir den Alltag des Pferdes wie einen Hund mit dem Flohkamm und suchen nach weiteren Situationen, in denen das Pferd mit Drohverhalten und aggressivem Drängen Erfolg hatte. Der aggressiven Form des Drängens kann man oft leichter mit einer klaren Grenze begegnen als dem Abwehrverhalten.
Ist es freundlicher **Phlegmatismus**, werde ich freundlich das Tempo erhöhen, ohne die Impulsivität zu verändern. So kann man dem Faulpelz in die Puschen helfen.
Und Sie sehen, wie wichtig es ist, genau hinzuschauen und das Pferd nicht auf ein Verhalten zu abonnieren. Sehr, sehr schnell geraten Menschen hier in Missverständnisse, werden emotional oder betroffen.

IN KÜRZE

- **Pferde können dasselbe Verhalten in ganz unterschiedlichen Situationen zeigen. Ordnet der Mensch es nicht richtig ein, kann das zu fatalen Missverständnissen führen.**
- **Die Frage nach dem „Warum" (tut er das?) bringt uns nicht weiter. Über allem steht die Frage: „Wie" (ver)helfe ich dem Pferd dazu, die gewünschte Lösung zu finden und anbieten zu können?**
- **Mitleid oder Emotionalität bringt uns nicht weiter. Das Gestalten der Situation dahingehend, die gewünschte Lösung als den einzig gangbaren Weg zu präsentieren, bringt nachhaltigen Erfolg.**

VON INNERER HALTUNG UND ÄUSSERER WIRKUNG

Es ist der zweite Punkt in der Skala der Ausbildung des jungen Reitpferdes: die Losgelassenheit. Sie ist manchmal nicht so leicht zu erreichen; gerade, wenn man mit dem Reiten erst beginnt, grenzt es fast an Zauberei. Losgelassenheit ist ein Begriff wie Ansprechbarkeit, Störbarkeit und auch Lobbarkeit. Er bezieht sich auf die korrekte innere Haltung. Synonyme hierfür wären bereitwilliger Gehorsam oder entspannt in der Spur sein oder die willige Akzeptanz der Hilfen und Grenzen.
Der Begriff macht es den Anfängern oft schwer, denn es geht nicht darum, sofort alles loszulassen, sondern seinen Partner so angenehm einzurahmen, dass er innerhalb dieser leiblichen Begrenzung entspannt und loslässt, also die Hilfen akzeptiert. Dann kann man selbst auch loslassen. Bevor ein Pferd losgelassen sein kann, muss es loslassen. Nach außen wirkt ein losgelassenes Pferd locker und entspannt, hat angenehm weiche und bewegliche Gesichtszüge, wache Augen mit ruhigem Lidschlag und eine entspannte, leistungsbereite Muskulatur. Man hört häufig, dass das Pferd abschnaubt, und es macht einen zufriedenen, motivierten Eindruck. Hier handelt es sich um einen leistungsbereiten Partner.
In der HarmoniLogie® bereiten wir die Losgelassenheit bereits am Boden vor. In der Hand- und Bodenarbeit lernen die jungen Pferde Disziplin, korrekte innere Haltung und einen gelungenen Dialog. Dann haben wir Pferde erzogen, die schon gut zuhören, voller Respekt und Vertrauen Spur halten und achtsam sind. Schön wäre, wenn das immer so weiterginge. Aber ehrlich: Das Pferd als heranwachsendes Individuum verändert sich und stellt immer wieder neue Fragen, ebenso wird es auch mit neuen Situationen konfrontiert. Das können wir nicht verhindern, aber wir können klug damit umgehen. Sie erinnern sich an den Notfallkoffer (siehe Seite 22), der sich immer wieder anbietet und jederzeit geöffnet werden kann. Ist aber bei den jungen Pferden eine gute Grundlage gelegt, haben sie etliche Situationen mit dem aktiven Angebot lösen können und ist Abwehr keine Option, dann ist es ein Leichtes,

Das Einverständnis des Pferdes ist die Grundlage der Ausbildung und bringt gemeinsamen Erfolg.

»Sprich leise, denn er hört dir zu.«

immer wieder an die Losgelassenheit heranzukommen. Als wäre es das Konzept fürs Leben – für das des Pferdes ebenso wie für den zu ihm gehörenden Menschen. Innere Losgelassenheit ist der Basisbaustein, der die innere Haltung zu einer gelungen äußeren Haltung werden lässt. Und dazu braucht es Spur.

IN KÜRZE

Durch die vorbereitende Hand- und Bodenarbeit, die wir jungen Pferden schon vor dem Anreiten angedeihen lassen, legen wir den Grundstein für das aktive Angebot. Und damit erreichen wir eine innere Losgelassenheit, die die Basis einer gelungenen äußeren Haltung ist.

DAS PRINZIP DER AKTIVIERUNG

»Machen, dass der andere macht«

Machen, dass der andere macht – das ist die Zauberformel in unserer Tierschule. Wer schon einmal mit dem Kind Mathehausaufgaben gemacht hat, kennt das. Nicht dem Kind vorrechnen und zeigen, wie toll Mama oder Papa die Aufgabe lösen können, sondern das Kind muss selbst rechnen, denn nur so wird es schlau – selbst wenn dieses Vorgehen länger dauert und mehr Nerven und Kalorien verbraucht...

Viele Kinder sind absolute Spezialisten darin, die Eltern ans Rechnen zu bekommen. Dieses Bild, das das Prinzip der Aktivierung deutlich macht, lässt sich auf etliche Situationen übertragen – auch auf das Reiten. Machen, dass das Pferd läuft,

Der siebenjährige Hengst Fürstenkind wartet frei und ruhig...

... und senkt dann entspannt den Kopf...

dass es vor den Hilfen ist, wie es im Fachjargon heißt. Und dieses Vor-die-Hilfen-Bringen beginnt schon ganz zu Anfang im Dialog. Es reicht also nicht, dass es an den Hilfen steht, die soll es nämlich respektieren und nicht abwarten. Es soll auf die Signale hören und gar nicht erst auf die Hilfen warten. Dann ist das Pferd vor Ihnen. Ein Tier, egal ob Hund oder Pferd, das vor den Hilfen ist, ist echt aktiv für Sie, passt auf Sie auf und arbeitet mit.

Ihr Gegenüber passivieren können viele Menschen. Auf den Dialog übertragen hieße das, auf jemanden einreden, der einem gar nicht zuhört. Aktivieren heißt, im Dialog dafür zu sorgen, dass einem Gehör geschenkt wird. Auf dieser Basis kann man dann alle Informationen der Konzentration des Partners angepasst loswerden.

Gehe ich also zu einem neuen Pferd an die Box, dann werde ich entweder warten, bis es kommt, oder es mit seinem Namen rufen oder aber es treiben, bis es mich wahrnimmt und sich mir zuwendet. Ganz weich, unaufwändig und integrativ freundlich. Das Prinzip der Aktivierung macht den Umgang mit dem Pferd leicht.

DIE AMPEL – EIN KLUGES SYSTEM

Soll das Pferd die Füße geben, gebe ich ein klares, verbales Signal. Bei Missachtung sage ich leise „Na“ und tippe den Fuß mit dem Finger an. Ich verstärke so lange diesen Impuls, bis das Pferd selbst den Fuß hebt. Nun folgt leise das ursprüngliche Signal wieder. Und tragen werde ich seinen Fuß auch nicht, es muss ihn schon selbst halten. Auf „Gib den anderen“ hat es den anderen, gegenüberstehenden Fuß zu heben. Hier gehe ich nach demselben Ritual vor.

Beim Trensen werde ich den Kopf des Pferdes über das Signal „Kopf runter“ senken, damit ich besser drankomme. Ignoriert es meine Aufforderung, folgt „Na“ und möglicherweise die Nackenpressur, bis der Kopf unten ist (siehe Seite 153).

Beim Führen sage ich leise: „Und an.“ Reagiert das Pferd nicht sauber, warne ich ehrlich nach dem Ampelprinzip mit „Na“, möglicherweise gefolgt von einem treibenden Impuls an der Flanke, und wiederhole dann: „Und an.“

... um bereitwillig das Gebiss zu nehmen.

Im Einklang mit dem Menschen entfaltet das Pferd seine Schönheit.

Der dreijährige Best Of lässt sich einfach …

… mit dem Namen aus dem „Off" ins „On" holen.

Sage ich in der Halle den Namen meines Pferdes, erwarte ich, dass es ein Ohr zu mir dreht. Passiert das nicht, dann warne ich mit „Na" und möglicherweise bausche ich mich etwas impulsiv auf, bis es mich wahrnimmt und das Ohr zu mir wandert. Dann folgt wieder der Name und natürlich ein dickes Lob.

Das alles sind ritualisierte Abläufe, die deutlich machen, dass der Dialog im Sinne der Aktivierung ganz vorn beginnt. Das Pferd vor die Hilfen zu bringen, erledigt nicht nur der Schenkel des Reiters, sondern der gelungene Dialog und ein stetes Einfordern der Aktivität des Dialogpartners. Das Pferd soll nicht nur für mich arbeiten, sondern vor allem mit mir. Und dazu muss es für mich aktiv werden. Dieses Prinzip der Aktivierung basiert auf dem der Natur abgeschauten Prinzip der Ampel.

GRÜN, ORANGE, ROT

Es gibt jeweils ein klar definiertes, akustisches Signal, die Grünphase der Ampel. Reagiert das Pferd nicht auf dieses Signal, folgt eine Störung oder Warnung – „Na" entspricht Orange. Das ist auch klar definiert. Und wird die Warnung ignoriert, folgt eine Hilfe in die entsprechende Richtung, eben die Rotphase: Treiben für Vorwärtsgehen, Nackenpressur für Kopf runter, ans Bein tippen für Fuß hoch und so weiter. Dem folgt dann wieder das ursprüngliche Signal, so, als wollten wir sagen: „Schau, das wollte ich von dir und so heißt das …" Und hier setze ich das Signal schon als Lobwort ein. So springt die Ampel zum Ende wieder um auf Grün, damit es weitergehen kann – wie im Straßenverkehr. Alles, was Tiere, egal welcher Gattung, miteinander besprechen, funktioniert über das Ampelsystem: Sie stellen Fragen. Reagiert das Gegenüber nicht, warnen sie; wird die Warnung in den Wind geschlagen, stören sie, um danach wieder auf Grün zu schalten.

Nach diesem Ampelprinzip lässt sich in der leiblichen Sprache ebenso wie in der akustischen extrem gut und sauber arbeiten. Die Kombination aus beiden finden Sie auf Seite 86.

FEHLSCHALTUNG DER AMPEL

Egal, ob Sie akustische Signale geben oder rein visuell bzw. leiblich kommunizieren, entscheidend ist das saubere Einhalten der Phasen. Obwohl das Ampelprinzip logisch, nachvollziehbar und unkompliziert ist, bringen manche Menschen immer wieder die Phasen durcheinander. Da gibt es die, die von Grün gleich auf Rot gehen, ebenso wie die Dauer-Orangen. Alles ist gleich schädlich, denn es führt zu einer Verunsicherung des Gegenübers.

Die kleine Welsh A-Stute aus der Einleitung hat die Ampelphasen beherrscht wie kein Zweiter. Wenn sie allein unter dem Apfelbaum stehen

Echtes Miteinander und wahre Zugewandtheit führen zu tiefer Freundschaft.

wollte, dann reichte es ihr, nur die Schweifrübe etwas anzuheben und einen Hinterfuß auf die Spitze zu stellen – sogleich hielten die anderen mehr Abstand. Die Stute war beides: ehrlich und konsequent.

Tun Sie es ihr gleich. Seien Sie eindeutig, ehrlich und konsequent. Das verstehen Pferde sehr gut. Beachten Sie die Phasen der Ampel und gehen Sie jede einzelne Phase in Ruhe durch. Vergessen Sie die Warnung nicht. Nicht erst schießen und dann fragen.

Halten Sie sich an die Ampel, dann wird der Dialog ein Genuss, denn er ist geprägt von Verbindlichkeit und schafft unweigerlich Verbindung. Dieses Vorgehen aktiviert das Gegenüber, auf leise Signale zu reagieren, und schafft Vertrauen. Das Aktivierungsprinzip lässt den Menschen immer passiver werden und das Tier als Partner aktiver. Es lässt den Menschen leiser werden, denn das Tier hört ihm zu. Auf diese Art sensibilisieren wir die Tiere und sie werden schnell bereit sein, für ihre Menschen im Rahmen ihrer Möglichkeiten echte Höchstleistungen zu vollbringen, denn sie lernen mitzuarbeiten, für ihre Menschen aktiv zu werden.

IN KÜRZE

- **Bei der Ausbildung alle Ampelphasen einhalten – keine überspringen! Und am Schluss immer wieder auf Grün schalten!**
- **Seien Sie eindeutig, ehrlich und konsequent. Ständiges Warnen aus falsch verstandener Vorsicht oder Mitleid ist nicht zielführend und hilft dem Pferd nicht, hinzuzulernen.**

VOM PFERDEHALTER
— zum Pferdeführer

DIE GEOMETRIE DER SPRACHE

Die HarmoniLogie® transportiert die Idee, den Menschen die geometrischen Grundmuster des Dialogs näherzubringen.
Die Erkenntnis über die leibliche Sprache und die räumliche Organisation dieser Sprache begann nicht nur, mir Freude zu bereiten, ich konnte auch große Erfolge erzielen. Erlernt durch die professionelle Ausbildung der Leistungs-Border Collies, geschult und verfeinert anhand der beruflichen Ausbildung von Pferden sowie des Reitens, konnte ich diese Grundmuster für alle Menschen „übersetzen" – und die „Geometrie der Sprache" stellte sich als ein leicht erlernbares System heraus.

ABWEHRZONE UND AKTIVIERUNGSZONE

Widmen wir uns nun zunächst der körperlichen, visuellen Sprache. In dieser Disziplin sind Pferde absolute Experten.
Jedes Individuum hat zwei Kreise um sich herum: einen engeren, die Abwehrzone, und einen weiteren, die Aktivierungszone. Welche Ausmaße diese Zonen haben, ist individuell unterschiedlich und abhängig von Faktoren wie Ernährung, hormoneller Einstellung, sozialen Komponenten oder auch der aktuellen Belastungssituation.

Der Dialog zwischen Hütehund und Herde basiert auf geometrischen Grundmustern der leiblichen Sprache. Er ist effektiv, integrativ und friedschaffend.

01

02

EIN WENIG MATHEMATIK ...

In der Arbeit mit den Hütehunden muss ich den Radius des zu hütenden Tiers errechnen, dessen Verhalten erlesen und die Hunde auf einem bestimmten Radius um das Tier herumschicken, sodass sie außerhalb der Abwehrzone und innerhalb der Aktivierungszone sind. Nur so kann mein Manöver ohne Stress für das zu treibende Vieh und ohne Konflikte erfolgreich sein.
Ich bringe den Hunden also nicht nur bei, mit und gegen den Uhrzeigersinn zu laufen, sich überall anhalten zu lassen und gerade auf die Herde zuzugehen, sondern ich muss auch erlesen und weitergeben, ob eine Flanke (also eine Seitwärtsbewegung im rechten Winkel oder einem 45-Grad-Winkel) gelaufen werden soll. Die Bewegung gerade auf die Herde zu muss immer genau dann angehalten werden, wenn die Tiere antworten, also sich vom Hund wegbewegen. So kommt das System Herde immer wieder zur Ruhe und die Tiere verstehen schnell, dass der Reiz – das sich nähernde Raubtier – ganz einfach durch Vergrößern des Abstands zu ihm abgestellt werden kann.
Und plötzlich ist es, als sehe man die geometrischen Linien, auf denen sich die Hunde bewegen müssen, neonfarben im Gras. Plötzlich versteht man, wie das System des Dialogs funktioniert. Man erfasst all die Signale, die die Tiere geben, mit einem Blick, setzt sie in Signale für die Hunde um und kann somit der Steuermann dieser Art Freiheitsdressur sein – mit lebendiger Beute, ohne Netz und friedschaffend, da niemand unter Stress gerät. Denn das ist der Trick im Umgang mit Tieren: das absolute Minimum an Stress verursachen und dennoch seine Ziele erreichen.

BESSER RECHNEN ALS EINE ENTE

Wer nun unsere Show anschaut, der kann die Daumen halten, dass es mir gelingt, besser zu rechnen als eine Ziege oder eine Ente. Sind Sie in dem festen Glauben, dass einer Tierwirtschaftsmeisterin mit Abitur das durchaus glücken sollte? Nein, es kann immer mal passieren, dass der Punkt an das Nutzvieh geht. Denn nur, wenn ich die Pläne der Tiere schnell genug durchschaue und passende Winkel, Geschwindigkeit und Radien an meine Hunde weitergebe, kann ich die Aufgabe erfüllen. Nur dann gehen Enten oder Ziegen unter den Bäuchen der Pferde hindurch oder lassen sich über eine Brücke treiben.
Das Auge eines Springreiters muss reflexartig die verschiedenen Distanzen erfassen und berechnen, damit er die Galoppade des Pferdes erfolgreich an den Sprung heranführt und Fliehkraft und Höhe des Hindernisses unter einen Hut bringt. Ganz ähnlich ist es beim Trainer in der Freiarbeit, der die Wege der Pferde geschickt berechnen und diese mit seinen Bewegungen und gelaufenen Winkeln beeinflusst. Und es sind immer dieselben Berechnungen: geometrische Grundmuster mit Radien, Zirkellinien, rechten Winkeln und Tangenten. Es ist die Gesprächsführung auf Grundlage dieser Muster, die wir im verbalen Dialog mit Menschen

03

01 Zunächst wird das Pferd mit dem Hula-Hoop-Reifen bekannt gemacht.

02 So ist es ein Leichtes, mit Hilfe des Reifens den eigenen Tanzbereich zu erkennen …

03 … und auch einzufordern, dass er eingehalten und respektiert wird.

04 Mit dem freien Folgen gibt das Pferd sein Einverständnis für diese Arbeit.

04

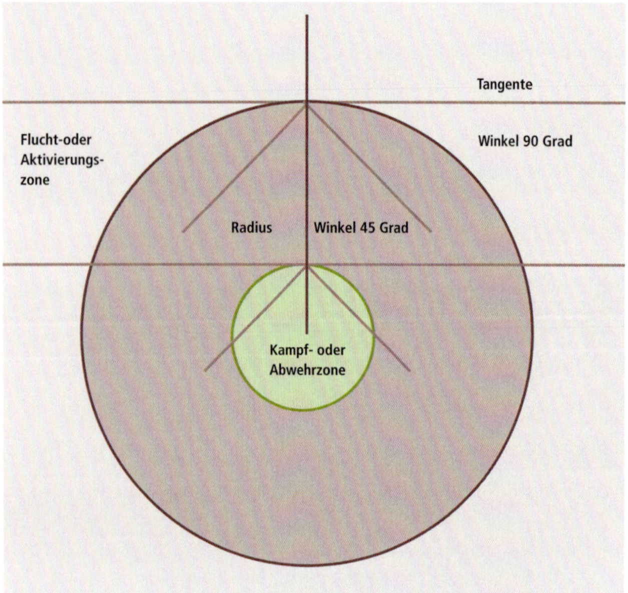

Durchschauen wir die geometrischen Strukturen des Dialogs, behalten wir immer den Überblick. Die Dialogführung ist freundlich und fein.

ebenso beherrschen müssen. Das Gespür dafür, wann eine etwas oberflächlichere Frage eher ans Ziel führt oder wann man mal direkter nachfragen sollte, kann man nur bekommen, wenn man sich möglichst viel und intensiv mit dem Thema Dialog und Gesprächsführung, aber auch mit seinem jeweiligen Gegenüber auseinandersetzt. Integrative Fragen lassen dem Gegenüber immer Platz und Raum zum Antworten.

BEWEGUNGSMUSTER, DIE TIERE VERSTEHEN

Das kennen Sie selbst auch: Kommt jemand frontal auf Sie zu und Ihnen dabei etwas zu nah, haben Sie plötzlich nur noch wenig Möglichkeiten auszuweichen. Sehr schnell werden Sie dieses Verhalten als übergriffig empfinden und auf Verteidigung gehen. Der Funktionskreis Abwehr ist aktiviert. Entspannt würde die Situation durch einen sofortigen Rückzug des Eindringlings aus der Abwehrzone.

Im verbalen Dialog entspricht das Einhalten des Abstands eher einer oberflächlichen Frage. Im Tierreich würde sie mit einer rechtwinkligen Flanke, also einer Seitwärtsbewegung im rechten Winkel zum Radius, beantwortet. Denn durch Flankieren im rechten Winkel wird der Radius zum Gegenüber schnell und deutlich vergrößert. Somit wird die Abwehrzone verlassen und Ihr Gegenüber bewegt sich vorerst nur in der Aktivierungszone.

Sollte er die Aktivierungszone verlassen haben, hat er plötzlich keinen Einfluss mehr. So ergeht es auch den Hütehunden, wenn sie zu große Bögen um die Herde herumlaufen. Da scheint es, als würde die Herde sich lustig machen; manchmal wollen die Tiere den Hunden gar nachstellen.

Es kann also sehr kontraproduktiv sein, den Abstand zu seinem Gegenüber zu groß zu wählen. Ähnlich wie in einem menschlichen Dialog, in dem jemand nur über das Wetter spricht. Das ist vielleicht „very British“, führt aber im Dialog erst einmal nicht weiter.

Bei inhaltlich oder räumlich zu direkten Fragen reagieren Sie reflexartig und ganz archaisch mit Abwehr. Schnell würde sich die Situation entspannen, wenn man erst wieder eine deutlich oberflächlichere Frage formulieren würde, die den Fragenden auf Abstand hält.

Auch wenn dadurch ein Zickzack-Kurs im Dialog entstehen könnte, kommt man so manchmal am Ende doch schneller ans Ziel. Es sind die den 45-Grad-Radius erhaltenden Flanken, die den Dialog mit dem Tier in Bewegung bringen.

VON VERTRAUTHEIT ZU VERTRAUEN

Zurück zu Ihrem Pferd: Gehen Sie mit Spannung in Ihrem Körper frontal auf Ihr Pferd zu, geraten Sie unweigerlich in seine Abwehrzone. Sie werden bei der Bitte um mehr Abstand auch das Abwehrsystem des Pferdes überzeugen müssen.

In dem Moment, in dem Sie aus einem guten Winkel, am besten auf Höhe des Buggelenkes diagonal von vorn, auf das Pferd zugehen, hat das Tier die Möglichkeit, über ein Ausweichmanöver nachzudenken und die Route neu zu berechnen. Und genau wie bei den Hütehunden, die das Vieh treiben, sollten Sie aufhören zu fragen, sobald Sie eine Antwort bekommen. Die Abstellbarkeit der Störung durch Wählen der richtigen Lösung – klingt vielleicht kompliziert, ist es aber nicht. Es besagt nur, dass es sich unbedingt lohnt, sofort zu reagieren. Und ganz zu Beginn ist die richtige Reaktion ein – wenn auch sehr kleines – Vergrößern des räumlichen Abstands zum Menschen.

Je vertrauter man sich ist, umso kleiner sind die Kreise (Abwehr-/Aktivierungszone); je fremder man sich ist, umso mehr Abstand wird gefordert. Also macht es Sinn, langsam und mit guten, auch raumschaffenden Winkeln zu arbeiten, bis aus Vertrautheit Vertrauen geworden ist.
Das lehren wir in der HarmoniLogie®. Unsere Art der Gesprächsführung soll integrativ, friedschaffend und effektiv sein. Sie soll die Leistungsbereitschaft der Individuen steigern sowie den Erfolg als Team garantieren. Durch ein reibungsloses Miteinander ist es möglich, Unmögliches zu erreichen. So ist es also die Art und Weise, wie man sich aus welchem Winkel in welcher Geschwindigkeit auf jemanden wie weit zubewegt, die den Dialog schließlich erfolgreich werden lässt – oder aber das ganze Manöver zum Scheitern verurteilt. Es lohnt sich, Zeit zu investieren, denn basierend auf dieser Grundlage finden Sie zu einer verbindlichen und zwanglosen Partnerschaft.

IN KÜRZE

- **Das Ausmaß der Abwehr- und Aktivierungszone ist sehr individuell und abhängig von verschiedenen Faktoren.**
- **Der Trick in der Arbeit mit den Tieren ist, das absolute Minimum an Stress auszulösen und dennoch seine Ziele zu erreichen.**
- **Integrative Gesprächsführung ist friedschaffend und effektiv, sie steigert die Leistungsbereitschaft des Individuums und garantiert den Erfolg des Teams.**

Wenn Vertrauen und Respekt im Einklang sind, schmilzt die Abwehr- und Aktivierungszone beinahe auf null.

SPRECHEN LERNEN

„Man kann nicht nicht kommunizieren", sagt der Kommunikationswissenschaftler und Philosoph Paul Watzlawick – besser kann man es nicht auf den Punkt bringen, finde ich. Denn auch wenn wir nicht kommunizieren wollen, kommunizieren wir ebendies. Es geht aber noch weiter, denn sobald Sie mit einem Tier kommunizieren, welches sich noch deutlich näher an dem archaischen System der Sprache befindet und zudem auch noch über feinere Sinnesorgane verfügt als Sie, wird es Signale wahrnehmen, die Sie senden, ohne dass Sie wissen, dass Sie dies tun.

Der Mensch macht dem Pferd die Tür nach vorn zu.

Öffnen wir dem Pferd durch natürliche und kluge Körpersprache die Türen, hilft es ihm, den richtigen Weg zu finden.

Akustisch, visuell und olfaktorisch transportieren Sie Informationen – ob Sie wollen oder nicht.
Es ist eine Komposition, und zum Teil können Sie diese Komposition je nach Zielsetzung beeinflussen, nämlich in der Wertigkeit der einzelnen Komponenten und in der Struktur. Den geruchlichen Anteil Ihrer Informationen sowie die tatsächliche Spannung Ihres Körpers können Sie fast nicht beeinflussen, und es gibt Tiere, die darauf spezialisiert sind, diese Signale auch ohne Zutun des Menschen zu erfassen.
Hier wird noch einmal mehr deutlich, dass man Tiere nicht anlügen kann. Also bleiben Sie mit Ihren Informationen an das Tier am besten immer schön bei der Wahrheit. Das macht das Leben unkompliziert. Den geometrischen, räumlichen oder auch leiblichen Teil können wir ebenso wie den akustischen gezielt steuern.

DIE VISUELLE SPRACHE

Beginne ich, die Menschen mit der Bodenarbeit an die Gesprächsführung mit ihrem Pferd heranzuführen, arbeiten wir ähnlich wie die Hütehunde: Der Mensch nimmt die Rolle des Hundes ein und das Pferd hat die Funktion der Herde. Nach dem Grundmuster „Wer bewegt wen?" starten wir nun mit den ersten Schritten der körperlichen Sprache.

VON WINKELN, SPANNUNG UND ENTSPANNUNG

Der Mensch ist durch den aufrechten Gang eher unter Spannung als der Vierbeiner. Unser Körper hat eine Senkrechte, die vom Scheitel bis zur Sohle reicht und durch die Wirbelsäule stabil

Sie hören uns zu, sie sprechen mit uns und sie schenken uns ihre Liebe. Mehr geht nicht.

wird, und er hat eine durch Schultern und Becken gekennzeichnete Waagerechte. Die Winkel, die daraus entstehen, sind bei aufrechter Körperhaltung rechte Winkel. Diese rechten Winkel können Spannung signalisieren (denken Sie an King Kong), werden sie allerdings gebrochen, geht von der Silhouette eher eine Entspannung aus (wie beispielsweise bei dem Bären Balou aus dem Dschungelbuch). Je nachdem, was Sie ausdrücken bzw. bewirken möchten, können Sie mit Ihrem Körper viele Informationen aussenden, die für das Pferd ebenso leicht lesbar sind wie für andere Menschen.

Stellen Sie sich vor, jemand steht Ihnen frontal gegenuber. Sie sehen rechte Winkel, beide Augen und Ohren. Dadurch spüren Sie schon eine gewisse Spannung von Ihrem Gegenüber ausgehen. Steht Ihnen dieselbe Person mit gebrochenen Winkeln gegenüber und Sie sehen beide Augen, aber nur ein Ohr, dann spüren Sie sofort eine Entspannung.

Und nun stellen Sie sich die Situation vor, dass jemand mit rechten Winkeln und frontal auf dem Anhänger steht und versucht, das Pferd hineinzuziehen, womöglich noch laut fluchend. Der Anhänger ist erstens voll mit diesem zweibeinigen Spannungsfeld, und zweitens verbietet die Höflichkeit den Pferden, auf jemanden zuzugehen, der droht. Man muss schon ziemlich viel Druck von hinten machen, damit die Flucht nach vorn die einzige Lösung für das Pferd bleibt.

Das ist nur eine von etlichen Möglichkeiten, wie es durch eine fehlerhafte körperliche Sprache zu Missverständnissen zwischen Mensch und Pferd kommen kann. Wie das Verladen ganz ohne Spannung geht, erfahren Sie im Kapitel Verladen (siehe Seite 132). Aber so viel sei schon hier verraten: Ihr Köper kommuniziert ständig mit Ihrem vierbeinigen Freund. Und die Wirkung der Winkel Ihres Körpers ist entscheidend für seine Antwort.

SELBSTWAHRNEHMUNG SCHULEN

Der Körper des Menschen sollte bewusst entspannt, aber diszipliniert sein und vor allem ruhig und selbstbewusst. Letzteres meint, dass Sie wissen, wo Sie stehen und wohin Sie wollen. Und das sollten Sie von vornherein ausstrahlen. Es macht keinen Sinn, den Suchenden nach dem Weg zu fragen.

Der Dialog zwischen Herdentier und Raubtier funktioniert durch austauschbare Dominanzen.

Die Kooperation der beiden Spezies sollte geprägt sein von Höflichkeit, Respekt und Vertrauen.

Den Weg aufzeigen können Sie, indem Sie über Nähe und Distanz zum Pferd dominieren, indem Sie mit freundlicher Körperhaltung, aber bestimmt den unerwünschten Weg verschließen und indem Sie bei den visuellen Hilfen zwischen Spannung und Entspannung wechseln können. Gehen Sie auf das Pferd zu, wenn Sie mehr Abstand möchten, entfernen Sie sich ein wenig von ihm, wenn Sie Nähe möchten. Stehen Sie nicht auf der Route, die das Pferd nehmen soll, und widerstehen Sie der Versuchung, mit Kraft zu arbeiten (diesen Kampf könnten Sie ohnehin nicht gewinnen). Ihre Laufrichtung soll die Laufrichtung Ihres Pferdes werden.

Übrigens: Die Körperwinkel sind für Pferde selbst dann erkennbar, wenn Sie einen Wintermantel tragen. Es scheint, sie hätten einen Röntgenblick. Und ich bin überzeugt, dass man sie nicht anlügen kann.

Stehe ich verspannt und verärgert vor meinem Pferd und behaupte: „Ist schon gut, na komm schon, ist schon gut!“, wird nicht nur mein Stressgeruch das Pferd warnen, sondern auch mein Muskeltonus und die Spannung in den Körperwinkeln. Ich bin deshalb schon lange dazu übergegangen, die Dinge einfach immer so zu sagen, wie sie sind. Das ist deutlich erfolgreicher. So gehört zum Sprechenlernen im Sinne der körperlichen Sprache also auch eine gute Portion Selbstwahrnehmung. Um sich der Wirkung der Körperwinkel bewusst zu werden, lohnt es sich, durchaus einmal vor einen Spiegel zu posieren. Achten Sie auf die Signale, und zwar im besten Fall auf alle Signale Ihres vierbeinigen Gesprächspartners, und nehmen Sie diese sorgfältig wahr. Das Pferd spricht körperlich eindeutig mit Ihnen.

FREUNDLICH, KLAR, SELBSTBEWUSST

Die Frage nach mehr Abstand, eben ob das Pferd Ihnen auch einmal aus dem Weg gehen mag, ist in dem System Herde eine äußerst wichtige, denn sie entscheidet darüber, wer die Route bestimmt. Ebenso wichtig ist, wie diese Frage gestellt wird. So sind es die starken Border Collies, die still, souverän und mit dem richtigen Winkel entschieden auf die Schafe zugehen und freundlich, aber unmissverständlich zum Ausweichen auffordern. Die Hunde, die die Herde aggressiv attackieren, verschrecken das Vieh zuerst und haben dann mit allerhand Abwehrreaktionen zu kämpfen. Denn wird durch eine Attacke und eine Übergriffigkeit in die Abwehrzone hinein erst einmal zu viel Adrenalin freigesetzt, dann prägt dieses Stresshormon alle weiteren Antworten und es wird nicht möglich sein, einen feinen und respektvollen Umgang zu pflegen.

KÖRPERLICHE SPRACHE UND RÄUMLICHE ORGANISATION

Lernen Sie, Ihre Winkel zu straffen oder zu brechen, die äußere Schulter einzusetzen, um das Tier zu wenden, einen Plan für Ihre Laufrichtung zu bekommen, gezielt die wichtigen Berührungen sowie die Zonen für die Aktivierung und die Abwehr zu ertasten. Sie werden verstehen, warum am Ende Ihre Blickrichtung das Pferd lenkt. Die Art, wie Sie mehr Raum einfordern oder wann Sie ausweichen, die Spannung Ihres Körpers, signalisiert dem Pferd die Richtung und das Interesse, welches Sie verfolgen. Die Drehung Ihrer Achse in die neue Bewegungsrichtung, das Einfordern von mehr Raum ist für das Pferd ein notwendiger räumlicher Kommunikationsprozess, den wir ordentlich und eindeutig bedienen müssen. Das räumliche Vorgeben der Spur gibt dem Pferd Sicherheit und Halt.

Es ist der starke Hund, der ruhig, bestimmt, hochkonzentriert und in immer demselben Tempo unerschrocken und frei von Aggression auf die Herde zugeht. Und genau das schulen wir auch bei den Menschen: die stille Dominanz. Es ist die Ruhe in der körperlichen Sprache, die in jedem Fall dominieren sollte, damit dem Gegenüber Zeit und Raum für eine Veränderung bleibt. Freundlich, klar, selbstbewusst und ohne Aggression. Das ständige Erlesen der Signale lassen die zweibeinigen Schüler mit den vierbeinigen Meistern der körperlichen Sprache plötzlich in einen tiefen Dialog kommen. Und Sie werden spüren, wie oft Sie schon zu laut, zu aggressiv gefragt haben, zu schnell waren, nicht gelesen und nicht zugehört haben und dass Sie vielleicht schon häufig in die Abwehrzone eingedrungen sind.
Wenn Sie sich verändern, dann werden Sie sich wundern. Nämlich darüber, dass auch Ihr Pferd Ihnen immer wieder ein neues weißes Blatt anbietet und auf veränderte Fragen auch andere Antworten entwickelt. Sie werden sich freuen, wenn Sie erkannt haben, wie einfach die geometrischen Grundmuster der körperlichen Sprache sind und wie nah, und hier meine ich emotionale Nähe, Sie plötzlich Ihrem vierbeinigen Gefährten kommen, wenn sie beginnen, sich gegenseitig zuzuhören und zu verstehen.

IN KÜRZE

- **Sprechen Sie Ihrem Pferd gegenüber mit „einer Zunge". Sie können es nicht belügen. Es wird sich immer auf das verlassen, was es sieht (Körperhaltung) und wahrnimmt (Spannung, Stimmung, Geruch). Die Worte, die aus Ihrem Mund kommen, interessieren es nur sekundär.**
- **Ihre Körperfront zeigt immer die Richtung an.**
- **Bleiben Sie ruhig und respektvoll, fassen Sie einen Beschluss und richten Sie Ihre Fragen an das Pferd integrativ, also so, dass es immer leicht ist, eine Lösung zu finden.**

Ruhig, bestimmt, ohne Aggression – so soll es sein.

DIE AKUSTISCHE SPRACHE

Die akustische Sprache ist den meisten Menschen am geläufigsten. Im Vokabelschatz, den Sie für Ihr Pferd haben, sind Signalwörter enthalten. Dazu zählen

— der Name für die Ansprechbarkeit,
— „Und an“ für Losgehen,
— „Und halt“ für Anhalten,
— „Kopf runter“ für Kopf senken,
— „Fuß“ für das Geben der Füße,
— „Und wenden“ für den seitenbezogenen Richtungswechsel, ob an der Hand oder an der Longe, wobei das Pferd auf die andere Seite des Menschen tritt,
— „Geh zurück“ für Rückwärtsrichten,
— Gangart, ein Signal für jede,
— „Na“ als Störsignal,
— „Nein“, wenn Sie eine Veränderung herbeiführen wollen.

So eine Liste sollte sich jeder Pferdemensch zusammenstellen und schreiben, damit das Vokabular für den Partner Pferd eindeutig ist. Dazu gehört auch etliches mehr, was Sie ganz individuell für Ihre Partnerschaft mit dem Pferd brauchen. Wichtig ist das auch, wenn mehr als ein Mensch mit demselben Pferd zu tun haben (Familienmitglieder oder eine Reitbeteiligung beispielsweise).
Meist reden die Menschen, wie es ihnen in den Sinn kommt. Da heißt jedes Pferd „Dicker“ und das Wort „Komm“ füllt jede sprachliche Leere mit sinnlosen Kombinationen. Komm her, komm Trab, Komm lass das, Komm hau ab, Komm schon – ist ja gut ... usw. Extrem beliebt ist auch das ewige Schnalzen. Da wird geschnalzt für das Losgehen, für Antraben, für Angaloppieren, für Rückwärtsgehen. Da Pferde sehr klug sind und den Menschen prima lesen, erraten sie an der Körpersprache, was dieses Geräusch gerade soll, und haben eine hohe Trefferquote. So machen sie den Menschen glauben, dass sie verstehen, was er sagt. Dabei erlesen sie die Fragestellung eher an den Gesten und der Mimik.
Ist die verbale Sprache jedoch gut aufgeräumt, merkt man, wie einfach es ist, mit diesen wundervollen Geschöpfen zu kommunizieren. Sie erlernen die Klangfarbe Ihrer Stimme sowie die Wortmelodie und Lautstärke gezielt einzusetzen, damit Ihr Pferd den Weg in Ihre Spur leicht findet. Leise, weich und freundlich– das ist das Ziel. Haben Sie Ihr Repertoire an Signalwörtern systematisiert, dann überprüfen Sie die körperlichen, visuellen Signale und passen Sie diese den akustischen an.

Die akustische Sprache benutzen wir als Bindeglied zwischen der visuellen und der leiblichen Sprache (z.B. dem Reiten).

DIE SINFONIE DER SPRACHEN

Es ist wichtig für Sie zu wissen, wie Sie Ihr Pferd rein visuell oder auch rein akustisch anleiten. Wir schulen zu Beginn eine Kombination aus beidem. Am Ende nimmt man die akustischen Signale, um das Pferd körperlich zu lenken, denn beim Reiten helfen Ihnen die visuellen Signale wenig. Machen Sie den Test der Sprachen. Stellen Sie Ihrem Pferd rein visuell oder rein akustisch, also ohne Torsignale oder andere Gesten, eine Frage. Torsignale sind die (uns meist nicht bewussten)

Signale, die wir aussenden, bevor wir etwas sagen: tief einatmen, den Oberkörper straffen, die Füße zurechtrücken usw.

Führt Ihr Pferd Ihre akustische Anweisung auch ohne die visuelle Hilfe aus und – andersherum – hört es Ihrem Körper auch zu, ohne dass Sie etwas sagen, dann haben Sie die Sprachen gut geschult und losgelöst voneinander benutzbar gemacht.

Das hört sich vielleicht kompliziert und langwierig an, ist es aber nicht. Es dauert etwa zwei bis drei Wochen, bis die Basissignale sitzen. Bezogen auf die Länge eines Pferdelebens ist das ein sehr gutes Preis-Leistungs-Verhältnis. Denn ein Pferd vergisst nie. Und aus einem Jungspund ein zuverlässiges Reittier zu machen, geht am Ende deutlich schneller, wenn Mensch und Tier dieselbe Sprache sprechen.

LEKTIONEN SCHRITT FÜR SCHRITT

Da ich fast all meine Pferde selbst aufgezogen, ausgebildet und auch allein eingeritten habe, weiß ich, wie sehr das gründliche Schulen der Sprachen dem sicheren (und ich meine hier dem unfallvermeidenden) Ausbilden hilft. Auch für die Freiarbeit mit dem Pferd sind wir mit diesem Konzept bereits auf dem richtigen Weg. Die Pferde folgen gern, weil dieses Konzept, diese Sprache dem System Herde entspricht.

Beim Reiten erleben Sie die körperliche Sprache durch die Berührung mit den Schenkeln, die Gewichtshilfen, die Einwirkung über das Kreuz und verstehen, wie intensiv ein Pferd sich auf diese Form der Einwirkung einlässt.

Gelungene Pferdeausbildung ist eine faszinierende Sinfonie aus all diesen Sprachen. Die leise Sprache, die konsequente, logische und integrative Art der Kommunikation sollen stets die gemeinsame Harmonie zum Ziel haben.

Beginnen wir mit der Ausbildung des jungen Pferdes, dominiert die visuelle Sprache, denn diese kann das Pferd mit Leichtigkeit erfassen. Und auch wenn wir artfremd sind, bedienen wir uns dennoch des Naturgesetzes „Wer bewegt wen?“. Dies benutzen wir, um akustische Signale einzubauen und das Pferd zu lehren, uns nicht nur zu lesen, sondern auch zuzuhören.

Habe ich einem Pferd am Boden beigebracht, mir zuzuhören, dann kann ich die akustischen Signale mit in den Sattel nehmen, um mit deren Hilfe die reiterlichen Signale zu erklären. Wenn Sie diesen Weg gegangen sind, dann können Sie mit Fug und Recht behaupten, Ihr Pferd dreisprachig erzogen zu haben! Aber vor allem werden Sie es genießen, auf einem Tier zu sitzen, das Ihnen zuhört und bei dem im Fall eines Außenreizes das schlichte Aussprechen seines Namens reicht, damit es wieder auf Sie konzentriert ist.

Das Spiel mit der Aktivierungszone macht beiden Beteiligten Spaß. Und Spaß ist der Motor guten Lernens.

Diese Erfahrung haben noch nicht alle Reiter machen dürfen, denn viele Pferde wissen gar nicht, wie sie heißen und dass sich gutes Zuhören wirklich lohnt. Die Teamfähigkeit eines Pferdes kann auf diese Weise extrem gut ausgebaut und auch für sportliche Höchstleistungen genutzt werden. Die Verlässlichkeit eines solchen Pferdes wird dem Menschen in der Freizeit ein hohes Maß an Vertrauen geben und die Partnerschaft unvergleichlich manifestieren. Und das nur, weil die Sinfonie der Sprachen keine schiefen Töne mehr enthält.

IN KÜRZE

- **Seien Sie sich bei der Arbeit mit dem Pferd bewusst, dass Sie IMMER Signale aussenden, selbst wenn das nicht Ihre Absicht ist.**
- **Wenn Ihr Pferd „dreisprachig" ausgebildet ist – visuelle, akustische und körperliche Signale kennt –, haben Sie es leichter, seine Aufmerksamkeit zu gewinnen und ihm Dinge beizubringen.**
- **Wenn Sie Ihrem Pferd gegenübertreten, müssen Sie in allen drei Sprachen dasselbe ausdrücken.**
- **Forsten Sie Ihre Sprache durch, benutzen Sie immer dieselben eindeutigen Signale und verbannen Sie Füllworte und sinnlose Wortkombinationen aus Ihrem Sprachgebrauch.**

Ein Pferd, das gut zuhört, ist ein verlässliches Pferd.

DIE SPUR – DAS GEHEIMREZEPT ZUM GLÜCK

60 Pfoten, 40 Hufe, 1000 Klauen und etliche Füße, ob mit oder ohne Schwimmhäute, muss ich jeden Tag in die Spur bringen. Auch wenn ich nicht immer sicher bin, wo meine Spur ist, muss ich wissen, wo die der anderen ist.
Mit Spur ist nicht nur eine räumliche Richtung gemeint, eine geplante Wegstrecke, eine Route, die es zu navigieren gilt, Spur ist auch die korrekte innere Haltung, das Mitdenken, das Ziehen an einem Strang – eben ein Team zu sein.
Man kann seine Spur finden, halten oder auch verlieren. Man gibt Spur vor und fordert sie auch ein. Das ist für uns Menschen normal. Eine Dressurprüfung mit Hufschlagfiguren von Punkt zu Punkt ist eine Möglichkeit, die Spur zu überprüfen, und das Urteil des Richters sollte die äußere und innere Haltung des Pferdes berücksichtigen. Ebenso verhält es sich bei einem Springparcours oder auf dem Fahrturnier: eine bestimmte, geplante Route aufnehmen und sich räumlich eindeutig lenken lassen. „Der muss ehrlich dahin ziehen, wo du ihn hinschickst", sagte einer meiner Trainer im Dressurunterricht während der Arbeit mit einem jungen Pferd. Genau diese Spur ist nicht diskutabel – weder am Boden noch aus dem Sattel. Und hier wird immer wieder deutlich, dass viele Menschen das nicht zusammenbringen. Sie fühlen sich oft im Sattel sicherer und geben die Spur besser an als beim Führen. Hier kommt es so manches Mal zu einem von Angst geprägten Gerangel der Dominanzen.
Die Arbeit am Boden als gute Vorbereitung für das Reiten dient der Spur und dem Selbstbewusstsein beider Teampartner. Den Mut zu haben, Beschlüsse zu fassen, den Weg zu bestimmen und die Himmelsrichtung einzufordern, müssen manche Menschen sich erarbeiten. Je mehr Erfolg sie damit haben, desto leichter fällt es ihnen. Ein Erfolgskonzept, das sich oft auch auf den Rest des Lebens übertragen lässt. Die Pferde haben aufgrund ihrer Größe meist die besseren Argumente als die Menschen. Umso mehr muss ihre innere Haltung zuerst in die Spur gebracht werden, damit die äußere Haltung mit Leichtigkeit folgen kann.

Es gibt nichts Besseres als gute Freunde – außer gute Freunde mit viel Fell.

»Sage, was du meinst, und meine, was du sagst.«

Manche Pferde ziehen sehr leicht in die gewünschte Spur, andere drücken konsequent dagegen. Spur geben heißt: meinen, was man sagt, und sagen, was man meint. Spur geben heißt, wissen, wo es langgeht. Und um das zu üben, empfehle ich kurze Strecken, kleine Wege in einem überschaubaren Ambiente. Es lohnt sich, die Richtungen zu verdeutlichen und einfach einmal einzufordern: mit dem Pferd gemeinsam zum Eingang der Reitbahn blicken, dann eine Drehung gegen den Uhrzeigersinn bis zur langen Seite, dann zum Beispiel im Uhrzeigersinn bis zur gegenüberliegenden langen Seite und dann zur letzten kurzen Seite, die Sie noch nicht gemeinsam angeschaut haben. Schaffen Sie das auf heimischem Terrain, ohne dass Ihr Pferd die Richtung manipuliert, dann versuchen Sie es in einem anderen überschaubaren Umfeld. Üben Sie, genau die Linie zu führen, die Sie im Kopf haben. Lassen Sie sich nicht rempeln, nicht vom Weg wegdrängen. Spätestens hier

Die Wildgänse sind Spezialisten der räumlichen Organisation der körperlichen Sprache sowie der Teamfähigkeit.

erfährt man recht detailliert, inwieweit das Pferd sich auf die Spur des Menschen einlässt und wo es noch kleinere oder größere Baustellen gibt.
Spur gibt Sicherheit und Halt. Ein Pferd, das innerlich losgelassen ist, gibt ein harmonisches Bild ab. Ein Pferd, das in der Spur ist, akzeptiert die äußeren und inneren Hilfen und lässt sich vorn wie hinten willig begrenzen. Ein solches Pferd duldet den Menschen nicht mehr nur in grenzenloser Gutmütigkeit, es respektiert ihn.

IN KÜRZE

- **Spur geben, haben und halten bezieht sich nicht nur rein räumlich auf einen Weg, eine Route, sondern meint auch mitzudenken, an einem Strang zu ziehen, ein echtes Team zu sein.**
- **In der Spur zu sein, sich führen lassen zu können, selbst keine Entscheidungen treffen zu müssen, das gibt dem Herdentier Pferd Sicherheit, Halt, Vertrauen und Entspannung. Übernehmen Sie die Führung!**

STILLE DOMINANZ UND RÄUMLICHE ORGANISATION

Es ist meine Lieblingsaussage: die stille Dominanz der räumlichen Organisation der körperlichen Sprache. So funktionieren Tiere. Ganz einfach. Und es sind die Wildgänse, die es uns am Firmament am eindrucksvollsten demonstrieren, wenn sie in Formation fliegen. Sie leben die Dominanz von Raum und Zeit tatsächlich im Team. Sie tauschen die Dominanzen während des Flugs. Sind sie auf ihrer großen Reise, dann wechseln die Tiere in der führenden, navigierenden Position. Ist das vordere Tier erschöpft, übernimmt ein anderes, damit die gesamte Schar heil ans Ziel kommt.
Bei den atemberaubenden Alpenüberquerungen muss das Team funktionieren. Eine einzelne Gans würde diesen Weg niemals bewältigen können. Und eine nicht teamfähige Leitgans, die das Zepter nicht abgeben möchte, würde das Überleben der Schar aufs Spiel setzen. Dort oben gibt

es keinen Wahlkampf und auch keinen Krieg. So stehen die Gänse sinnbildlich für das Führen und das Geführtwerden, dafür, dass Dominanz keine Einbahnstraße ist. Jedes Tier trägt die Ausstattung in sich, den Weg zu finden, und jedes ist bereit zu führen.
Gänse leben in Clans zusammen. Große Sippen bilden eine Schar. Und jedes Individuum zählt. Seit drei Jahrzehnten dürfen wir auf den Teichen unseres Anwesens diese wunderbaren Vögel beobachten. In 2018 hatten wir zwei Gelege, und es geschah etwas, was ich nie zuvor erlebt hatte. Die Gänse trieben ihre Gössel zusammen und agierten wie eine große WG. Ein Gössel war kleiner als die restlichen 16. Und als es so weit war, dass der Nachwuchs Flugstunden bekommen sollte, konnte das Kleine nicht mit. 19 Gänse übten Fliegen und eines der Elterntiere saß stets bei dem Nachzügler, bewachte ihn und sorgte für das Einhalten der Rituale, die Gänse den Tag über pflegen. Es brauchte eine Woche, um zu den Geschwistern aufzuschließen. Im September flogen alle 21 Tiere eine letzte große Runde über unseren Hof und machten sich dann langsam auf zu den Sammelplätzen für die große Reise. Hoffentlich kehren sie alle wohlbehalten zu uns zurück.

Während ihrer Zeit hier im Revier spielen sie unentwegt das Spiel von Nähe und Distanz. Sie treiben sich, bis das Gegenüber die Individualdistanz akzeptiert, und dann grasen sie Kopf an Kopf. Haargenau wie unsere Schafe, Ziegen, Pferde und letztlich auch wir.
Pferde ziehen vielleicht nicht über die Alpen, haben als Herdentiere aber dennoch dieselben Grundmuster der räumlichen Organisation.

KEINE EINBAHNSTRASSE

Nun steht ein Menschlein neben dem Pferd und hält es am Halfter fest. Warum soll es sich von diesem zweibeinigen Wesen bestimmen lassen? Im besten Fall, weil dieses Wesen einen Plan hat, weil es dem Pferd zum Wohl handelt.
Und hier wird klar, dass die Idee des Menschen, immer Chef sein zu wollen, längst passé sein sollte. Er darf dominieren, ebenso wie auch das Pferd dominieren darf; er darf dem Pferd durchaus mal die Führung überlassen. Der Mensch sollte aber jederzeit in der Lage sein, das Zepter wieder zu übernehmen und über Raum und Zeit zu bestimmen. Denn Dominanz ist keine Einbahnstraße, sondern Teil echten Teamworks. Jeder hat seine Stärken und Schwächen.

Gänse sind auch Experten der Spur, der Brutpflege und des Familienglücks.

Eine klare Führung gibt dem Pferd Sicherheit und erzeugt Leichtigkeit im Team.

»Im Team mit dem Pferd muss der Mensch die Stärken des Pferdes stärken und seine Schwächen ausgleichen. Nur so ist Leistung möglich.«

Es geht an dieser Stelle nicht darum, ob ein Pferd gern oder nicht so gern geritten wird, und, wenn ja, in welcher Disziplin. Es geht darum, dass Pferde Spur brauchen, Halt und jemanden, der Ahnung von der Navigation hat. Pferde dürfen die Frage nach der Spur stellen, brauchen aber klare Antworten darauf. Sie müssen Begrenzung, Aktivierung und Bindung erfahren, denn das ist ein Stück ihrer Natur.

Wir Menschen können kein Herdenersatz sein. Sie sind nicht Black Beauty, der Leithengst; Sie sind und bleiben ein Mensch. Aber in dem Moment, in dem Sie die stille Dominanz von Raum und Zeit bedienen können, geben Sie Ihrem Pferd das, was es braucht, um innerlich die Einsamkeit zu verlassen und Frieden zu finden.

Nein, ein Pferd soll sich dem Reiter nicht ergeben – es soll ihn respektieren. Und dann kann es ihm auch vertrauen. Ist Führung fair und klar, dann ist jede Disziplin und jede Art der Auslastung gesund und gut. Dann werden Sie ein Team, in dem Sie das Gefühl bekommen, gemeinsam auch über die Alpen reisen zu können.

IN KÜRZE

- **Dominanz ist keine Einbahnstraße. Auch das Pferd darf mal den Weg bestimmen. Allerdings muss der Mensch jederzeit in der Lage sein, das Zepter wieder zu übernehmen.**
- **Ein Pferd soll nicht „gebrochen" werden oder sich dem Reiter unterwerfen, es soll ihn respektieren und ihm vertrauen. Und das tut es, wenn es das Gefühl bekommt, bei seinem Menschen gut aufgehoben und behütet zu sein.**

Eine gute Schulung kann in jeder Situation Komfortzonen erzeugen. Das nennen wir am Ende Vertrauen.

LOBEN UND MOTIVIEREN

Er sprang die Galoppwechsel sauber durch. Sie freute sich, denn es war das Resultat des Trainings der letzten Wochen. Um ihrer Begeisterung Ausdruck zu verleihen, nahm sie die Zügel in die rechte Hand und klopfte, nein klatschte und haute geräuschvoll mit der linken auf seinen Hals. Patsch, patsch, patsch! Das Klatschen der Gerte auf dem Hinterteil des Pferdes zuvor hörte sich genauso an. Sein Gesichtsausdruck veränderte sich bei diesem „Lob" auch nicht: Spannung, kein Lidschlag, ein strammes Ohr und der Schweif wollte auch nicht aufhören, herumzuwedeln. Die Reiterin meinte es gewiss gut, aber hat sie durch ihr enthusiastisches Klopfen (wie einige Reitlehrer es heute noch im Allgemeinen als Belohnung fur das Pferd fordern) das Hormon freigesetzt, das für Entspannung und Bindung zuständig ist? Kann man das im Galopp überhaupt? Eine Reaktion auf das Lob hat sie jedenfalls nicht erwartet und auch nicht bekommen. Sie hat in ihrer Wirklichkeit gelobt, ist das Lob „losgeworden". Lob als Einbahnstraße. Schade, dabei waren die Wechsel richtig gut.

GUTES LOBEN WILL GELERNT SEIN

Wann spielt ein Tier? Wenn es satt und sicher ist. Wohlfühlzonen braucht jede Kreatur. Ausschließlich in Komfortzonen können wir Spielverhalten oder soziale Fellpflege wahrnehmen. Es ist ein sogenanntes „Komfortzonenverhalten". Das bedeutet, dass ich es innerhalb der Komfortzonen erarbeiten kann. Ist es etabliert oder auch ritualisiert, dann kann ich damit beliebig Komfortzonen schaffen.

Der Hund wedelt mit der Rute und das Pferd kaut ab; es hat dabei Lidschlag und ein bewegliches Ohr. Manche Pferde brauchen etwas Zeit, bis die hormonelle Veränderung den ganzen Körper durchströmt hat, bis Anspannung und Konzentration der Entspannung weichen können und das Pferd loslässt.

Wir unterscheiden drei Sorten des Lobes:

1. Das passive Lob
2. Das aktive Lob
3. Das aktivierende aktive Lob

DAS PASSIVE LOB

Reden ist Silber, Schweigen ist Gold ist der Grundsatz des passiven Lobens. Es bedeutet, dass man die Konzentration des Pferdes nicht stört, dass man Harmonie walten lässt, während eine erwünschte Handlung passiert. Es ist definitiv die Form des Lobens, die am wichtigsten ist und der man gewiss oft unwillkürlich am wenigsten Bedeutung beimisst.
Aber haben Sie Ihr Pferd beispielsweise in eine wundervolle durchschwingende Piaffe versammelt, befinden Sie sich über dem Sprung oder in einer punktgenauen Wendung vor der Kutsche, macht es keinen Sinn, die Konzentration mit aufwändigen Lobworten zu stören. Denn Lob kann durchaus stören, wenn man es falsch einsetzt. Doch es sollte ja unbedingt fördern, bestätigen und verstärken. Und in etlichen Situationen fördert das Weitermachen in Harmonie und Ruhe die Idee des Pferdes mehr, als es der Zucker jemals könnte.

DAS AKTIVE LOB

Das aktive Lob enthält Lobworte, feine entspannte und motivierende Melodien. Es erzeugt aktiv eine Harmonie und fordert eine Reaktion ein – so lange soll es dauern und so intensiv soll es gestaltet sein. Loben, bis das Lob wirkt. Und hier ist es wieder eine aktive Wechselwirkung an Signalen, eben ein Dialog. Das aktive Lob soll erreichen, dass sich die Atmung des Pferdes beruhigt, dass es abschnaubt, schmatzt, deutlichen Lidschlag hat und seine Oberfläche entspannt.
Mit Kraulen des Halses und Ausstreichen der Gesichtsmuskulatur oder Massieren der Schweifrübe kann man sehr gut aktiv loben. Angewendet wird es vom Sattel aus an Stellen, die man erreichen kann, oder vom Boden aus, mit viel Ruhe und Zeit. Die Reaktion ist leicht zu erkennen: Die Oberlippe bewegt sich wie ein Rüssel, das Pferd lässt den Hals fallen, hebt die Schweifrübe an, schnaubt ab und ist dem Menschen sehr zugewandt.
Bei jungen Pferden, die während der Ausbildung auch manchmal ihre Grenzen austesten, benutze ich das Auskraulen der Schweifrübe nach dem Training gern, um herauszufinden, ob der Kontostand der Kritik (siehe Seite 106) ausgewogen ist oder nicht. Ist er ausgeglichen, dann lassen die Pferde sofort los, die Schweifrübe entspannt und hebt sich während des Kraulens etwas an. Musste ich auf dem Konto der Kritik einen Kredit auf-

Aktiv loben bedeutet: Loben, bis das Lob wirkt.

Das passive Lob enthält Harmonie und Gleichgewicht sowie eine positive Dynamik.

nehmen, was durchaus mal vorkommen kann, dann kann es sein, dass die Schweifrübe klemmt und sich durch Kraulen nicht sofort lösen lässt. In diesem Fall macht es Sinn, sich an genau der Stelle etwas länger aufzuhalten und sich ein bis zwei Minuten mehr Zeit zu nehmen, damit die Hormone, die beim Kraulen der Schweifrübe freigesetzt werden, auch tatsächlich ausgeschüttet werden. Auch wenn für die Profis unter Ihnen bereits die nächsten fünf bis acht Pferde auf der Berittliste stehen. Es dauert meist nur eine Minute und dreißig Sekunden und die Nachhaltigkeit zahlt sich im Wohlempfinden und Wohlgefallen des Pferdes aus.

Lob- und Bindungsrituale schaffen den Gegenpol zu Belastung und Kritik. Sie bringen den Körper und den Geist wieder in ein Gleichgewicht. Ohne dieses Gleichgewicht kann es keine gesunde Weiterentwicklung geben.

Den ganz besonderen Schmelz, den positive Energie vor allem bei Sportpferden, die Höchstleistung bringen sollen, erzeugt, bekommt man in Wertnoten und Anerkennung zurück – und durch die Komplimente, die die Pferde ihren zweibeinigen Partnern machen.

»Dem Menschen zur Freude, dem Tiere zum Glück, und andersherum.«

(Das ist gelungenes Lob.)

DAS AKTIVIERENDE AKTIVE LOB

Das aktivierende aktive Lob gleicht eher einer Spielerei: loslaufen und spielerisch agieren. Es ist eine Interaktion mit viel Bewegung, die die Beckenmuskulatur löst. Durch Muskeltätigkeit wird Adrenalin abgebaut.

Gelungenes „Zügel aus der Hand kauen lassen" ist ein solches Lob. Ist es gut gearbeitet, lassen die Pferde innerlich los, schnauben ab, schmatzen und bekommen wackelige, wippende Ohren. Wenn der Reiter dann noch etwas den Mähnenkamm krault und Lobworte spricht, haben wir am Ende ein völlig entspanntes Paar mit sechs Beinen. Gutes Reiten an sich gleicht dem aktivierenden Lob, denn es erfüllt eines der Hauptbedürfnisse des Pferdes: die Bewegung. Lasten Binden, Begrenzen und Aktivieren das ganze Pferd aus, kann es sowohl überschüssiges Adrenalin

Das Kraulen der Schweifrübe setzt Entspannungshormone frei.

abbauen als auch Glückshormone freisetzen. Eine gelungene körperliche Auslastung angereichert mit positiver Energie garantiert Wohlbehagen. Am Boden laufen wir mit den Pferden los – fast wie mit einem Hund – und lassen uns von ihnen „fangen", lassen sie unsere Bewegungen spiegeln und spielen ein räumlich unterlegenes Spiel mit den großen, prächtigen Freunden.

Ja, auch ich habe noch nicht so viele Dressurreiter gesehen, die am Ende ihres Trainings durch die Halle sausen und sich von ihrem Pferd fangen lassen. Aber es täte allen sehr gut, denn: Positive Energie fließt besser.

Ich denke so manches Mal, die Menschen dürften ihren Pferden ruhig öfter mal einen Witz erzählen, ihre Freude rauslassen und den Pferden ihre Liebe nicht so sehr durch Apfel und Zucker beweisen, sondern sie leiblich, lustig und wahrhaftig rüberbringen. Da sind wir Dressurreiter gewiss ein wenig steif, die Springreiter etwas distanziert und die Fahrer zu entfernt davon. Aber es bewirkt so viel, diese Lust aneinander systematisch und bewusst einzusetzen. Es macht Freude auf die Begegnung und erfüllt den Raum mit Spaß. Eine bessere Basis für gutes Lernen kann man kaum schaffen.

POSITIVE VERSTÄRKUNG

Das Lob ist ein echter positiver Verstärker – wenn es ankommt.

Die Dauer des Lobens ergibt sich aus der Zeit, die es braucht, bis das Pferd auf das Lob reagiert. Je häufiger Sie es so gestalten, dass die Antwort auf das Lob wie oben beschrieben kommt, um so stabiler ist der Zugang zu den Entspannungs- und Glückshormonen. Als würden Sie bei Ihrem Pferd einen Link dorthin legen, dem zu folgen ihm bald immer leichter fällt.

Der Zeitpunkt des Lobes sollte klug gewählt werden, um nicht Gefahr zu laufen, möglicherweise ein Fehlverhalten zu loben. Loben Sie ehrlich und genau dann, wenn etwas Gutes markiert werden soll. Keinen Sinn macht es, das Ausbleiben des Fehlers zu loben. Ein Beispiel hierfür: Ihr Pferd steht vor der Rinderweide und droht Fersengeld zu geben. Solange Sie noch beisammen sind, macht es keinen Sinn zu loben, weil er nicht davonrennt. Also bitte nicht: „Ist ja schon gut, die

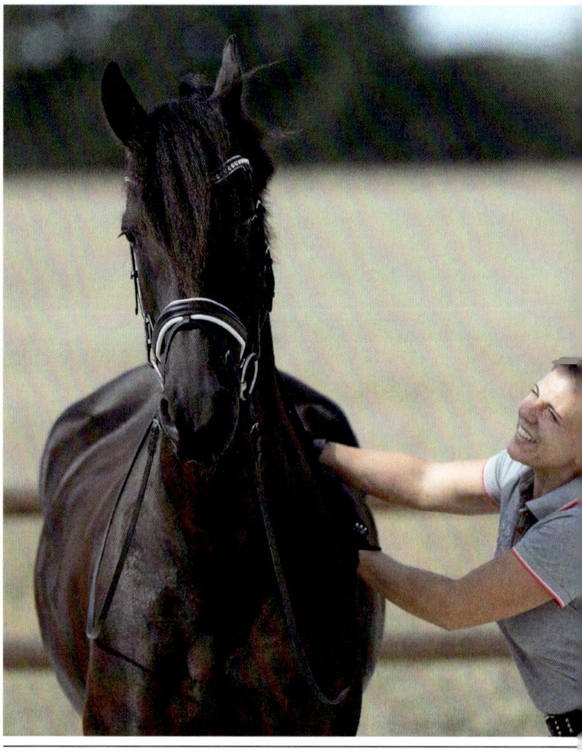

Mit gut gearbeiteten Bindungs- und Lobritualen …

tun dir nichts …", denn dann loben Sie vielleicht das Vorhaben, gleich die Karte „Wegdrängen" zu ziehen. Sie sollten lieber alles daransetzen, dass sie zusammenbleiben, der Kollege Ihnen zuhört, an den Hilfen bleibt, gehorcht und weitergeht. Haben Sie das geschafft, machen Sie in einem ruhigen Ambiente eine Pause und kraulen Sie den Mähnenkamm, so lange, bis das Pferd entspannt. Danach könnten Sie gern noch einige Male an der Rinderweide vorbeireiten, bis das Thema ausreichend erklärt ist. Ist trotz des Reizes die (An-) Spannung weg, dann dürfen Sie auch während des Vorbeireitens loben.

Ich lobe meine Pferde während der Arbeit immer, wenn sie abschnauben. Es dauert nicht lange, und sie schnauben ab, wenn ich lobe. Es macht unglaublich Spaß, solche Lobrituale zu etablieren, denn so kann ich meinen großen Gefährten auch in schwierigen Situationen schnell zum Glückshormon verhelfen.

Wichtig: Das Lob begleitet eine Lektion immer, es beendet sie nicht. Das Lob ist kein Pausensignal, sondern verstärkt die positive Energie. Und wenn Sie jetzt sagen, Ihr Pferd reagiert nicht

... können wir jederzeit das Bedrohungssystem beruhigen.

auf Loben, dann blättern Sie bitte noch einmal zurück zum Thema Lobbarkeit (siehe Seite 36). Und noch etwas: Loben Sie bitte nicht mechanisch. Loben Sie mal mehr und mal weniger intensiv. Loben Sie in Wellenbewegungen, so, dass es nie langweilig wird oder unglaubwürdig rüberkommt. Verändern Sie Ihre Körperspannung, die Klangfarbe Ihrer Stimme, die Melodie Ihrer Worte.
Manchmal stört ein ungünstiges Verhältnis aus Respekt und Vertrauen den Zugang zum Pferd und somit auch zur Lobbarkeit. Ist das Verhältnis ausgewogen, dann klappt es wieder richtig gut.

GLÜCK UND BINDUNG AUF REZEPT

Das Lob ist wie Glück auf Rezept. Sie können es wie eine gute Medizin einsetzen und am besten nicht in homöopathischen Dosen. Es löst so viele Stoffwechselvorgänge im tierischen wie menschlichen Organismus aus und bedient sich dabei unglaublich vieler neurobiologischer Vorgänge. Diese Vorgänge sind bei Menschen und Tieren sehr ähnlich. Gekonntes Loben erzeugt eine enge Bindung – nutzen Sie das!

So darf ich hier den Philosophen Markus Gabriel zitieren, der es treffend formuliert hat: „Der Mensch ist das Tier, welches keines sein will."

IN KÜRZE

- **Das Klatschen auf den Hals (als Lob) ist passé! Kraulen oder streicheln Sie Ihr Pferd besser. Stellen Sie in jedem Fall sicher, dass Ihr Pferd sich bei Ihrer Sympathiebekundung entspannt und wohlfühlt.**
- **Nehmen Sie sich die Zeit für das Lob, die es braucht, bis das Pferd das Lob auch angenommen hat.**
  Aber Vorsicht: Lob kann in manchen Situationen auch störend wirken.
- **Lob hat viele Gesichter: dem Pferd eine Pause geben, es kraulen oder streicheln, mit ihm spielen, die Zügel aus der Hand kauen lassen oder es artgerecht auslasten.**
- **Das Lob begleitet eine Lektion und beendet sie nicht. Es ist kein Pausensignal!**
- **Lobrituale lassen sich leicht etablieren.**
- **Gut gearbeitetes Lob erzeugt Komfortzonen – für Mensch und Tier.**

WIE PFERDE TICKEN

In vielerlei Hinsicht sind Mensch und Pferd erstaunlich eng miteinander verwandt. Gönnen Sie sich den folgenden kleinen Ausflug in die Welt der Neurobiologie.

Pferde stehen genau wie wir unter hormonellen Einflüssen. Ihr und unser Verhalten als Säugetiere haben denselben Ursprung. Ein Großteil unserer Genetik sowie unsere Stoffwechselprozesse sind nahezu deckungsgleich. Viele ihrer und unserer Reaktionen, die das Überleben der Art sichern, sind ähnlich bis identisch. Wir haben die gleiche Evolution durchlaufen und weisen deshalb auf hormoneller und neurobiologischer Ebene eine enge Verwandtschaft auf.

Auf neurobiologischer Ebene sind wir mit den Pferden durchaus verwandt.

Tauchen wir gemeinsam in ein paar wissenschaftliche Grundlagen ein. Aber keine Sorge, das liest sich gut und ist sehr aufschlussreich. Erklärt es doch, warum schmutzige Fingernägel so wichtig sind und gutes Streicheln kein Kuschelkurs ist.

Fast wie ein Wissenschaftler sollten Sie lernen, Ihr Tier wertfrei zu lesen und ein Verständnis für die Abläufe in seinem Inneren zu bekommen.

Die Schulung der Menschen darin, wie sie ihre Tiere wahrnehmen, ist für das Verständnis und die Ausbildung von Pferden ganz entscheidend. Deshalb lege ich so viel Wert darauf, dass Sie lernen, die Signale des Pferdes erst zu beschreiben und dann wertfrei einzuordnen. Das nenne ich das „Lesen". Beim Lesen eines Wortes identifizieren wir es ja auch, ohne es verändern zu wollen. Das bildet die Grundlage für eine gelingende Kommunikation und Beziehung über die Grenzen der Spezies hinweg.

Darüber hinaus kann es hilfreich sein, etwas darüber zu lernen, wie Pferde ticken. Das unterscheidet sich übrigens nicht grundsätzlich von dem, was in Ihnen vorgeht, wenn Sie mit Ihrem Pferd arbeiten oder einfach in Ihrem Alltag unterwegs sind. Sie haben dieselben Funktionskreise zur Verfügung, mit denen Sie Überlebensstrategien entwickeln. Pferde haben etwas andere Fähigkeiten und eine etwas andere körperliche Ausrüstung als wir. Dennoch sind die Abläufe im Inneren sehr ähnlich. Einige Kenntnisse darüber können helfen, Ihren Vierbeiner, aber auch sich selbst, besser zu verstehen.

Gehen wir es an!

WAS SICH IM HIRN TUT

DAS LIMBISCHE SYSTEM

Die Evolution hat uns wie auch die Pferde mit einem relativ neuen Teil des Gehirns ausgestattet, der als „limbisches System" bezeichnet wird. Das Wort „limbisch" deutet darauf hin, dass es sich um einen Grenzbereich handelt, einen Saum, der sich um die alten Hirnanteile legt, die das Leben auf wesentlich primitiveren Lebensstufen regeln. Dieser Saum hat die Evolution revolutioniert! Hierdurch wurden Bindung, Brutpflege und Spielen möglich. Gleichzeitig wurde eine ganz neue Dimension von kommunikativem und experimentellem Verhalten möglich gemacht, was letztendlich die Grundlage für Lernen und Gedächtnis ist und, im Falle der Menschen, auch die verschiedenen Ausdifferenzierungen von Kultur hervorgebracht hat.

UNTERSCHIEDE IN DER ENTWICKLUNG

Jenseits des limbischen Systems hat sich im weiteren Verlauf der Evolution das Großhirn mit sehr verschiedenen Komplexitätsgraden gebildet. Uns Menschen hat es die Fähigkeit gebracht, uns in verschiedenen Rollen wahrnehmen und reflektieren zu können, was sich daran zeigt, dass wir für gewöhnlich darüber sprechen können.
Diese Entwicklung haben unsere domestizierten Haustiere, so auch die Pferde, nicht in gleicher Weise durchlaufen. Sie hat ihnen jedoch andere Fähigkeiten beschert, die uns schwerfallen. Dazu gehört vor allem die Fähigkeit, voll und ganz im Hier und Jetzt zu sein. Beschlüsse können ohne großes kritisches Hinterfragen gefasst und umgesetzt werden. Selbstzweifel und Selbstkritik scheinen unseren Pferden unbekannt. Das Leben wird dadurch pragmatischer, hat aber auch einige entscheidende Freiheitsgrade weniger.

Das Bedürfnis nach Nähe und Zuneigung ist in uns Menschen und den Pferden gleichermaßen verankert.

Die Vorgänge innerhalb des Pferdes zu verstehen...

... bedeutet, sein Verhalten sachlich einordnen zu können.

DER MANDELKERN

Das älteste und robusteste System ist das Bedrohungssystem, weil es evolutionsbiologisch gesehen auf einer sehr existenziellen Ebene das Überleben sichert. Und das bei jeder Kreatur. Wird dieses System aktiviert, zeigt sich ein Verhalten wie Flucht, Angriff oder auch Totstellen. Es findet unter anderem auch in der Abwehrzone (siehe Seite 80) der geometrischen Sprachmuster statt. Zu den beteiligten Strukturen unseres Gehirns gehört der sogenannte Mandelkern oder die Amygdala. Sie arbeitet wie ein Bedrohungsradar, der im wachen Zustand wie auch während der meisten Schlafstadien aktiv ist und die Umgebung nach Unregelmäßigkeiten scannt. Werden unbekannte Reize wahrgenommen – ein Geräusch, ein Schatten, ein Geruch, eine leise Bewegung –, wird in Bruchteilen von Sekunden eine hormonelle Achse aktiviert: Im Mandelkern wird Serotonin ausgeschüttet. Dann kommt es zu einer Aktivierung der Gehirnregionen unterhalb des Mandelkerns, dem Thalamus, und von hier geht die Reaktionskette weiter zur Hirnanhangsdrüse und führt von dort zu den Nebennieren. In kürzester Zeit ist so der gesamte Organismus bereit zu reagieren.

DIE HIRNANHANGSDRÜSE

Die Hirnanhangsdrüse ist eine entscheidende, übergeordnete, hormonelle Steuerungsstation, die neben den Nebennieren auch die Schilddrüse, den Flüssigkeitshaushalt und die Geschlechtshormone reguliert. Sie steuert und lenkt Prozesse der Aktivität, Fortpflanzung, Ausscheidung, Stress etc.

DIE NEBENNIEREN

Die Nebennieren sitzen wie kleine Mützen auf den Nieren und haben vielfältige Aufgaben. Sie schütten die wichtigen Aktivierungshormone Adrenalin und Noradrenalin aus, die den Organismus auf Flucht und Kampf vorbereiten. Mit diesen Hormonen wird das gesamte vegetative Gefüge reguliert.

FLUCHT ODER KAMPF

Für Flucht oder Kampf muss der Organismus riesige Energiereserven bereitstellen. Puls und Blutdruck werden gesteigert, die Lungen pumpen vermehrt Sauerstoff in das System, Zucker wird aus der Leber und den Muskeln freigesetzt. Damit werden Maximalleistungen möglich, die einem

Zebrajungen in der Prärie die Flucht vor einem Löwen erlauben oder der Zebramutter den Kampf mit dem Löwen möglich machen. Pferde, die sich ernsthaft bedroht fühlen, können eine unfassbare Kraft freisetzen. Die Nebennieren bilden auch große Mengen von Kortison, die das gesamte Wahrnehmungsspektrum einengen, das Langzeitgedächtnis einnebeln und den Energiehaushalt wiederum auf überlebensdienliche Aktivitäten vorbereiten. Alles das geschieht in kürzester Zeit, vollkommen autonom und erfasst den gesamten Organismus.

Deshalb ist es so ungeheuer wichtig, dass wir immer wieder Gelegenheiten schaffen, um Bindung zu aktivieren, uns selbst und das Pferd entspannen, ausstreichen, kraulen, zum Kauen bringen.

HORMONABBAU DURCH BEWEGUNG

Bei Pferden, aber auch bei Hunden und bei in der Wildbahn lebenden Flucht- und Raubtieren kann man beobachten, dass die Muskeln nach extremer Anstrengung zittern – darüber wird das überschüssige Adrenalin abgebaut. Sie kennen von sich selbst, dass Sie überschüssiges Adrenalin sehr gut durch Bewegung abbauen können. Ihrem Pferd geht es ähnlich. Kommt das Bedrohungssystem nicht zur Ruhe, wird ständig Energie bereitgestellt. Staut sich diese, weil sie nicht durch Bewegung abgebaut wird, können gesundheitliche Probleme entstehen.

HORMONE FÜR DIE BINDUNG

Bei Menschen können das Veränderungen in der Stimmungslage und im Antrieb sein. So kann sich eine dauerhaft gedrückte Stimmung zur Depression auswachsen oder die Fähigkeit, Bindungen einzugehen, reduzieren. Auch das kann man sich beim Pferd sehr gut vorstellen. Es ist ein Grund mehr, für innige Bindung sowie eine gesunde und stetige körperliche Auslastung zu sorgen.

Das Bindungssystem hat seine biologische Grundlage vor allem im limbischen System und wird seinerseits durch charakteristische Hormone reguliert. Hierzu gehören das Oxytocin und auch die Endorphine. Letztere gleichen in ihrer Struktur morphinartigen Schmerzmitteln (z. B. Opium), die Säugetiere selbst produzieren können. Eine Aktivierung des Bindungssystems führt zum Ausschütten dieser Hormone. Das Säugen eines Fohlens, eines Lamms, eines Säuglings führt zu einer massiven Ausschüttung von Oxytocin. Aber nicht nur das, auch wenn wir nur beim Säugen zuschauen, schütten wir Oxytocin aus.

Wenn ich beim Melken der Kühe die Schwanzwurzel gekrault habe, dann haben sie die Milch besser losgelassen. Und auch das Bürsten des Pferdes, die Fellpflege sowie das Auskraulen der Schweifrübe lösen eine hormonelle Veränderung aus, die zur Entspannung führt.

Mit Bindungsritualen können wir den Weg auf die Koppel entschleunigen…

… und das Zurückholen positiv verstärken.

Hier verstehen Sie den Satz des alten Stallmeisters: „Gut geputzt ist halb gefüttert." Es ist neurobiologisch belegt.
Hält ein Mensch die Hand eines anderen länger als sechs Sekunden, kommt es zur Ausschüttung von Oxytocin. Lachen wir, schütten wir auch noch Endorphine aus. Es ist leicht zu erkennen, dass wir über diese ganzen, teilweise beiläufigen Handlungen unser eigenes, aber auch das Bindungssystem unserer Pferde aktivieren können.

DAS BINDUNGSSYSTEM AKTIVIEREN

Es gibt tatsächlich nur eine Möglichkeit, das Bedrohungssystem direkt zu beruhigen und herunterzuregeln: durch eine Aktivierung des Bindungssystems.
Nun gibt es Menschen und auch Pferde, die aufgrund schlechter Lebenserfahrungen Schwierigkeiten haben, ihr Bindungssystem zu aktivieren, weil Bindung immer auch ein soziales Risiko mit sich bringt: Man könnte wieder verletzt oder enttäuscht werden. Auch dies verdeutlicht, dass es entscheidend ist, regelrechte Bindungsrituale zu etablieren und diese zu feiern, so oft es geht!
Eine Aktivierung des Bindungssystems ist letztlich Voraussetzung für erforschendes und ausprobierendes Verhalten, also für die Möglichkeit von Verhaltensänderungen und damit für Lernprozesse. In bedrohlichen Belastungssituationen können Menschen und Pferde gleichermaßen schlecht lernen. Meist wird allerdings die Ausbildung des jungen Reitpferdes sehr ressourcensparend vorangetrieben, und eh es sich versieht, sitzt diese zweibeinige Kreatur schon in seinem Rücken. Das Bindungssystem wird hier meist außer Acht gelassen, Hauptsache, der Trab ist gut.
Es macht Sinn, grundsätzlich über Strategien in der Ausbildung nachzudenken, in denen die Tiere nicht nur lernen, Situationen zu ertragen, sondern eine echte Bereitschaft, mitarbeiten zu wollen, entwickeln können. Einen guten Nährboden für die Lernbereitschaft haben wir, wenn beide Bedrohungssysteme – unseres wie auch das unseres Pferdes – sehr leise sind. Bedrohungs- und Bindungssystem gleichzeitig zu aktivieren, ist nicht möglich. Im Zweifelsfall sollten Sie also immer erst einmal das Bindungssystem ordentlich wecken, bevor Sie die nächste Lektion beginnen.

AUSGLEICH SCHAFFEN

Vor diesem Hintergrund ist es sehr leicht zu verstehen, wie Erziehen, Lernen und Erleben mit dem Hormonsystem zusammenhängen können. Ebenso kann man gut nachvollziehen, wie man das Pferd durch Entschleunigung und Bindungsrituale beeinflussen kann.
Entsteht in der Schulung eine Spannung im Pferd, ist es sehr sinnvoll, diese durch Ruhe und Vorwärtsbewegung abzubauen, bevor die nächste Frage gestellt wird. Durch Bewegung kann ich das Adrenalin abbauen, durch Ruhe und Ausstreichen eine Oxytocin-Ausschüttung erzeugen.
Das Ziel ist, immer wieder einen Ausgleich zu schaffen und das Pferd hormonell in der Balance zu halten.

»Gutes Streicheln ist kein Kuschelkurs.«

WIE VIEL ERREGUNG IST GUT?

Es ist bei Pferden leicht zu spüren, wie viel Spannung sie vertragen, denn als Allererstes gehen Takt, Losgelassenheit und Ausdruck verloren. In manchen Pferdesportarten wird der Adrenalinpegel so hochgeputscht, dass es schwer ist, den Rückweg zu finden. Achten Sie darauf, dass Sie es immer regulieren können. Durch gezieltes Schulen und einen stets ausgeglichenen Hormonspiegel lässt sich die Belastbarkeit deutlich steigern. Andersherum muss man bedenken, dass sich das Verhalten der Tiere unter dem Einfluss der Hormone drastisch verändern kann. Ein lieber Hengst kann sich unter dem Einfluss von Testosteron zu einer Mordmaschine entwickeln und ein braver Rüde in der Anwesenheit einer läufigen Hündin zu einem hirnlosen, sabbernden Wesen werden, das keinerlei Selbstwahrnehmung mehr hat. Auch hier kann man die Verwandtschaft von Mensch und Tier erahnen ... Und Obacht! Spreche ich von Verständnis, meine ich nicht Entschuldigung. Auch der hormongesteuerte Hengst muss zuhören, ebenso wie der Rüde sich ansprechen lassen muss! Vor diesem Hintergrund leuchtet es ein,

01

02

03

dass gutes Streicheln kein Kuschelkurs ist. Der Kontakt, besonders der Körperkontakt, die Kunst des Lobens und die echte ehrliche Entspannung schaffen eine gute positive Lernatmosphäre und ermöglichen eine unglaubliche Leistungsbereitschaft. Also, parieren Sie öfter mal durch und kraulen Sie so lange, bis Ihr Pferd schmatzt. Damit werden Sie gewiss einen Vorteil erfahren, den Sie nicht mehr missen wollen.

01 Pferde dürfen erschrecken, sollen aber dennoch innerhalb der Spur bleiben.

02 Haben sie gelernt, zuzuhören, lassen sie sich in der Spur korrigieren.

03 Dafür gibt es ausgiebiges Lob und Bindungsrituale.

IN KÜRZE

- **Werden unbekannte Reize wahrgenommen, schüttet der Organismus in Bruchteilen von Sekunden Hormone aus, die ihn dazu befähigen, sofort auf die Bedrohung (adäquat – im Sinne des Fluchttiers) zu reagieren.**
- **Tiere sollten nicht nur lernen, Situationen zu ertragen, sondern eine echte Bereitschaft entwickeln, mitarbeiten zu wollen.**
- **Pushen Sie Ihr Pferd nicht zu hoch. Sie müssen immer in der Lage sein, es wieder „auf den Boden" zu bekommen, andernfalls wird es schwer, das Verhaltensmuster später noch zu korrigieren.**
- **Selbst unter dem Einfluss von Hormonen muss Ihr Pferd immer noch in der Lage sein, Ihnen zuzuhören – denn hört es zu, können Sie ihm immer helfen.**

VON RICHTIG GUTEN PAUSEN

Zusätzlich zu den wunderbaren Lobritualen gibt es noch viel mehr Möglichkeiten, dem Pferd zum Wohl zu sein. Jeder, der junge Pferde in der Hand hat, weiß, wie weit der Weg vom Fohlen bis zum fertigen Reitpferd ist. Da wachsen sie hinten, dann wieder vorn, dann beginnt die Zahnung, die hormonelle Veränderung, und wenn man meint, jetzt kann es losgehen, wachsen sie wieder. Vier Jahre sind da schnell vorbei.
Wir arbeiten die jungen Pferde gern schon sehr früh und investieren richtig gute Zeit in die Grundschule und das kognitive Fundament des Pferdes. Der Grund ist das unglaublich schnelle und widerstandslose Vorankommen in der weiteren Ausbildung. Aber wir belasten die Pferde nicht unnötig. Das heißt, dass das In-die-Spur-Kommen, die Hand- und die Bodenarbeit die ersten zwei bis vier Jahre teils füllt und teils begleitet.

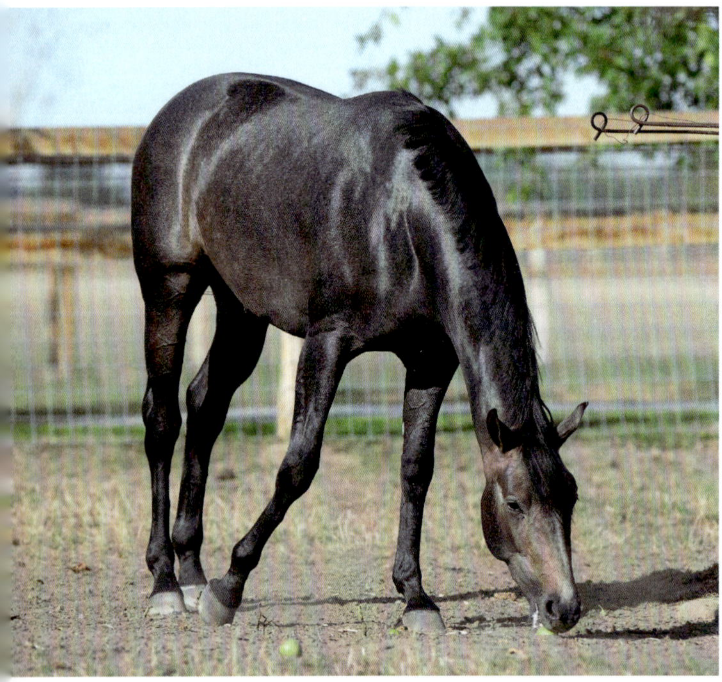

Licht und Luft gibt Saft und Kraft. Und Pferde brauchen zudem noch Platz und Artgenossen, ebenso wie Geisteswissenschaft und Sport.

GUTER KÄSE REIFT

Vor diesem Hintergrund entstehen für das Pferd immer wieder Pausen vom Unterricht, die gern dann angeboten werden, wenn es körperliche Veränderungen gibt. Und garantiert geht der bis dahin erarbeitete Stoff nicht verloren. Meist reift er im Pferdekopf wie guter Käse.
Mit dieser sehr zielstrebigen, aber unehrgeizigen Herangehensweise ist es leicht und effektiv, die Belastbarkeit des Pferdes zu entwickeln. Der Punkt der Überforderung wird nicht erreicht. Manche Menschen haben dieses Gespür, wie reif ein Pferd für welche Aufgabe ist, und entwickeln die individuelle Ausbildungsskala aus dem Bauch heraus. Sie können unverkrampft sagen, dass dieses oder jenes ein anderes Mal angesprochen wird, und sind meist schneller am Ziel als diejenigen, die unter Druck das Tier entwickeln.

URLAUB VOM DIENST

Registriere ich z. B. bei einem Pferd, das bislang recht willig und froh beim Unterricht dabei war, vermehrt Anzeichen von Abwehr, wie festes Maul, Spannung in den Ohren, Schweifschlagen oder wenig Lidschlag, dann muss ich als Coach schleunigst herausfinden, was ich verändern muss.

Und da muss alles rund ums Pferd auf den Prüfstand: seine Behausung, das soziale Ambiente, Ernährung, Werkzeug wie Sattel und Gebiss bis hin zum Trainingsrhythmus oder den Pausenzeiten. Ist mir das Pferd bislang mit einer korrekten inneren Haltung gegenübergetreten, dann braucht es vielleicht einfach mal einen Themenwechsel oder Urlaub vom Dienst.

Innerhalb des Trainings baue ich sehr gern kurze Stand- und Lobpausen ein, im gesamten Trainingskontext sehr ungern körperliche Pausen, aber mit Vorliebe geistige. Da die Arbeit mit Pferden immer einen bewegungsgeprägten, sportlichen Ursprung hat, sollte man in meinen Augen von Stehtagen, Boxenruhe und Wochenendauszeiten absehen.

Da das Lauftier Pferd jeden Tag das Bedürfnis nach Bewegung, Nahrung und Sozialkontakten hat, muss ich auch jeden Tag für das Befriedigen dieser Bedürfnisse sorgen. Aber man kann Urlaub von Lektionen machen, Handarbeit gegen das Reiten tauschen und andersherum, Tricks oder Freiarbeit anbieten und somit der körperlichen und geistigen Ertüchtigung nachkommen.

Damit Pferde voll motiviert mitarbeiten, benötigen wir Menschen ein ganzheitliches Konzept.

DER PAUSENSCHMAUS

Würden wir die Pferde fragen, dann würden sie möglicherweise sagen: „Am besten ist der Pausenschmaus!“ Das ist aber auch etwas sehr Feines. Gerade bei Pferden, die etwas festgehalten sind oder bei denen sich ein kompliziertes, vielleicht auch verkehrtes Lernmuster gefestigt hat, bei extremer Belastung – ob geistig oder körperlich – oder einfach nur, weil Liebe durch den Magen geht, ist es durchaus sinnvoll, den Pausenschmaus zu etablieren.

Es geht hier nicht darum, das Tier zu locken, es mit Leckerlis zu bezahlen oder zu belohnen. Gemeint ist der Kakao, den Sie auf dem Schulhof zusammen mit Ihrem Apfel genossen haben und der Ihnen in der Pause wieder Kraft und Energie für die nächste Stunde gab.

Der Pausenschmaus dient auch dazu, eine Handlung zu unterbrechen und positive Hormone, die beim Fressen ausgeschüttet werden, freizusetzen. Zudem regen Apfelspalten den Speichelfluss und die Maulaktivität an.

Das Pferd denkt also für einen Moment an etwas anderes; es fährt den Computer einmal kurz runter, um neu zu starten. Meist mit guter neuer Energie.

Sicher ist zwar, dass man mit Schokolade genauso wenig Probleme lösen kann wie mit Äpfeln. Aber beides kann einen kleinen Moment Glück bringen und für den Menschen auch ein wunderbarer Liebesbeweis sein. Danach geht es mit neuer Energie und Motivation weiter.

IN KÜRZE

- **Eine zielstrebige, aber unehrgeizige Ausbildung junger Pferde, die gern auch mal etwas länger braucht, ist langfristig immer vorteilhaft und empfehlenswert.**
- **Lernpausen sind notwendig, aber dennoch sollte das Pferd aufgrund seiner Evolutionsgeschichte täglich gefordert werden. Von Stehtagen, Boxenruhe und Wochenendauszeiten halte ich nichts.**
- **Pausenschmaus zu verteilen, bedeutet nicht, Pferde mit Goodies zu locken, zu bezahlen oder zu bestechen, sondern ihnen eine geistige Auszeit zu gönnen.**

01

DER KONTOSTAND DER KRITIK

Das Lob ist eines der wichtigsten Hilfsmittel in unserer Tierschule. Nur mit dem Lob kann ich nötige Kritik abfangen und ausgleichen. Also bemühe ich mich, das Lob intensiv zu arbeiten, die Lobbarkeit zu fördern. Ich stelle mir immer einen Kontostand vor, von dem bei jeder Kritik 5,– € abgebucht werden.
Kritik ist notwendig, ohne gäbe es keine Weiterentwicklung. Wir arbeiten in der HarmoniLogie® ganz bewusst mit klarer und direkter Kritik. Wir markieren umgehend, was nicht gut oder nicht erwünscht ist.

STÖREN, NICHT STRAFEN

Da die Kritik keine Strafe, sondern nur eine Störung ist, also keine toxische emotionale Energie enthält, lernen die Tiere sehr schnell, dass sie mit einer Veränderung ihres Verhaltens jede Form von Störung abstellen können.
Der strafende Trainer entlädt seine negative Energie, ohne hinzulesen, wie der Gestrafte reagiert. Viele Menschen sind so geprägt und es ist schwer, das hinter sich zu lassen.
Stören ist nur ein Unterbrechen, und Störungen sind vielfältig: Sie reichen von falsch platziertem Lob über das Erzeugen von Geräuschen oder Bewegungen bis hin zu Berührungen. Jede Störung ist umgehend abzustellen, wenn sie bei dem zu Störenden eine Veränderung erzeugt hat (siehe Seite 35).

OHNE GEIZ

Ein Coach muss bei seinem Schützling stets auf einen ausgewogenen Kontostand der Kritik achten. Andererseits darf man aber auch nicht zum Sparfuchs werden. Wenn Kritik nötig ist, dann muss man bereit sein, sie anzubringen. Es kann beispielsweise sein, dass die Kritik dem Lernmuster gilt und notwendig ist, um dieses zu modellieren – und hier geht es tatsächlich um das Modellieren, um die Entscheidung darüber, welche Verhaltensweisen Erfolg haben sollen und welche nicht. Um den Kontostand der Kritik stets in den schwarzen Zahlen zu halten, berechnen wir für ein gelungenes Lob 6,– €.

01 Das Kompliment ist eine Lektion des aktiven Angebots.

02 Ebenso bedient die Piaffe den Funktionskreis des Angebots.

03 Der Spanische Schritt kommt aus dem Funktionskreis der Abwehr.

04 Bei all diesen Lektionen ist das Lob garantiert!

02

03

04

GUT RECHNEN

Sie sind ein guter Meister, wenn es Ihnen gelingt, den Überblick zu bewahren, wie Ihr Kontostand der Kritik ist und, wenn Sie bereit sind, ihn über gute Lobinvestitionen stets ausgeglichen zu halten. Es gibt immer Zeiten in der Ausbildung, in denen man sein Konto vielleicht einmal überziehen muss. Kreditwürdig sind Sie dann, wenn klar ist, dass diese Investition zu deutlich mehr Lob führen wird. Und mit diesem Kontostand der Kritik kann man sehr leicht und logisch Tiere schulen, ohne sie zu überfordern.
Klug ist es, immer nur in eine Baustelle zu investieren. Reift ein junges Pferd heran, dann versuche ich, bei der Auswahl der Themen den Kontostand der Kritik mit zu berücksichtigen. Habe ich ein neues Thema auf dem Plan, benötige aber immer wieder mal Kritik für das alte, dann wird das neue Thema noch etwas in der Warteschleife bleiben müssen. Dieser Überblick hilft bei jedem Pferd jeden Alters und jeden Ausbildungstandes, Überforderung zu vermeiden.
Genau daran passen wir den Lehrplan an. Schritt für Schritt. Ich habe einen kleinen Trick für Sie, wie Sie den Überblick über den Kontostand behalten: Stecken Sie sich sieben kleine Steinchen in eine Tasche. Bei jeder Kritik nehmen Sie einen heraus und packen ihn in die andere Tasche und mit gelungenem Lob wandert er wieder zurück. So bekommen Sie schnell einen Überblick über das Maß an Kritik, das Sie benötigen, und können Überforderung vermeiden.
Denken Sie daran: Die beste Kritik ist die, die nicht nötig ist. Reflektieren Sie Ihr Verhalten als Coach stets gut und versuchen Sie, eigene Fehler zu vermeiden, das schützt Ihre Schüler vor Frustration. Es lohnt sich, Fragen zu minimieren und immer wieder den kleinsten gemeinsamen Nenner zu finden, um den Erfolg zu garantieren.

IN KÜRZE

- **Kritik ist unumgänglich, ohne gibt es keine Weiterentwicklung.**
- **Aber loben Sie mindestens genauso viel, wie Sie kritisieren, wenn nicht sogar mehr.**
- **Markieren Sie mit sachlicher Kritik, was Sie nicht möchten. Negative Emotionen und toxische Energie haben hier nichts zu suchen.**

DIE POLITIK DER KLEINEN SCHRITTE

Es gibt eine weitere Hilfe, die Ihnen ermöglicht, die Beziehung zu Ihrem Tier lebendig, beweglich und fruchtbar zu halten: das „Besser als“ -Prinzip oder auch das „Gesetz der Kompromissbereitschaft“.

JEDER, WIE ER ES KANN

Jedes Tier hat sein eigenes Lerntempo und allein das bestimmt die Geschwindigkeit, in der Sie bei seiner Ausbildung vorangehen. Bei den Pferden, die vielleicht nicht die hellste Kerze im Leuchter sind, bekommt Geduld manchmal eine neue Dimension. Aber auch diese Kollegen können leistungsbereite Teammitglieder werden – sie benötigen vielleicht nur etwas kleinere Fragen, häufigere Wiederholungen und etwas mehr Feingefühl des Coaches. Ihr etwas geringeres Lerntempo hat durchaus Vorteile, denn die Superschlauen finden schnell die Tricks heraus, mit denen sie sich mehr Freiräume verschaffen können. Und das ist nicht immer nützlich.
Letztere brauchen meist ein schnelleres Lerntempo, mehr Herausforderungen und straffere Grenzen. Wie groß die Lernschritte sind, wird also immer dem Individuum angepasst.

Wir schulen tatsächlich Schritt für Schritt:
— Halfterführigkeit
— Anbinden
— Füße geben
— Pflegemaßnahmen
— Führen

Es ist die Politik der kleinen Schritte...

... die große Ziele ermöglicht!

Ohne das ehrliche Einverständnis des Pferdes wäre so etwas nicht möglich. Respekt und Vertrauen im Einklang.

- Gamaschen anziehen
- Verladen
- Longieren am Halfter
- Longieren auf Trense
- Longieren mit Gurt
- Kompliment
- Longieren mit Gurt und Chabon in leichter Anlehnung
- Diagonales Kompliment
- Longieren mit festen Ausbindern
- Freies Folgen
- Ablegen
- Longieren mit Sattel
- Aufsteigen
- Longieren mit Reiter
- Anreiten

Das Pferd wird an keiner Stelle überfordert, sondern muss sich immer mit nur einem neuen Thema auseinandersetzen. Es wird gleichermaßen gymnastiziert, begrenzt und gefordert. So überträgt sich die Abwehr gegen das eine Thema nicht auf das nächste, sondern das Pferd kann die Anforderungen verarbeiten.

Am Ende sind die Pferde mit allem einverstanden und können sich der weiteren Ausbildung voll und ganz hingeben. Sie können sich permanent mit den drei B (Binden, Begrenzen Bedrohen, siehe Seite 29) auseinandersetzen und bekommen auf diese Weise viel Sicherheit, während sie die Schulbank drücken.

Nach in der Regel drei Jahren hat ein Pferd diesen Lehrplan absolviert und man kann bereits viele tolle und abwechslungsreiche Dinge mit ihm machen. Vor allem aber kennt man es gut, kann sein Lernmuster einschätzen und Respekt und Vertrauen sind im Einklang.

DAS GESETZ DER KOMPROMISSBEREITSCHAFT

Das „Besser als"-Prinzip ist ein Leitgedanke, der die Pferde zum Mitdenken motiviert. Erkläre ich einem Pferd zum Beispiel die Galopphilfe und es springt tatsächlich unmittelbar an, aber leider im Außengalopp, dann ist das besser, als spränge es gar nicht an, buckelte oder blockierte. Also: Gut gemacht!
Und nun suche ich die bessere Position, den besseren Rhythmus, die bessere Fußfolge, das bessere Gleichgewicht, um meine Frage an das Tier erneut zu stellen.
Durch dieses Vorgehen entwickelt das Pferd Lust, Fragen zu beantworten, nach Lösungen zu suchen und mitzuarbeiten. Und es ist die Kunst, die der Meister beherrschen sollte, wenn er möchte, dass der Schüler das Beste aus sich herausholt. An dieser Stelle lernen die Menschen, rückwärtszurechnen und eine große Frage möglicherweise in etliche kleinere aufzuteilen, damit am Ende der kleinste gemeinsame Nenner herauskommt.

IN KÜRZE

Lassen Sie mal fünfe gerade sein! Auch wenn Ihr Pferd nicht gemacht hat, was Sie sich gewünscht haben, es aber auf dem richtigen Weg ist, loben Sie und legen Sie es in Ihrem internen Speicher als (Lern-)Erfolg ab.

ERST DAS DAS UND DANN DAS WIE

Diese innere Haltung des Menschen, dieses Verständnis für Pädagogik und Lernverhalten sind wie die feinen Gewürze in der Küche und es macht Freude, sie einzusetzen und das feine Mahl zu perfektionieren.
Jetzt haben Sie also erfahren, dass Kompromissbereitschaft in der Ausbildung durchaus eine Tugend ist. Es gibt noch etwas, das Ihnen hilft, sich der Lernbereitschaft Ihres Schülers zu versichern: das Schulen in zwei Schritten. Schulen Sie zunächst das DAS und erst dann das WIE. Bleiben wir beim Beispiel der Galopphilfe. Das Pferd lernt zunächst, dass es die Lösung ist, aus

Bestehen Sie freundlich darauf, auf jede Frage eine Antwort zu bekommen.

dem Zweitakt in den Dreitakt zu wechseln. Hat es Freude daran, dann lernt es, zuverlässig im Handgalopp anzuspringen. Es versteht zunächst nur, dass es angaloppieren soll – egal auf welcher Hand.
Dieses Beispiel lässt sich auf jede Anforderung an das Pferd als Partner übertragen: erst das DAS, dann das WIE entschleunigt den Coach und beschleunigt das Lernen des Schülers.
Das Arbeiten nach diesem Prinzip schult den Menschen, dialogorientiert zu arbeiten und nicht zielorientiert.
Da wir Menschen in der Regel zunächst planen, bevor wir handeln, und weniger unreflektiert im Hier und Jetzt Beschlüsse fassen, entstehen gelegentlich Verständnisprobleme zwischen Pferd und Mensch. Beispiel: Sie möchten zum Training. Der Anhänger steht bereit und Sie sind knapp dran. Sie nehmen Ihr Pferd am Halfter und sagen seinen Namen. Es reagiert nicht, nimmt keinen Kontakt auf, sondern blickt nach draußen auf den Hof. Wahrscheinlich sagen Sie jetzt: „Na komm schon, wir wollen los!" Und schon ist es passiert. Das Aussprechen des Namens war nur ein Vorschlag. Haben Sie nicht gestern noch beim Üben

Es ist gut, einen großen, starken Freund zu haben, der einem wirklich zuhört!

darauf bestanden, dass der Name immer durch Kontaktaufnahme beantwortet werden sollte? Erwischt. Die Reaktion als solche auf Ihre Frage ist nicht diskutabel. Wünschen Sie keine Reaktion, dann fragen Sie einfach nicht.

Stellen Sie sicher, dass Sie wissen, was Sie fragen/sagen, bestehen Sie auf einer Antwort und gestalten Sie dann im Nachgang die Qualität der Antwort (das WIE). Wenn Sie beispielsweise eine Schenkelhilfe geben, dann müssen Sie eine Antwort einfordern. Andernfalls wird das Pferd stumpf am Schenkel. Dasselbe gilt für Paraden, für das Anlegen der Gerte und ebenso für akustische sowie visuelle Hilfen. Machen Sie, dass es reagiert, und gestalten Sie dann das WIE. Das hält Sie im Jetzt und den Dialog aktiv.

IN KÜRZE

- **Überlegen Sie sich vorher, ob und, wenn ja, welche Frage Sie stellen wollen. Und beharren Sie dann auf deren Beantwortung.**
- **Zunächst ist wichtig, DASS das Pferd Ihre Frage beantwortet, erst danach kümmern Sie sich um das WIE.**

ROCKSHOX

VORBEREITENDE ÜBUNGEN

— *Das Lernen beginnt*

BEGEGNUNGEN UND KLASSENZIMMER

In einer absolut privilegierten Situation sitze ich hier und schreibe dieses Buch. Das ist mir total bewusst, weiß ich doch aus meinem Werdegang und durch meine Tätigkeit als Trainerin sehr gut, dass viele Menschen es nicht so paradiesisch haben. Wir wohnen auf einem alten Niedersachsenhof, wo wir mit unseren Tieren wie in einer großen Wohngemeinschaft unter einem Dach leben. Das führt unweigerlich dazu, dass wir eine sehr enge, ja geradezu innige Beziehung zu unseren Tieren pflegen. In der Küche stehen acht Körbchen für ebenso viele Hunde und vor der Küche sind die Boxen für unsere Pferde. Es gehört zu den schönsten Geräuschen des Tages, wenn wir aus der Küche kommen und aus allen Boxen ein Grummeln und Wiehern hören. Und jeden Morgen denke ich den Satz:

»Die Dankbarkeit ist die Gabe, die das Glück vollkommen macht.«

DER STUNDENPLAN

Bereit für den Unterricht und das Training der Pferde wird jeden Morgen ein Plan gemacht, wie all das Getier und die Menschen in einen Tag passen. Effektiv, positiv und gründlich. Dabei beachte ich gewisse Rituale.
Das Pferd ist ein Gewohnheitstier und hält auch in seiner Freizeit einen Tagesrhythmus ein, der schon allein durch die komplexe Verdauung bestimmt wird. Die jungen Pferde bekommen zeitlich festgelegte Unterrichtseinheiten, die zu Beginn der Ausbildung eine stabile Konstante in ihrem Tagesablauf sind. So fange ich gern mit den Jüngsten an.
Es sind die festen Fütterungszeiten, die festen Trainingszeiten sowie der verbindliche Freilauf inklusive Sozialkundeunterricht mit ihren Patenonkeln, die den Tag der Pferde nie langweilig werden lassen. Erst im weiteren Verlauf der Ausbildung verändere ich bewusst diese Rituale, tausche auch mal die Boxen und verändere Trainingszeiten.
In meinem Beruf müssen die Stars unseres Betriebes auch häufig nachts arbeiten und sind im Showgeschäft sehr variablen äußeren Bedingungen ausgesetzt. Ähnlich wie die Pferde, die im Sport gehen, die ebenfalls unabhängig von Tageszeit und Ort leistungsbereit sein müssen. Allein die Tatsache, dass sie darauf vorbereitet sind, kann dem Erfolg nützlich sein. Wir berücksichtigen das in unserem Trainingsplan.

RITUALE HELFEN BEIM LERNEN

Doch der Beginn der Ausbildung ist meist sehr ritualisiert. Mit Hilfe der Rituale ist die Begegnung mit dem Pferd frei von Druck und Anspannung. Im Vergleich zum Pferd teilt der Hund unseren Lebensraum viel enger. Somit ist er den Tag über auch viel mehr unseren Stimmungen ausgesetzt. Das Pferd hat hier einen echten Vorteil, denn viele Menschen schalten auf dem Weg zum Stall ab. Sowie sie Stroh im Haar haben und Sabber an der Jacke, sind viele Pferdemenschen in ihrer Wohlfühlwelt angekommen. Welch ein Glück, dass wir diesen Luxus leben können!
Um diese Rituale und schöne Begegnungen gestalten zu können, suchen Sie sich eine Tageszeit, zu der Sie ungestört mit Ihrem Pferd in den Dialog kommen können. Gerade das Schulen der Gesprächsbereitschaft braucht Aufgeräumtheit. Wenn die Schulpferde für den Unterricht fertig gemacht werden und sich nebenbei noch eine Dressurquadrille auf das Weihnachtsreiten vorbereitet, dann sollten Sie vielleicht nicht gerade dem jungen Pferd seinen Namen erklären wollen.

IN DER HALLE

Mir persönlich sind Hallen mit einer offenen langen Seite, an der man nach draußen blicken kann, sowie zwei unterschiedlich gestaltete kurze Seiten am liebsten. Toll ist es, wenn Lichtbahnen in der Decke sind, damit je nach Sonneneinstrahlung unterschiedliche Licht- und Schattenimpressionen entstehen. Das hält die Halle lebendig und die Pferde lernen vom ersten Tag an, dass es Veränderungen geben kann.
In unserer Halle laufen zudem immer Tiere herum – mal Enten, mal Ziegen. So kann ich drei Fliegen mit einer Klappe schlagen. Während ich Schritt reite, kann ich die Hunde trainieren, das Pferd an eine belebte Umwelt gewöhnen und direkt Showelemente einbauen. Oft läuft Musik und draußen rascheln die Schafe im Stroh oder der Traktor arbeitet sich um das Gemäuer.

REIZE DÜRFEN SEIN

Jeder dieser Reize wird einzeln gearbeitet und nach der Politik der kleinen Schritte den Pferden nach und nach nähergebracht.
So gestalten wir auch den Unterricht mit den Schülerpaaren. In der Regel fangen wir reizarm an und erhöhen mit zunehmender Sicherheit von Reiter und Pferd bewusst und zielgerichtet die Reizlage. Am liebsten bauen wir jeden Tag einen anderen Reiz ein, das schult enorm und fügt ein echtes Team zusammen.
Nicht jeder hat einen Kleinzoo zuhause. Aber ich denke, jeder kann die Halle innerhalb seiner Möglichkeiten immer wieder leicht umdekorieren. Das allein hilft schon als Horizonterweiterung. Das bewusste Gestalten der Begegnung mit dem Sportsfreund auf vier Beinen sowie das lebendige Umfeld sind ein Rezept, das ich Ihnen gern mitgeben möchte.

Ein lebendiges Klassenzimmer bereitet die Pferde auf das echte Leben vor. Gezielte Reizlagen fördern das Vertrauen zueinander.

De reiterliche Ausbildung fördert das äußere und das innere Gleichgewicht des Teams. Hier der dreijährige Oldenburger-Hengst Fly.

Werden Sie kein „Zuhause-Reiter“ und schulen Sie Ihr Pferd nicht in einer stillen Kathedrale, wenn Sie später einen nervenstarken Kollegen haben möchten. Gestalten Sie ein sicheres, aber lebendiges Ambiente. Haben Sie dort mit Ihrem Pferd erfolgreich einen Wohlfühlstatus erreicht, nehmen Sie den sicheren Stoff mit nach draußen. Neue Themen jedoch schulen Sie bitte im gewohnten Klassenzimmer. Dieses Ritual ist für Pferde, die eine enorme räumliche Orientierung haben, wichtig.

EIN DICKES FELL

Im Showgeschäft sind wir häufig wundersamen Reizlagen ausgesetzt, auf die ich meine Tiere beim besten Willen zuhause nicht vorbereiten kann. Da kann es schon mal sein, dass einem die Isländer-Quadrille entgegenkommt, verkleidet als riesige Schneemänner, und will man ausweichen, kommen von rechts die Haflinger als spanische Stierkämpfer, die Working-Equitation-Truppe von hinten und von links die Fahrsportfreunde, die mit sechs Viererzügen den Weg absolut dicht machen. Spannend war auch unser Arbeitsplatz im Oman, als wir vom mächtigen Sultan Quabos zum Pferde- und Kamelfestival eingeladen wurden. Als 600 Kamele auf den Abreitplatz kamen, war Flucht tatsächlich zwecklos und die Pferde haben das schnell verstanden. Hat man so etwas mit seinem Pferd erlebt, glaubt man, nichts könnte einen mehr erschüttern. Pferd und Reiter bekommen dann schon mal doppelt dickes Fell. Und dann ist man in einer Show mit einem Riesenbildschirm über der Bahnmitte. Menschengroße indische Laufenten werden dort gezeigt. Und das Pferd, das die kleinen Entchen gerade unter seinem Bauch hindurchlaufen lassen soll, starrt gebannt auf den Bildschirm und ist in diesem Augenblick wohl dabei, sich vollends abzumelden …
Psst, hallo, hörst du mir noch zu? Vor 6.000 Menschen ist es gut, wenn das niemand merkt.

IN KÜRZE

- **Junge Pferde brauchen Rituale und einen konstanten Tagesablauf.**
- **Erwachsene Pferde sollten Schritt für Schritt immer wieder unterschiedlichen Reizen ausgesetzt werden, damit sie zu nervenstarken Partnern werden.**
- **Erarbeiten Sie sich Sicherheit und nehmen Sie diese mit nach draußen.**

Sprich leise, denn er hört dir zu. Die Ansprechbarkeit ist DIE Grundlage für jede weitere Schulung.

DER NAME IST PROGRAMM

Der beste Name, der mir je einfiel, ist der für meinen aktuellen Junghund: James Bond! Während alle anderen mit Topsi und Popsi üben gehen, habe ich ein Date mit: James Bond. Und nicht nur das. Wer liegt abends mit mir auf dem Sofa? Wer besucht mich morgens beim Kaffee? Das lässt sich endlos weiterspinnen! Es ist wirklich schade, dass mir nicht schon früher solche Namen eingefallen sind ...

Und dennoch sind es die Werksnamen, die als Kosename benutzt werden und an den Pferden haften bleiben. Meist enthalten diese die liebevolleren Informationen. So heißt zum Beispiel mein „Best of" Berti und mein „Socio" Babylein. Letzteres finde ich in der Öffentlichkeit manchmal echt peinlich ...

Wählen Sie einen Namen, den Sie gern aussprechen und der eine kleine wohltuende Melodie enthält. Ein akustisches Alleinstellungsmerkmal, eine Eindeutigkeit des Klangs ist sinnvoll.

DIE ERSTE SCHULSTUNDE

In den ersten Tagen der Schulung geht es intensiv darum, sich der Aufmerksamkeit des Pferdes zu vergewissern. Das ist, als bekäme es ein Handy und lernte, immer dranzugehen, wenn es klingelt. Es gibt kein Funkloch, und auch der Akku ist niemals leer.

Mit diesem Training beginnen wir am besten in der Box, auf dem Paddock oder am Putzplatz. Ich stelle mich auf Höhe des Buggelenks und in Fahrtrichtung des Pferdes. Nun spreche ich leise und freundlich seinen Namen aus: „Trude." Trude juckt das wahrscheinlich nicht, sie wird unbeirrt weiter geradeaus schauen und nicht mal mit dem Ohr wackeln. Ich behaupte, dass Pferde zwei Ohren haben, damit sie eines ihrem Menschen zuwenden können. Nun sage ich leise, aber deutlich „Na". Sie erinnern sich an die Ampel (siehe Seite 71), und ich färbe mich somit orange. Auch

Den Kontakt positiv verstärken, bedeutet Loben, bis das Lob wirkt.

das juckt Trude noch nicht. Nun laufe ich rot an – aber nur im Sinne der Ampel (!), nicht emotional. Ich straffe meinen Körper, wende mich ihr zu und stampfe mit dem Fuß auf den Boden. Jetzt wird sie schauen. Das Ohr auf meiner Seite wird zu mir kippen, und nun ist es eindeutig: Sie nimmt mich wahr. Sofort nehme ich meine alte Position wieder ein, entspanne und sage: „Trude", und beginne mit dem Lob. Das wiederhole ich so lange, bis das Ohr sich beim Aussprechen des Namens sofort und unmittelbar zu mir dreht und Orange und Rot somit ausbleiben können. Sie werden schnell erfolgreich sein, wenn Sie in einer reizarmen Umgebung beginnen. Bei zu hohem Außenreiz kann das Pferd das nicht lernen. Das wäre, als würden Sie Ihren Partner beim „Tatort"-Schauen nach dem Einkaufszettel fragen. Das wird nichts.

Mit diesem Training befinden Sie sich in der Säule 1 der HarmoniLogie®, der Ansprechbarkeit (siehe Seite 33), und überprüfen hier die drei Aspekte der Antwort:

Aspekt Nr. 1 ist die Unmittelbarkeit der Reaktion. Trude soll lernen, unmittelbar auf Sie zu reagieren. Sie lernt also zuerst, DASS sie reagieren soll. Wenn Sie das erreicht haben, dann kümmern Sie sich anschließend um

Aspekt Nr. 2, das WIE. Trude soll nun mit der korrekten inneren Haltung antworten. Das wäre ein entspanntes Auge, das eine weiche Rundung und Lidschlag hat und zu Ihnen blickt. Das Ohr würde sich sofort zu Ihnen wenden und bei Ihnen verweilen. Das gesamte Tier würde ruhend und entspannt aufmerksam wirken. Dann überprüfen Sie

Aspekt Nr. 3, die korrekte Ausführung. In diesem Fall soll das Pferd Sie aufmerksam anblicken und auf Sie warten.

KONSEQUENT UND HÖFLICH

Im Grunde genommen überprüfen Sie die nächsten beiden Säulen im Handumdrehen gleich mit. Nämlich die Störbarkeit und die Lobbarkeit. Denn sollte Trude nicht reagieren, dann werden Sie sie stören. Und auch hier geht's in der gleichen Weise weiter wie eben beschrieben: Reagiert sie auf die Orangephase der Ampel? Sind innere Haltung und Ausführung korrekt? Das wäre der Fall, wenn sie ohne Abwehr und ohne aggressives Bedrängen

Wenn Pferde Komplimente machen, wird es warm im Herzen.

auf Ihre Frage antwortet, klar und unmittelbar ihre Reaktion verändert und Höflichkeitssignale sendet. Erhalten Sie diese Höflichkeitssignale nicht, dann sollten Sie sich nach Erreichen der Aufmerksamkeit der Kritik der vielleicht mangelhaften inneren Haltung zuwenden.

An dieser Stelle lohnt es sich enorm, die Frage noch einige Male zu wiederholen und den Impuls nach der Orangephase zu variieren. Manches Mal muss man weicher und freundlicher fragen, da vielleicht bereits die Abwehrreaktionen des Pferdes aktiviert wurden. Manchmal muss man impulsiver nachfragen, um dem aggressiven Bedrängen des Pferdes eindeutig Grenzen zu setzen.

Und genau so arbeiten Sie auch an der Lobbarkeit. Hier gilt es, so lange und so kreativ zu loben, bis Sie eine echte und ehrliche Reaktion des Pferdes erfahren. Es ist ein in sich geschlossenes Schulungskonzept, das aus Ihrem Pferd einen Partner macht.

DIALOG ALS ZIEL

Die HarmoniLogie® arbeitet dialog-orientiert und nicht primär ziel-orientiert. Reagiert das Pferd freundlich und höflich, vor allem aber unmittelbar, ist die korrekte Lösung zweitrangig. In die richtige Lösung kann ich meinem Pferd hineinhelfen, wenn es bereit ist, mir zuzuhören und mitzudenken.

An dieser Stelle werden viele Weggefährten Ihnen den Rat geben, Ihrem Pferd ein Leckerli zu geben, damit es die Ohren zu Ihnen dreht. Ja, das können Sie tun, und es wird die Ohren spitzen, wenn Sie in die Tasche greifen. Es wird dann Kontakt zu Ihnen suchen (Funktionskreis Drängen/Bedrängen) und mit Ihnen in Lohnverhandlungen einsteigen.

Es gibt durchaus Pferde, bei denen es sinnvoll ist, über Handfütterung an sie heranzukommen, weil sie scheu und dem Menschen abgewandt sind. In diesem Fall wäre es klug, über eine klassische Konditionierung Kontakt aufzubauen. Sollte Ihr Pferd aber bereits gezähmt sein und sich ruhig anfassen lassen, dann ist ein Dolmetscher über Futter an keiner Stelle der Ausbildung notwendig. Denn es soll ja nicht mit dem Leckerli kommunizieren, sondern mit Ihnen. Und das Einfordern von Nahrung ist keine Kontaktaufnahme auf gleicher Augenhöhe, sondern eben nur das Einfordern von Nahrung – nicht mehr.

Der Name als Signal für den kognitiven Kontakt ist in der Bodenarbeit, in der Freiarbeit und beim Reiten sowie auch Fahren extrem wichtig. Es ist die ziehende Hilfe, die dem Pferd signalisiert, dass die Lösung in Richtung des Menschen zu suchen ist. Erst wenn das in einem ruhigen Ambiente gut funktioniert und Ihr Pferd weiß, was es soll, verändern Sie das Ambiente und entwickeln die Ansprechbarkeit sinnvoll weiter.

Ich persönlich freue mich immer diebisch, wenn ich ein junges Pferd reite und es beim Wahrnehmen eines Außenreizes die Ohren spitzt und überlegt, ob es wegspringen soll oder nicht. Natürlich kommt der innere Schenkel, der es an den äußeren Zügel treibt, damit das Pferd an den Hilfen stehend körperlich in meiner Spur bleibt. Aber das schlichte Aussprechen des Namens kippt die Ohren unmittelbar zu mir, und so weiß ich, dass es auch geistig wieder bei mir ist.

IN KÜRZE

- **Nicht nur Hunde, auch Pferde sollten ihren Namen kennen und auf ihn reagieren.**
- **Die Ansprechbarkeit ist einer der wichtigsten Schulungsinhalte. Nur einem Pferd, das mir zuhört, kann ich etwas erklären.**
- **Leckerlis zur Unterstützung sind in der Regel keine Option, weil das Pferd sich dann mehr für das Goodie interessiert als für Sie.**

SCHULTER AN SCHULTER

Die Position, aus der heraus wir die Pferde führen, ist die Schulterposition. Von hier haben wir einen sehr guten Überblick über das ganze Pferd. Wir sehen Kopf und Hals und können es zugleich sehr gut treiben.
Dieses Sich-treiben-Lassen ist ein erzieherischer Baustein in der Pferdeausbildung. Das Pferd muss bereitwillig weichen und vor die Hilfen kommen, wenn es darum gebeten wird. Da ein Pferd immer kommuniziert, ist es klug, die Signale, die es sendet, auch einzulesen. Der Mensch befindet sich, sowie er auf Höhe der Schulter das Vorwärts einfordert, in einer dominanten Position.

LOSGEHEN

Schulter an Schulter durchs Leben sollen Sie mit Ihrem Pferd einen feinen und höflichen Umgang erlernen. Sie halten also den Strick in der Hand, die dem Pferd am nächsten ist, in der anderen halten Sie die Gerte. Sie befinden sich auf dem Hufschlag. Außen wird das Pferd von der Bande begrenzt, innen von Ihnen. Sie schauen in Laufrichtung und sagen das Signal: „Und an." Da Ihr Pferd das Signal wahrscheinlich noch nicht kennt, kann es sein, dass nichts passiert. Nach dem Gesetz der Aktivierung gehen Sie nun nicht einfach los. Sie bleiben stehen und sagen: „Na!" (Ampelphase Orange.) Es passiert wahrscheinlich immer noch nichts. Jetzt legen Sie die Gerte vorsichtig an der Flanke an, das reicht meist, damit das Pferd losgeht. Erst dann gehen Sie auch los und sagen lobend: „Und an", denn das ist ja die vierte Phase der Ampel: Sie springt wieder auf Grün, damit der Verkehr weiterfließt.

POSITION HALTEN

Sie sind wie mit Klettband an der Schulterposition festgetackert und verlassen diese unter keinen Umständen. Auch nicht bei jungen Pferden, die sich dieser Position gern entziehen wollen und rückwärts, seitwärts, vorwärts oder aufwärts drängen.
Verlassen Sie niemals diese Position und begleiten Sie das drängelnde Tier, bis Sie es wieder an der Bande unter Kontrolle haben. Viele Menschen geraten in dieser etwas turbulenten Situation in eine Frontalstellung. Und das bedeutet immer, dass Sie in die Abwehr tapsen. Sie signalisieren damit Kampfbereitschaft und nicht selten zieht der Mensch hier den Kürzeren. Besser, Sie dominie-

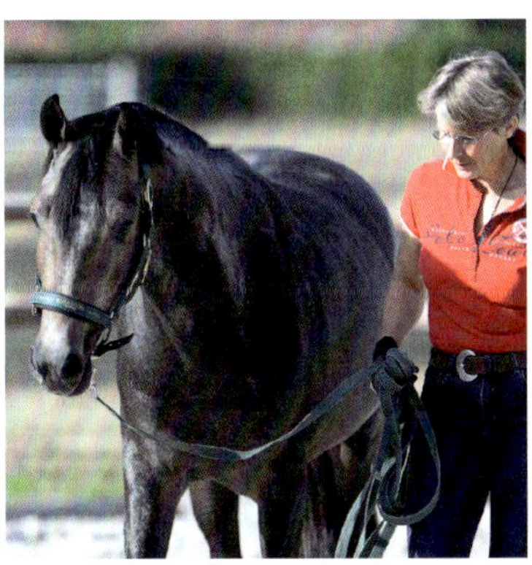

Das Führen des Pferdes aus der Schulterposition …

… ermöglicht ein gutes Einlesen der Signale und eine stille Dominanz.

Pferde, die „geführt" werden, lassen innerlich los.

ren klug und integrativ, als Sie laden zum Kampf ein und werden aggressiv. Bleiben Sie immerzu und wieselflink an der Schulter. Das Pferd soll Ihnen nicht folgen und hinterherlaufen, es soll sich von Ihnen treiben lassen. Wenn Sie wieder anhalten wollen, gilt genau dasselbe. Aktivieren Sie das Pferd anzuhalten. Versuchen Sie nicht, es festzuhalten und am Strick zu ziehen. Das kann man im Ernstfall immer noch tun. Aber davon gehen wir in diesem Training erst mal nicht aus.

ANHALTEN

Sagen Sie im Gehen leise das Signal: „Und halt." Wieder schalten Sie ganz freundlich und ruhig auf Orange und sagen „Na". Wieder passiert nichts, denn Ihr Pferd weiß ja noch nicht, was „Und halt" bedeutet. Als Rotphase benutzen Sie die Gerte nun vor dem Pferd. Meist reicht es, wenn man die Gerte ruhig vor das Gesicht des Pferdes hält, ohne es dabei zu berühren. Manchmal muss man auch etwas mit der Gerte wedeln. Das muss man tatsächlich ausprobieren, es kann von Pferd zu Pferd unterschiedlich sein.

Das Pferd wird ohne Kraft aktiviert, dem Menschen zu folgen.

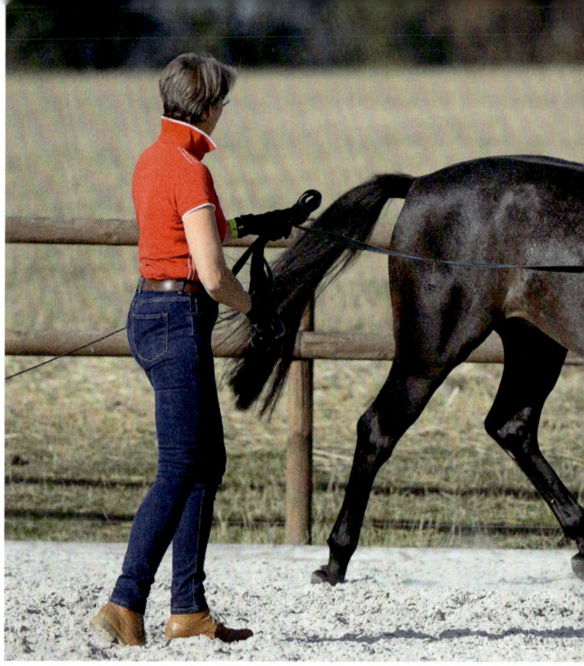

Aus dem Führen entwickeln wir…

Und rums, plötzlich steht das ganze Tier und im selben Moment auch Sie. Bitte denken Sie daran, leise und freundlich „Und halt" zu wiederholen. Jetzt wäre eine gute Gelegenheit, das Pferd in Ruhe zu kraulen, bis es schmatzt.
Es dauert meist eine Runde linke Hand und eine Runde rechte Hand, bis diese Signale vom Pferd verstanden worden sind. Eine überschaubare Investition in die Partnerschaft.
Den schwierigeren Part hat meist derjenige mit zwei Beinen. Denn nicht loszulaufen, wenn man doch losmöchte, und nicht stehen zu bleiben, wenn man eigentlich anhalten möchte, fällt den Menschen schwer. Das Pferd soll losgehen und anhalten, weil Sie es ihm sagen. Und das funktioniert nur über das Prinzip der Aktivierung.
Wir arbeiten das Führen immer von Anfang an auf beiden Seiten. Es ist wichtig, dass das Pferd auf beiden Seiten gleichermaßen geschult und aktiviert wird. Es ist, als hätte man ein Pferd gekauft und zwei bekommen. Und das, was das linke Pferd verstanden hat, muss das rechte noch lange nicht wissen.

IN KÜRZE

Schulter an Schulter durchs Leben – wenn Sie Ihr Pferd so führen, haben Sie den besten Überblick, können einerseits seinen Kopf, seine Augen und Ohren betrachten und es andererseits auch treiben.

... das kommunikative Longieren ...

... bei dem das Pferd im engen Dialog mit dem Menschen steht.

DAS SPRACHLICHE KONZEPT

Wir unterscheiden zwischen Signalen und Hilfen. Und das konsequent, ob am Boden oder im Sattel. Wir sagen/geben dem Pferd ein Signal und unterstützen es mit der entsprechenden zielorientierten Hilfe, sollte es die Lösung nicht finden. Um es vorwärtszuschicken, legen wir die Gerte hinten an (wir verschließen also die Tür hinten). Für das Anhalten halten wir dem Pferd die Gerte vors Gesicht und verschließen die Tür vorn. Nach dem gleichen Prinzip funktioniert es auch aus dem Sattel. Beispiel Galopp: Ich gebe mit meinem Körper ein Signal. Wenn das Pferd die Lösung nicht findet, kommt eine treibende Hilfe hinzu. Wir haben in der Reitlehre gelernt, dass es eine Galopphilfe gibt. Nennen wir sie Signal und suchen die Hilfen zur lösungsorientierten Unterstützung.

AKTIVIEREN UND BEGRENZEN

Die Polarität der Lösung entscheidet über die Art der Hilfe, die gegeben werden muss. Die gelungene Symbiose aus treibenden und verhaltenden Hilfen schließt das Pferd. Es ist für Reitanfänger oft schwer umzusetzen, dass man ein Pferd an die verhaltenden Hilfen herantreiben muss. Will man doch instinktiv am Zügel ziehen, um es anzuhalten, und streckt vor Schreck die Schenkel weg, wenn es eilig wird. Es dauert manchmal etwas, bis der Reflex überwunden ist und das Selbstbewusstsein und Gleichgewicht gleichermaßen so stabil sind, dass man ein fliehendes Pferd treibt, bis es sich am Zügel abstößt, um sich führen zu lassen. Im Grunde aktiviert man das Pferd von hinten, sich vorn abzustoßen. Aus dem Sattel treibt man es so lange und so intensiv an die verhaltenden Hilfen, bis das Pferd die korrekte innere Haltung hat und jede Form von Signal durchlässt. In dem Moment kommt es automatisch in eine korrekte äußere Haltung. Daher kommt der Begriff Durchlässigkeit. Es hört gut zu und reagiert mit aktiven Angeboten.

Hält man das Pferd stattdessen nur vorn fest oder treibt nur hinten nach, dann gerät das System ins Wanken und das gute Zuhören geht verloren.

Treiben und Verhalten sind Synonyme für Binden, Bedrohen und Begrenzen.

Sie lernen, das Pferd zu begrenzen, und aktivieren (im besten Fall ist es kein Bedrohen) es immer wieder innerhalb der Begrenzung. Dadurch entsteht tatsächlich Bindung und innere Losgelassenheit, denn so funktioniert auch das System Herde, und deshalb bringt es dem Herdentier Pferd eine große Sicherheit.

Durch die gelungene sportliche Auslastung erfüllen Sie den ganzen großen Körper des Lauftiers Pferd mit Glückshormonen. Gesundes Reiten mit korrekten Hilfen ist in meinen Augen ein Rezept

Wenn die Hilfen am Boden und im Sattel gut gearbeitet sind, ist volle Kraftentfaltung möglich. Der siebenjährige Friese Hannes zeigt seine ganze Pracht.

zum Glück für das Pferd, wie die Hütearbeit für den Border Collie oder gelungenes Apportieren für den Retriever. Es erfährt eine gesunde Form der Auslastung, Begrenzung und Aktivierung. Am Ende bekommen Sie Bindung. Und genau das sieht man den Pferden, die gut geführt und geritten werden, an.

DER RICHTIGE FUNKTIONSKREIS

Wichtig ist der Ansatz, über welchen Funktionskreis das Pferd geschult wird, also ob es nach vorn drängt oder flieht. Das Drängen ist ein gesunder Funktionskreis, denn er ist formbar und lebendig. Fliehen wäre eine ungünstige Ausgangsposition, denn es wird immer, auch nach einer Korrektur, einen Überhang an Adrenalin geben, der sich durch Spannung oder Ungehorsam in den Lektionen zeigen wird.

Die Eindeutigkeit der Signale und die gelungene Sinfonie der Hilfen helfen dem Pferd zu verstehen. Die Pferde werden von Anfang an auf die Signale sensibilisiert und die Polarität der Lösung definiert am Ende die Hilfe. So soll ein Pferd nicht losgehen, weil ich es am Strick ziehe oder mit der Gerte touchiere. Es soll losgehen, weil ich es ihm sage. Auch beim Reiten soll es antraben, weil ich es ihm sage bzw. ihm ein feines Signal gebe und nicht weil ich die Sporen in die alten Löcher stecke oder mit der Gerte anklopfe. Beim Antraben ist das feine Signal ein leichtes Anspannen des Kreuzes. Findet es die Lösung nicht, dann kommt eine Hilfe aus dem treibenden Bereich. So wie es reagiert, muss ich das eigentliche Signal wiederholen.

DIE ZIEHENDE ODER VERHALTENDE HILFE

Sitzen Sie im Sattel, bekommen Sie ein feines Gefühl, wenn Ihr Pferd auf Sie wartet. Das erreichen wir durch fein gearbeitete verhaltende Hilfen. In der Bodenarbeit lernt es, dass der Name in Ihre Richtung weist. Wir nennen es die ziehende Hilfe, sie ist fast wie eine verhaltende Hilfe beim Reiten. Ich kann über den Namen das Pferd an mich, in meine Richtung binden.

Treiben Sie Ihr Pferd aus dem Sattel an, dann erwarten Sie, dass es vor Ihnen herläuft. Ebenso wenn Sie am Boden mit der akustischen Sprache arbeiten.

Das „Na" ist eine Hilfe aus dem treibenden Bereich, es kündigt an, dass das Pferd mit einer Berührung zu rechnen hat. In den Seitwärtsbewegungen und den Wendungen, dem Hin und Her, lernt das Pferd zu folgen und zu weichen. Die Säulen Ansprechbarkeit, Störbarkeit und Abgrenzbarkeit sind somit erklärt. Die Lobbarkeit ergibt sich aus den Lobworten und dem gelungenen Kraulen.
Dieselben Signale nehmen wir mit in den Sattel und können dem jungen Pferd so mit unglaublicher Leichtigkeit helfen, die erwünschte Lösung zu finden. Der Erfolg ist, dass es uns zuhört und den Dialog aktiv und intelligent erlebt. Es bekommt Freude am Gehorsam, denn es versteht, den Lösungsweg zu finden. Deswegen arbeiten wir:

1. langsam,
2. immer nach dem Prinzip der Ampel und
3. mit klaren Signalen, egal ob aus dem Sattel oder vom Boden.

So erreichen Sie, dass Ihr Pferd nicht nur reflexartig reagiert, sondern mitdenkt und mitarbeitet. Mit dem Namen kann ich Nähe erzeugen, mit dem treibenden „Na" für Distanz sorgen und jederzeit unterbrechen, mit einem aus dem Herzen kommenden „Jawohl" kann ich das Pferd jederzeit entspannen und in Wohlbehagen versetzen. Mit meinem Vokabelheft kann ich es also klar und strukturiert lenken.
Ähnliche Signale entwickeln wir auch beim Reiten. Hier benutzen wir unseren eigenen Körper komplex und immer im Gleichgewicht.
Nein, wir erfinden weder das Reiten noch die Reitlehre neu. Die ist unumstößlich gut. Das Verständnis für den Dialog mit dem Pferd wird besser, wenn der Mensch weiß, was er da eigentlich sagt. Das Gespür für den Dialog und der leichte Weg zum freudigen Gehorsam kann in jedem Fall besser geschult und verstanden werden.

DIE AKZEPTANZ DER HILFEN

Die Akzeptanz der Hilfen ist der Trick bei der ganzen Geschichte. Meist wird hier nicht genau genug hingeschaut. Häufig geben Menschen zur richtigen Zeit die richtige Hilfe, übersehen aber, dass sie nicht die richtige Antwort darauf bekommen. Oft duldet ein Pferd eine Hilfe oder erträgt sie einfach nur. Sensibilisierung erfolgt dadurch, dass das Pferd die Hilfe abstellen kann, indem es sich in die richtige Richtung verändert. Desensibilisierung heißt, einen Reiz ertragen lernen, sich nicht mehr von ihm stören lassen. Beim Reiten bedeutet das, dass eine Hilfe ertragen wird, weil sie nicht abgestellt werden kann.
Ein buckelndes Pferd wird das Buckeln nicht mehr als Lösung ansehen, wenn der Reiter dadurch nicht verloren geht. Dann wird es für den Reiter desensibilisiert. Erst danach kann es für das Reiten sensibilisiert werden.
Viele Dinge muss ein Pferd im Lauf seines Lebens erdulden lernen: Anbinden, Hufschmied, Tierarzt, Sattel, Transporter, Sprünge, Musik und so weiter. Bereiten wir Pferde für Shows vor, müssen sie zudem applaussicher gemacht werden. Also bitten wir Gäste, uns dabei zu unterstützen und so lange zu applaudieren, bis das Pferd zur Ruhe kommt. Es kann den Applaus also durch Rumzappeln nicht abstellen. Es gewöhnt sich daran, es wird desensibilisiert. Entscheiden Sie für sich und Ihr Pferd, worauf es sensibel und worauf es duldsam reagieren soll.
Ich erkläre den Pferden schon beim Führen den Einsatz der Gerte. Die Gerte ist mein langer Arm, und sie lässt mich dem Pferd gegenüber nicht so hilflos und klein wirken. Arbeite ich mit einem Pferd, das nicht gut vor die Hilfen kommt, sensibilisiere ich es bewusst und ohne Emotionen für

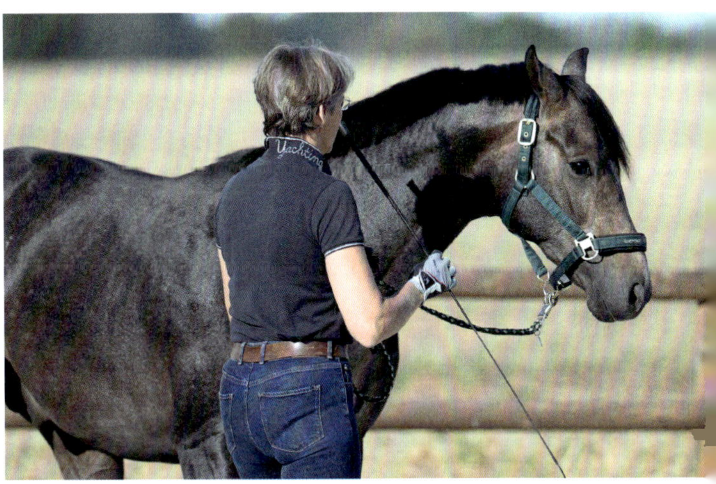

Ziel: Sich in freundlicher Ruhe den Respekt des Pferdes verdienen.

das eigentliche Signal und dafür, den Impuls der Gerte zu akzeptieren. Mein Ziel ist, dass ich gar keine Gerte benutzen muss, sondern mein kleiner Körper und meine kluge Sprache ausreichen, um dieses edle Ross zu steuern. Also werde ich dem Kollegen das Treiben noch einmal in Ruhe erklären müssen. Ich sage ruhig: „Und an." – Null Reaktion. Ich sage: „Na!" – Schweifschlagen, Wippen auf das andere Bein, ein strammes Ohr, eine Wulst über dem Auge. Letztlich geht der Kollege endlich los. 85 % aller Menschen wären jetzt zufrieden. Sie nehmen nicht wahr, dass das Pferd in der Hilfe droht.

Das ist sein gutes Recht, ist es doch als Pferd zur Welt gekommen und nicht als Meerschwein, aber es antwortet mit der falschen inneren Haltung. Die will ich nicht. Garstig gucken kann mein Sportsfreund den ganzen Tag auf der Koppel. In unserem Dialog dulde ich diesen „Ton" nicht!

Ich lege die Gerte an und meine Ahnung bestätigt sich. Das Wippen auf das andere Bein war ein Drohen und das nun entlastete Hinterbein fliegt in die Luft und zielt nach mir. Nun sage ich leise: „Na", und touchiere so lange ruhig und konzentriert weiter, bis das Bein wieder Last aufnimmt und das Pferd geregelt weitergeht. Dafür muss ich nicht heftiger touchieren, sondern nur nachhaltig durchhalten, bis das Tier eine andere Lösung anbietet als Auskeilen.

Nur stören, nicht strafen. Diese kognitive Überlegenheit ist entscheidend, wollen Sie ein Pferd vor die Hilfen bringen. Eine Hilfe muss akzeptiert und richtig beantwortet werden, sonst ist es keine Hilfe.

IN KÜRZE

- **Schauen Sie ganz genau hin und stellen Sie sicher, dass Ihr Pferd die Antwort gibt, die Sie erwarten.**
- **Durch Begrenzen und das Aktivieren innerhalb der Grenzen entsteht Bindung und innere Losgelassenheit – so geben Sie dem Pferd Sicherheit und es wird Ihnen vertrauen.**
- **Wenn Sie dem Pferd die Sicherheit geben, dass es Störungen durch das Wählen der richtigen Lösung abstellen kann, bekommen Sie ein auf Ihre Signale sensibel reagierendes Pferd.**

01 Das Pferd entspannt zum Weichen auffordern …

03 Es erzeugt ebenso ein bereitwilliges Folgen …

02 ... ergibt sofort eine Situation des Lobens.

04 ... um den Teamgeist zu stärken.

WENDUNGEN

Schritt eins, das Führen geradeaus, ist fertig erarbeitet und anhalten können wir das Pferd nun auch mit Leichtigkeit. Aber es geht bekanntlich nicht immer nur geradeaus. Also kümmern wir uns im zweiten Schritt um die Wendungen.
An der Schulterposition stehend drehe ich mich nun zum Pferd. Das Signal ist auch: „Und an."
Ziel ist, dass das Pferd seitwärts-rückwärts ausweichen soll. Gewünscht sind dabei ein entspannter, weicher Körper, ein wippendes Ohr, ein fallen gelassener Hals, ein ruhiges, bewegliches Auge sowie ein schmatzendes und kauendes Maul. Meine Laufrichtung zielt genau dahin, wo seine Füße stehen. Denn das Pferd muss lernen, mir und meinem Körper auszuweichen und Platz zu machen.
Mein großer Kumpel wird also aktiv. Mit dem Strick verhindere ich, dass er wegdrängen kann, und verschließe so die Tür nach vorn. Aber er findet den Weg von mir weg noch nicht.

DAS HIN: WEISEN

Es geht hier nicht primär um den Richtungswechsel, sondern eher um die Themen Abgrenzbarkeit und „Wer bewegt wen?", ebenso wie um eine korrekte innere Haltung des Pferdes seinem Menschen gegenüber.
Ich sage nun wieder das orangefarbene „Na". Mit dem Knauf der Gerte (bitte darauf achten, dass dieser aus weichem Gummi ist) klopfe ich vorsichtig am Atlas des Pferdes (das ist der erste dicke Halswirbel hinter dem Kopf). Dieser Impuls muss, wie jeder andere auch, so angepasst werden, dass das Pferd ihn respektiert, aber Ruhe und Zeit findet, seine Route neu zu berechnen und um zu navigieren. Weicht es auch nur einen Schritt in die richtige Richtung aus, dann ist es schon gut.
Sie erinnern sich: Erst das DAS, dann das WIE, die Abstellbarkeit der Störung mit Finden der richtigen Lösung, die Politik der kleinen Schritte.
Nun halte ich mit „ Und halt" an und lobe erst einmal ausgiebig. Das Ganze wird dann einige Male wiederholt, bis dem Pferd klar ist, dass es total unproblematisch ist, dem Menschen etwas Platz zu machen. Es versteht, dass wir durchaus in der Lage sind, Türen zu verschließen, aber immer garantieren, dass andere offen sind.

Diese Lektion übt das Spiel aus Nähe und Distanz. Sie erklärt dem Pferd, dass wir Menschen einen Plan von der Route haben und dominieren können. Dem Menschen gibt sie Sicherheit und das Gefühl von Führungskompetenz. Wir nennen es das „Eindrehen“ oder auch „Ausweichen“, im Umgangston ist es das „Hin“ (vom „Hin und Her“).

DAS HER: FOLGEN

Das „Her“ gleicht dann einem Folgen. Habe ich soeben mein Pferd weichen lassen, drehe ich mich nun vom Pferd weg und blicke zu seinem Hinterbein. Mein Ziel ist, dass das Pferd schnell versucht, wieder in die Schulterposition zu kommen und somit zurück in meine Spur läuft. Hierfür muss es etwas beschleunigen und sich mir zuwenden. Der Führstrick ist dabei im besten Fall locker. Das Signal ist auch „Und an“.
Bemüht sich das Pferd nicht, zurück in die Spur zu kommen, folgt das „Na“, welches ein Touchieren des Hinterbeins, am Besten in der Stützbeinphase, nach sich zieht, denn dann reagiert das Pferd mit Abfußen und nicht mit Abwehr. Es drückt sich nun besser ab und gibt sich Mühe, schnell wieder an der Schulter zu sein. Hier wird das Signal „Und an“ wiederholt, und dann gibt es erst einmal ein dickes, ausgiebiges Lob.
Mit dem „Hin und Her“ kann ich das Pferd lenken, mit „Und an“, „Und halt“ kann ich es steuern. Das ist die äußere Wirkung.
Die innere Wirkung ist, dass ich das aktuelle Lernmuster meines Pferdes durch eine Lupe betrachten und studieren kann. Und mit einem Mal bekommt der Mensch ein Verständnis für Raum und Zeit und die Fähigkeit zu führen. Es ist eine sehr leichte Übung, die eine riesengroße Wirkung hat.

TÄGLICHER CHECK-UP

Wir stellen genau diese Fragen an unsere Pferde, bevor wir aufsteigen. Es ist das Warm-up. So überprüfen wir ihre Tagesform, ihr inneres Lernmuster und verschaffen uns einen Zugang zu ihnen. Wir nehmen uns die Zeit, jedes einzelne Pferd in Ruhe zu lesen und mit diesem Sportsfreund in guten Kontakt zu kommen.
Das Führen und Lenken des Pferdes bringt die Menschen ihrem vierbeinigen Freund unweigerlich näher. Und wie immer gilt auch hier: Klappt es in einem sicheren Ambiente, nimmt man dieses Training mit raus in das echte Leben. Sei es auf dem Weg zur Koppel oder bei einem kleinen Spaziergang, alles wird zu einem Genuss, denn es findet ein echter Dialog statt.

IN KÜRZE

- **Mit „Und an – Und halt“ und „Hin und Her“ lernt das Pferd, dem Menschen zu weichen und ihm Platz zu machen, aber auch, ihm zu folgen.**
- **Diese Lektionen erklären dem Pferd, dass Menschen dominieren können, und geben dem Menschen ein Gefühl von Führungskompetenz.**
- **Absolvieren Sie diese Lektion vor Ihrer Trainingseinheit, verschaffen Sie sich einen Überblick über die Tagesform Ihres Pferdes und einen Zugang zu ihm (sehr empfehlenswert!).**

WENN PFERDE KOMPLIMENTE MACHEN

Spätestens zu diesem Zeitpunkt des Trainings möchte ich Sie mitnehmen in den Teil der Welt der Pferde, die so häufig unentdeckt bleibt. Da stehen Sie im Sand neben ihrer großen vierbeinigen Liebe und üben Sprechen, Laufen und Lesen. Und genau dann passiert es meistens.
So unbeholfen wir Menschen auch sein mögen, die Pferde quittieren Gutes sofort mit Gutem. Nehmen Sie es wahr und werden Sie sensibel für die Signale, die Ihr Pferd sendet. Werden Sie aufmerksam für die Komplimente, die Ihr Pferd Ihnen plötzlich macht. Dafür, dass Sie nicht mehr am Strick zerren, nicht mehr laut werden, es nicht mehr ohne Warnung in die Rippen knuffen, es beim Namen nennen und ihm zuhören. Es wendet sich Ihnen zu. Erst das Ohr, dann den Kopf. Und plötzlich dreht es den ganzen Hals zu Ihnen, als wolle es Sie in den Arm nehmen. Es hat schon lange aufgehört, nach Ihren Füßen zu tapsen. Auch schlägt es nicht mehr mit dem Kopf in Ihre Richtung. Seit Sie Nähe und Distanz sortiert haben, beachtet es Sie mehr. Sein Schweif ruht und pinselt nicht mehr, und wenn Sie an

Machen wir den Pferden Komplimente, bekommen wir diese in vielfacher Weise zurück.

seine Boxentür kommen, dann ist es bereits da, denn es hat den ganzen Tag auf Sie gewartet. Nein, nicht auf Ihren Apfel. Auf Sie. Wenn Sie es zur Koppel bringen, dann wendet es sich Ihnen noch einmal zu und schnaubt in Ihr Ohr. Und wenn Sie seine Schweifrübe kraulen, dann hebt es sie an; es klemmt nach einer Reitstunde nicht mehr das ganze Becken ein. Loben Sie es beim Reiten, dann fängt sein Ohr an zu wippen und Sie hören sein Schnauben.

Nun ist etwas Großes zwischen Ihnen. Bindung. Es geht so einfach, ein Pferd zum Freund zu gewinnen. Und trotzdem liegt der Weg dorthin für viele Menschen im Verborgenen. Verborgen durch Ehrgeiz, Angst und Unwissenheit. Diese Kleinigkeiten des gelungenen Dialogs bringen Harmonie in die Kreaturen. Klarheit, Konsequenz und Kontinuität. Pferde sind enorm bindungsfähig und stets bereit, Komplimente zu machen. Gemeint ist nicht das Schnuppern an Ihrer Tasche, ob da noch ein Keks drin ist, nein, gemeint ist die Zuwendung des Tiers zu seinem Menschlein. Diese Zuwendung ist so ehrlich, so ehrlich eine Zuwendung nur sein kann. Die Komplimente, die Pferde uns Menschen machen, sollten wir erlesen und bestätigen.

Es ist Bindungsarbeit, die das Pferd leistet. Nehmen Sie es wahr, halten Sie inne, genießen Sie es in vollen Zügen und bestätigen Sie es.

IN KÜRZE

Genießen Sie die Fortschritte in Ihrer Kommunikation. Wenn plötzlich alles anders ist, halten Sie inne und geben Sie Ihrem Pferd die Rückmeldung, dass Sie sein Kompliment annehmen.

DER KOMPASS

Seit ich im Auto mit Navi fahre, komm ich zwar meist überall an, wo ich hinwill, aber meine Orientierung war deutlich besser, als ich noch mit Atlas auf den Knien gefahren bin. Zum Glück weiß ich stets, wo Süden ist, und hangle mich mit der guten alten Eselsbrücke durch. Im Osten geht die Sonne auf, nach Süden nimmt sie ihren Lauf, im Westen wird sie untergehen, im Norden ist sie nie zu sehen. Das festigt den Kompass in meinem Kopf, und schon stimmt das Gefühl von Raum und Zeit wieder.

Der Kompass ist wie ein Spiel, das die Pferdemenschen mit ihren Pferden während des Führens spielen können. Stellen Sie sich auf X und schauen Sie in den Süden. Nun wechseln Sie in Vierteldrehungen mit oder gegen den Uhrzeigersinn die Himmelsrichtung. Ihr Pferd und Sie sollen in dieselbe Richtung blicken.

Wenden Sie Ihre Achse, tritt das Pferd sofort wieder in Ihre Spur. Nun erinnern Sie sich an das System Herde, das Erfolgskonzept Spur und erahnen, dass es genau das Gefühl von Sicherheit ist, nach dem Pferde manchmal sehr laut rufen. Sie möchten jemanden, der weiß, wo es langgeht, der für sie navigiert, jemanden, der einen Plan von Raum und Zeit hat. Und mit dem Kompass-Spiel können Sie das sehr leicht und überschaubar erreichen. Komm in meine Spur, „Und an – Und halt" und „Hin und Her". Mehr braucht es nicht, um ein Pferd zu überzeugen.

Der Kompass ist eine gute Übung, um dem Pferd Spur und damit Sicherheit zu geben.

Sie können sich Wege mit Stangen und Cavalettis legen, Reizlagen schaffen, Linien laufen und enge Wendemanöver einplanen, um Ihr Pferd geschickt und positiv wendig im Körper und im Geist zu halten. Mit diesen Kleinigkeiten konnte ich schon vielen Pferden den Weg aus schlechten Angewohnheiten hin zu guten Ritualen weisen. So repariere ich mit dieser Art des Führens und manchmal auch noch mit ein, zwei Tricks wie dem Kompliment (siehe Seite 154) Unarten, die Pferde durch Missverständnisse erlernt haben. Die Burschen, die sich beim Hinausbringen auf die Weide oder den Paddock sofort losreißen und losstürmen wollen, kann ich durch diese Denkaufgaben an mich binden. Das Lösen des Stricks binde ich dann in eine Lobsequenz ein – und schon gehen sie gelassen und entspannt auf ihre Weide.

Es kostet nichts, das Pferd in die Spur zu bringen, und wenn man lieber Gebote erlässt als Verbote, dann entwickeln die Pferde richtig Spaß an der Zusammenarbeit.

IN KÜRZE

Mit dem Kompass und anderen kleinen Übungen können Sie Ihr Pferd gut in die Spur bringen und ihm sogar Unarten abgewöhnen.

DAS AKTIVE WENDEN

Es gibt viele Möglichkeiten, auf die andere Seite Ihres Pferdes zu gelangen. Die meisten Menschen ducken sich unter dem Pferdehals hindurch. Andere gehen vor dem Pferd her und wieder andere ziehen das Pferd herum. Warum aktivieren Sie Ihr Pferd nicht, auf Ihre andere Seite zu kommen, während Sie stehen bleiben?

Es ist wieder Wasser auf die Mühle des aktiven Angebots, es ist wieder ein kleiner Dialog, der Freude schafft, Ihnen die Möglichkeit gibt zu loben, und es macht das Leben in vielen Bereichen so viel einfacher. Nein, es ist keineswegs detailverliebt. Es ist konsequent aktivierend, und genau das, was ein Lebewesen, das in Herden organisiert

Durch das aktiven Wenden wird dem Pferd die Spur klar vorgegeben. Es überzeugt das Pferd ganz einfach von unserer Kompetenz.

ist, braucht. Nämlich ein stetes Überprüfen seiner Bereitschaft, in die Spur zu kommen. So können Sie beispielsweise rechts nachgurten, leise „Und wenden" sagen und Ihr großer Kollege tritt gelassen einen halben Schritt rückwärts, dann seitwärts und wieder vorwärts, sodass Sie bequem den Bügel auf der linken Seite herunterziehen können, um aufzusteigen.

Das Wenden benutzen wir auch beim kommunikativen Longieren (siehe Seite 140) ebenso wie in der Freiarbeit (siehe Seite 143) für den freien Anschluss und beim Spiegelspiel.

Und so geht es: Sie stehen auf der rechten Seite Ihres Pferdes, haben fleißig am Führen gearbeitet und wollen die linke Seite Ihres Pferdes wechseln. Sie bleiben still stehen, Ihre linke Hand hält den Strick locker, während Ihre rechte ruhig die Gerte vor das Gesicht des Pferdes hält, so wie eine Schranke. Drehen Sie auf der Stelle Ihre Achse zum Pferd und sagen freundlich: „Und Wenden." Geben Sie Ihrem Pferd Zeit, die Route neu zu berechnen. Es tritt einen Schritt rückwärts, und damit es seitwärtstreten kann, begleitet die waagerecht gehaltene Gerte das Pferd an seiner linken Seite, sodass Sie nun auch auf der linken Seite des Pferdes stehen, ohne auch nur einen Zentimeter von Ihrer Position gewichen zu sein.

Tauschen Sie die Hände: Die linke Hand übernimmt die Gerte, die rechte den Strick. Machen Sie eine Pause und loben Sie nun auf der linken Seite des Pferdes, um dann wieder mit dem Führen fortzufahren. Das Ganze übt man einige Male, bis es motorisch ein fließender Ablauf wird. Bald werden Sie merken, dass das Signal „Und wenden" ausreicht und Ihr Pferd wechselt die Seite. Von diesem Punkt an können wir das Führen immer spielerischer gestalten. Wir können sogar lostraben, anhalten und wenden, wieder lostraben und dann ein Eindrehen einbauen. Sie können sogar eine kleine Choreographie daraus entwickeln. Das macht Spaß! Die Pferde verstehen sofort, dass sie sich auf der Seite des Menschen aufhalten, auf der die Gerte nicht ist. So bekommt Ihr Pferd eine gute Orientierung und lässt sich ausgewogen trainieren, nämlich rechts genauso wie links.

Es wird für Sie aktiv und Sie wenden einmal mehr das kluge Prinzip der Aktivierung an.

IN KÜRZE

Üben Sie die Lektionen, die Sie und Ihr Pferd beherrschen, spielerisch, reihen Sie sie aneinander und basteln Sie sich eine kleine Choreographie zusammen. So macht selbst das Üben und Festigen der Basics Spaß und wird beiden nie langweilig!

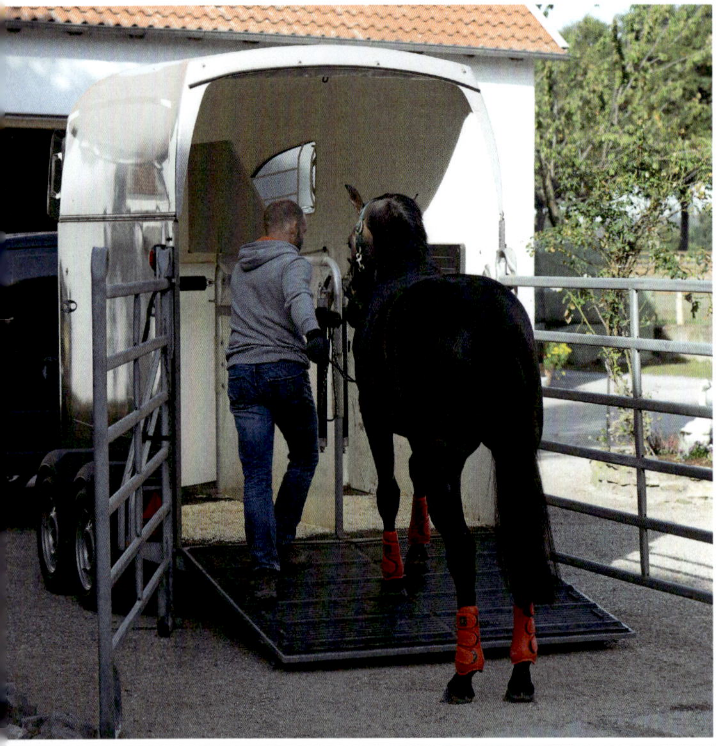

Es soll die eigene Idee des Pferdes werden, einzusteigen.

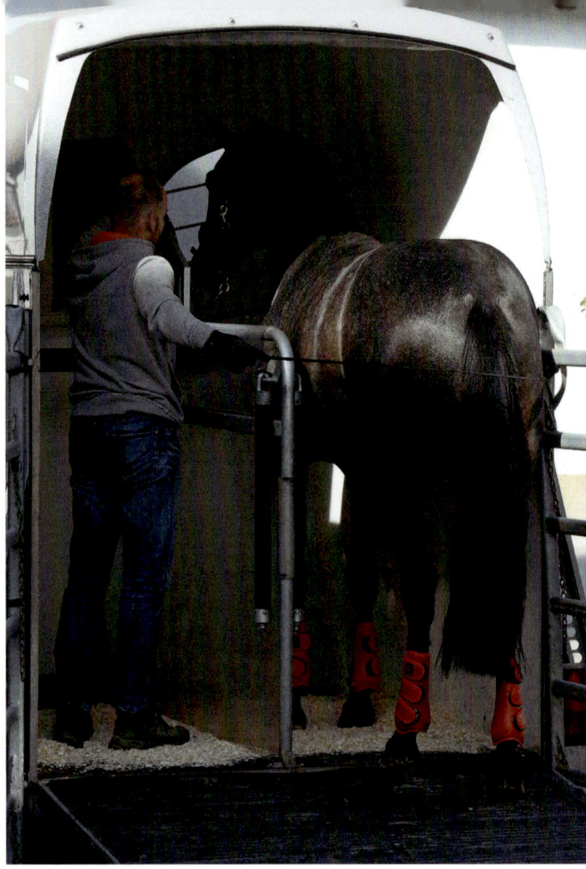

Durch kluges Verschließen der unerwünschten Wege…

WAS HÄNSCHEN NICHT LERNT …

Ausnahmslos jedes Pferd sollte sich mit Leichtigkeit verladen lassen. Die erste Reise machen die Fohlen manchmal mit ihrer Mutter zusammen, wenn es zum Fohlenbrennen geht, zum Decken oder aber zum Absetzen. Die Bindung zur Mama hilft ihnen, den Weg auf den Transporter zu finden.

VERLADEN IST GRUNDAUSBILDUNG

Haben Sie ein ganz junges Pferd im Stall, dann sollte das Verladen genauso wie das Anbinden und das Füßegeben geübt werden. Meist kommt es nicht dazu. Das ist bei den Hundemenschen anders. In meiner Schule für Pferde und Hunde kann ich das jeden Tag sehen: Welpenbesitzer beginnen sehr früh mit Dingen, die für das Leben notwendig sind. Die Schulung beginnt in den ersten Wochen und meist muss man die Menschen etwas bremsen, damit sie nicht zu viel machen und die jungen Hunde mit Reizen total überfluten. Manchmal sage ich zu ihnen: „Es wäre gut, der könnte erst noch einmal auf die Koppel“, und meine damit das, was wir bei den jungen Pferden machen, nämlich ihnen Zeit zum Wachsen geben. Die Pferdemenschen kaufen sich ein junges Pferdekind und stecken es in einen Laufstall. Hier wäre es wünschenswert, wenn diese jungen, so wissbegierigen und formbaren Tiere etwas mehr in den Händen des Menschen wären und einige Dinge des Lebens sehr früh und ohne Druck erklärt bekämen.

LUSTVOLL REISEN

Viele Pferde reisen nur, wenn sie es müssen. Am Ziel angekommen sollen sie abliefern, „performen“, doch steckt ihnen der Stress und das Adrenalin der Reise noch in den Knochen. Durch unsere Shows ist Reisen mit den Pferden für uns ein großes Thema. Sie müssen sicher, unkompliziert und entspannt beim Reisen sein. Die Reisen, die wir bislang zurückgelegt haben, waren oft sehr, sehr lang. Melle – Oman, Tallin, Oslo, Stockholm und zurück. Und da war alles dabei: Stopps zum Abladen und Pausenzeiten, Flüge und Fahrten auf Fähren. Dennoch ist ihnen nie

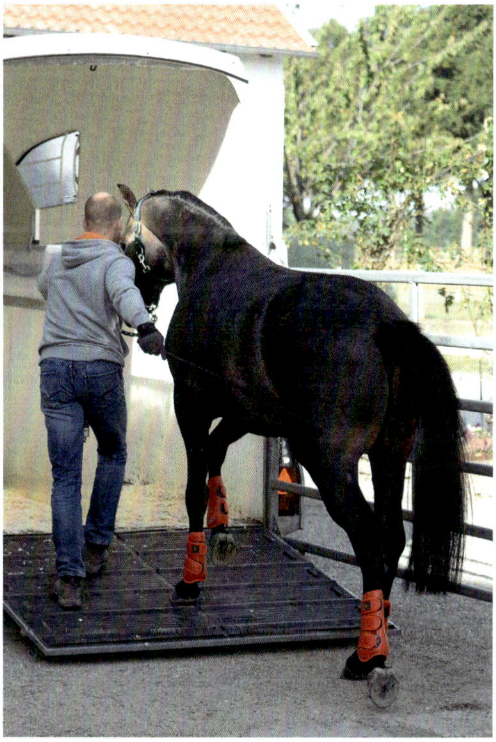

... kann das Pferd den erwünschten Weg gut finden.

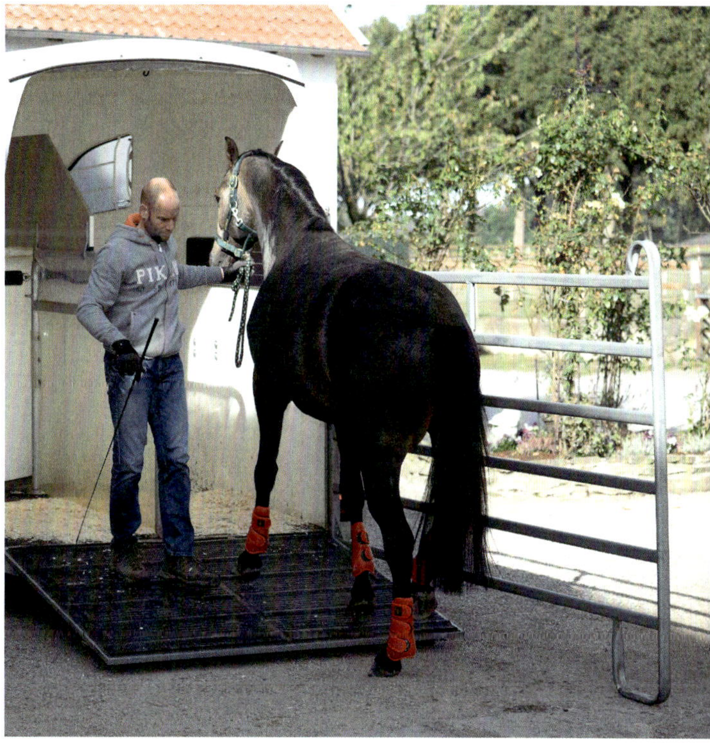

So wird das Auf- und Abladen sicher und stressfrei für alle!

die Lust vergangen. Mein ältestes Showpferd rennt von allein auf den LKW, wenn der offen auf dem Hof steht, und schaut dann runter, als wolle es sagen: „Geht's endlich wieder los?" Es ist ein Genuss, mit unseren Pferden zu reisen, denn sie machen mit und sind entspannt, wenn sie ankommen. Und das ist nicht gottgegeben, das haben wir gemacht. Denn wir schulen das Verladen sowie den Aufenthalt auf dem Transporter methodisch und systematisch.

RICHTIG ÜBEN

Und so gehen wir dabei vor: Wir richten den Anhänger einmal passend auf dem Hof ein und üben dann ein paar Tage nacheinander mit den jungen Pferden nur das Aufladen, Stillstehen und Abladen. Das ist effektiv und schnell gemacht. Zum Beispiel kann ich es beiläufig auf dem Weg zur Koppel schulen und es braucht kein extra Hilfspersonal.
Wichtig: Ich trenne also das Verladen vom Transportieren. Und hat ein Pferd erst gelernt, in den Anhänger zu gehen, ist der Transport meist kein Problem mehr.

Der Anhänger steht längs an einer Wand, die die eine Seite am Anhänger begrenzt. Auf der anderen Seite haben wir ein Verladegitter, an dessen Ende ein weiteres Verladegitter steht, das wir schließen können, sodass quasi ein Pferch entsteht.
Ich stelle mich mit dem Pferd in diesen Pferch und schließe in Ruhe das Gatter hinter mir.
Den Strick in der linken Hand, die Gerte in der rechten, stehe ich links vom Pferd auf der Rampe, so, dass der rechte Stellplatz ganz leer ist. Wir stellen die Trennwand nicht breit. Das ist gar nicht nötig. Wir locken auch nicht mit Futter. Dafür aber investieren wir Zeit.
Das Pferd berechnet nun die Wege. Rechts von ihm ist das Gatter. Hinter ihm ist zu und links von ihm stehe ich – also auch zu. Aber vorn, da ist noch Platz. Und wenn ich nur einen Moment warte, wird es diesen Weg als eigene Idee entdecken und hineinwollen. Und auf dieses WOLLEN warte ich nicht nur, sondern unterstütze es eindeutig mit dem bereits erlernten „Und an".
Das Anlegen der Gerte ist dem Pferdchen bereits eine bekannte und respektierte Hilfe.

Meine Blickrichtung ist entscheidend und konzentriert sich auf den Weg, den der Vierbeiner wählen soll. Das Ganze führt dann schließlich dazu, dass es die eigene Idee des Pferdes wird, in den Hänger zu gehen.
Nun ist wichtig, dass das Pferd auch gern sofort wieder rausdarf, wenn es möchte. Ich sperre das Pferd nicht ein. Aber ich lasse nicht zu, dass es sich dreht, wenn es zurückgekommen ist. Ich dominiere also über die Richtung, in der es steht, halte es aber nicht an einem Ort fest.
Meist gehen sie bald wieder vor und parken ordentlich ein. Manchmal geht es ein paarmal vor und zurück. Das ist nicht schlimm. Sowie das Pferd oben ist, lobe ich und beginne die Schweifrübe zu kraulen. Ist das Einsteigen ohne Spannung möglich, dann nehme ich das hintere Gatter weg. Klappt das ohne Diskussion (meist nach fünf Minuten), nehme ich das Seitengatter weg und am Ende parke ich den Hänger um.
Nach zwei bis drei Tagen je zehn Minuten Training ist das Verladen absolut kein Thema mehr. Und: Es sitzt für den Rest des Lebens! Versprochen! Die Aktivierung reicht, damit das Pferd zuverlässig auf den Anhänger geht. Das System aus Binden, Begrenzen, Aktivieren (siehe Seite 29) hat mal wieder funktioniert. Und es war keine große Aufregung für das Pferd. Eine kluge Investition in meinen kleinen Freund, die uns stressfrei durchs Leben hilft.
Pferde müssen ins Handgepäck passen und schnell lernen, den Menschen zu begleiten. Das gehört zu unserem mobilen Lebensstil dazu und kann so gestaltet werden, dass es den Pferden sogar Freude macht.

IM SCHWIMMTEICH

Auf dieselbe Art schule ich die Pferde an unserem Schwimmteich. Für uns ist es ein Genuss, die Pferde im Sommer im Pferdeschwimmteich baden zu lassen und auch im Winter können sie nach der Arbeit hier ihre Beine kühlen. Damit sie willig und ohne Stress den Weg hineinfinden, bereiten wir den Set wieder so vor, dass sie nach ihren geometrischen Berechnungen, die Pferde nun mal anstellen, nur einen Weg wählen können: den in den Teich.

01

02

Wir haben einen Trichter gebaut, der hinten geschlossen werden kann. Stellt das Wasser für junge Pferde ein Hindernis dar, ist es klug, wenn sie den Weg hinein allein finden. Wir reiten oder bringen sie als Handpferd in den Trichter und machen hinten zu. Und nun lassen wir sie überlegen. Rechts zu, links zu, hinten zu. Vorn ist offen. Wenn man keinen Druck macht, dann sind sie neugierig und schnuppern am Wasser herum. Lässt man ihnen noch einmal 5 bis 15 Minuten Zeit, dann tapsen sie hinein, und wenig später gehen sie in das kühlende Nass, als hätten sie nie was anderes gemacht.

Erst das DAS, dann das WIE. Haben die Pferde verstanden, dass das Wasser nichts Schlimmes ist, dann können wir die Gatter weglassen und sie ziehen von selbst hinein. Es ist so einfach, es geht so schnell und ist so nachhaltig. Und noch etwas: Es macht so viel Spaß, und zwar allen Beteiligten. Manchen Pferden wünschte ich, dass sie für ihre Menschen ein bisschen mehr Hund wären und man ihnen mehr die Welt erklärte. Und manchen Hunden wünschte ich, dass sie ein bisschen mehr Pferd wären und man sie ab und an mal auf die Koppel ließe zum Wachsen.

IN KÜRZE

- **Basteln Sie bei Verladeproblemen ein gutes Setting, das verletzungssicher ist und dem Pferd keinen Ausweg lässt als den richtigen: nämlich auf den Anhänger.**
- **Begleiten Sie das Pferd dabei, nutzen Sie das bisher Gelernte und geben Sie ihm genügend Zeit nachzudenken und vor allem selbst zu entscheiden.**
- **Sperren Sie es nicht sofort ein; es muss wieder hinausdürfen, wenn es möchte.**
- **Trennen Sie beim Erlernen das Verladen vom Transportieren – bearbeiten Sie erst nur eine Baustelle.**

03

01 Binden, Begrenzen, Aktivieren ist die Zauberformel, mit der Pferde jeden Weg für sich entdecken.

02 Es ist das Ziel der HarmoniLogie®, entspannt Reizlagen zu erarbeiten.

03 So entsteht echte Freundschaft mit sechs Füßen.

DAS TRAINING AM BODEN

— *Gymnastik, Spur und Vertrauen*

LONGENARBEIT

Endlich beginnt der Teil der Arbeit, der Schwung in das Pferd bringt. Hole ich ein junges Pferd aus dem Stall und beginne zu arbeiten, dann gibt es ein paar Dinge, die sein müssen, und einige, die nicht sein dürfen. Egal wie viel Bewegungsdrang in meinem Schüler steckt: Er darf weder losstürmen noch losbuckeln. Das kann er auf der Koppel oder im Paddock machen. Ich empfinde es als ungesund und unnötig für beide Seiten und es ist ein Kontrollverlust, den ich auch an keiner anderen Stelle in der Ausbildung dulde.
Sind junge Pferde unter Spannung, ist es sinnvoll, sie etwas länger zu führen und häufiges Ausweichen und Folgen sowie das Wenden abzufragen. Damit kommen sie leicht und geregelt in die Spur. Dann beginne ich, die Longe immer etwas länger zu lassen, sodass sie das Führen mit etwas Distanz absolvieren. Ebenso wende ich die Pferde von vornherein an der Longe und gestalte ihre Bewegungen so, dass ich immer still über Raum und Zeit dominiere.
Die Longe ist für einige Ausbildungsaspekte gut und hilft, Spur und Gymnastik unter einen Hut zu bekommen. Mit Hilfe der Longe können wir Menschen das System Binden, Begrenzen, Aktivieren sehr genau arbeiten und den jungen Schüler extrem gut auf das Anreiten vorbereiten. Hier kann sich ein Pferd damit auseinandersetzen, dass wir die Tür nach außen verschließen können, ihm aber den Weg nach vorn stets offen lassen.
Mit der Arbeit an der Longe können wir den Dialog schulen und bereits die geometrischen Laufmuster für die spätere Freiarbeit lehren. Gleichzeitig dient die Longe dazu, das Pferd exakt und individuell auf das Reiten vorzubereiten. Themen wie Anlehnung, Stellung, Biegung,die Gangarten sowie der Grad der Versammlung können sorgsam entwickelt werden.
Aber die Arbeit an der Longe hat auch Grenzen. Man sollte die Belastung der unteren Gelenke bedenken, denn die enge Drehung kann auch schädlich sein.

DIE AUSRÜSTUNG

Die Ausrüstung der Pferde an der Longe hängt vom Ausbildungsstand und Temperament des vierbeinigen Schülers ab. Ob an einem korrekt verschnallten Halfter, mit oder ohne Kinnkette oder auf Trense oder auch Trensen-Kappzaum-Kombination longiert wird, entscheidet man von Pferd zu Pferd. Ich beginne stets am Halfter.

Die Longenarbeit gibt uns eine großartige Möglichkeit, den Dialog mit dem Pferd zu vertiefen.

Sie dient dem logischen Aufbau der Ausbildung und bereitet auf alles Weitere vor.

Erst wenn hier das Führen und die Bewegung auf der Kreislinie an der Longe verstanden wurden, gewöhne ich die Pferde an die Trense, über der sie ein Halfter tragen. Erst danach lernt das Pferd die Möglichkeit, auch auf dem Gebiss longiert zu werden. Ist das akzeptiert, gewöhne ich es an die Anlehnung über ein lang geschnalltes Chambon. Die Ausrüstung des Longenführers sollte ebenso gut gewählt sein. Feste stabile Schuhe, gute Handschuhe und kein Handy dabeizuhaben, sind die Grundvoraussetzungen. Die Zeit mit dem Pferd gehört dem Pferd und dem Dialog im Jetzt.
Es wirkt gern wie stures Zentrifugieren, wenn die Menschen die Pferde um sich herumsausen lassen und dabei das Handy am Ohr haben.
Ob Sie eine lange oder kurze Peitsche wählen, hängt auch von Ihrem vierbeinigen Kollegen ab. Manchmal reichen kurze Fahrpeitschen aus und sind viel praktischer. Das Pferd soll ohnehin schnell lernen, auf die akustischen Signale zu reagieren, und die Hilfe nur als letzte Instanz benötigen.

IN KÜRZE

- **Bei der Arbeit wird weder losgestürmt noch gebuckelt – und das gilt auch für junge Pferde!**
- **Die Ausrüstung von Pferd und Longenführer richtet sich nach dem Ausbildungsstand und dem Temperament des Pferdes.**
- **Die Arbeit an der Longe hilft, Spur und Gymnastik unter einen Hut zu bekommen.**
- **Longieren kann grundlegende Themen bearbeiten und ein Pferd auf das Reiten vorbereiten. Es muss aber dosiert eingesetzt werden, um die Gelenke nicht zu schädigen.**

DAS KOMMUNIKATIVE LONGIEREN

Aus dem Führen entwickeln wir mit den jungen Pferden zuerst das kommunikative Longieren. Hier ist der Mensch eine **bewegliche** Mitte, denn es geht nicht wie beim klassischen Longieren um die klare Gymnastizierung und die Symbiose aus treibenden und verhaltenden Hilfen. Hier geht es um das gute Zuhören, den feinen Dialog, die Freude an der gemeinsamen Bewegung und darum, spielerisch Türen zu öffnen und zu schließen.

Im kommunikativen Longieren dient die Gerte dem Treiben und dem Wenden.

Die Longe wird recht kurz genommen und in der hinteren/inneren Hand getragen. In der vorderen/äußeren Hand hat der Trainer seine Peitsche, die er zum Treiben diagonal unter der Longe hindurch auf die Kruppe richtet und zum Bremsen oder auch Wenden vor das Pferd halten kann.

SO GEHT'S

Aus dem Führen heraus lasse ich die Longe beiläufig etwas länger werden und bleibe mit meinem Pferd in der Nähe einer Ecke und Bande. Ich sage: „Und an", und treibe meinen Kollegen etwas von mir weg, indem ich die Peitsche auf seine Schulter richte. Der Mensch kann und soll sogar auf der Höhe der Schulter des Pferdes etwas mitlaufen. Dann kann man die Longe auch mal kürzer nehmen und recht häufig gerade Linien mit einbauen, sodass die Bewegung nicht allzu viel auf der Kreislinie stattfindet.
Damit das Pferd gleichermaßen auf der rechten wie der linken Hand gymnastiziert wird, beginne ich sehr früh mit dem Wenden. Das kennt das Pferd bereits aus dem Führtraining und es wird nicht überrascht sein, wenn wir es nun an der Longe ebenso abfragen. Nach ein bis zwei Runden schon kürze ich den Weg vor dem Pferd zur Bande ab und halte die Peitsche waagerecht vor das Pferd Richtung Bande. Hier ist es hilfreich, die Longe recht kurz zu haben, sie darf auf keinen Fall auf den Boden kommen. Das Signal „Und wenden" sage ich leise und ruhig. Ich mache zwar

Durch ein Verschließen der Türen können wir dem Pferd Spur geben.

die Tür vor dem Pferd zu, will es aber keinesfalls bedrohen. Und nun warte ich und beobachte, wie mein Pferd die Route neu berechnet. Es dauert meist nur ein paar kleine Sekunden, bis das Pferd in die Richtung schaut, in die ich blicke, nämlich in die neue. In Ruhe tritt es vorwärts-seitwärts in die neue Laufrichtung, und sogleich beginne ich wieder damit, das Pferd auf den Abstand zu bringen, den wir für gutes Longieren brauchen.
Es ist nicht schlimm, wenn mein Kumpel mal etwas antrabt, das kann ich über das nächste Wenden wieder beruhigen. Schritt wird anfangs für alle Beteiligten die beste Gangart sein, denn die Menschen müssen auch immer erst ein wenig die motorischen Abläufe verinnerlichen. Der Weg zur Bande wird für den Zweibeiner von Mal zu Mal kürzer, denn das Pferd lernt sehr schnell zu respektieren, dass der Mensch die Tür vorn jederzeit verschließen kann. Klappt das Wenden im Schritt, ohne dass ich zur Bande sausen muss, beginne ich auch schon damit, das Pferd traben und später galoppieren zu lassen. Recht bald kann ich die Longe etwas länger lassen und die gesamte Halle nutzen.

VERTRAUEN UND FREUDE

Wir arbeiten dann mit Stangen und Cavalettis. Dieses Training macht beiden Freude, denn es verknüpft Vertrauen und Spaß mit Bewegung. Sie können Ihr Pferd ansprechen, es loslaufen lassen, umdrehen, die Gangarten schulen und es im Dialog mit Ihnen immer besser kennenlernen. Sie werden sehen, wie gut es Ihnen zuhört, und sich freuen, wie gut es rechnen kann. Denn letztlich üben wir hier nichts anderes als Kreise, Radien, Winkel und Tangenten.
Sind Longiergurt, Sattel, Gamaschen, Trense und auch das Ausbinden erklärt, können Sie das Pferd auch ausgebunden so ansprechen und mit dem kommunikativen Longieren die Achtsamkeit und das gute Zuhören vor dem Reiten schulen.
Ich persönlich finde das Longieren auch prima, wenn ich einen Kandidaten habe, der so gar nicht an irgendetwas vorbeiwill. Ich wende ihn dann immer nach dem Reiz und lasse ihn drei-, viermal in den Reiz laufen, bis er auf beiden Händen respektiert, dass sich gutes Zuhören auch in Reizlage lohnt. Es ist eine vielfältige Art, mit dem Pferd ins Gespräch zu kommen, die das Pferd sportlich, aber auch intellektuell da fordert, wo man es beim Reiten braucht. Zudem ist es die Vorbereitung für die Freiarbeit (siehe Seite 143).

IN KÜRZE

Das kommunikative Longieren verfolgt andere Ziele als das klassische. Hier stehen gutes Zuhören, der feine Dialog und die Freude an der gemeinsamen Bewegung im Mittelpunkt.

DAS KLASSISCHE LONGIEREN

Das klassische Longieren ist neben dem freien Longieren in der Longierhalle die beste Art, das Pferd als Vorbereitung für das Anreiten an die Anlehnung heranzuführen und zu gymnastizieren. Der Mensch, der immer genau auf derselben Stelle steht, die Longe exakt auf derselben Länge hält und mit der Peitsche die drei Punkte am Pferdeleib anspricht, erzeugt eine schöne Komposition aus treibenden und verhaltenden Hilfen.
Die drei Punkte sind die Kruppe für Vorwärts, die Schulter für die Biegung sowie das Einhalten der Linie und das Herantreten an die äußeren Hilfen. Halten wir die Peitsche nach vorn, können wir das Tempo beeinflussen. Über den Ausbinder kann das Pferd etwas gestellt und in die Haltung gebracht werden, die erwünscht ist: lang und tief

oder vielleicht auch einmal kurzzeitig aufwärts aufgerichtet. Mit der Hand kann der Mensch über Paraden die Losgelassenheit, aber auch schon verschiedene Versammlungsgrade ansprechen. Natürlich ist auch hier eine gelungene Kommunikation zwischen Mensch und Pferd notwendig. Die visuellen oder akustischen Signale, die wir dem Tier im kommunikativen Longieren beigebracht haben, helfen dem Team, schnell an Leichtigkeit und Schönheit zu gewinnen.
Das klassische Longieren sollte unbedingt fertig erarbeitet sein, ehe man an das Anreiten denkt. Auch hier macht Stangen- und Cavaletti-Arbeit sehr viel Sinn, fördern das Mitdenken, die Geschicklichkeit und das Gleichgewicht.

EFFEKTIVES AUFWÄRMEN

Zu gern beginne ich im Warm-up mit dem Führen, verweile dann ein paar Minuten im kommunikativen Longieren und ende klassisch gymnastizierend. Danach schule ich ein paar Lektionen am Boden, wie Kompliment und/oder Ablegen, und bereite bei etwas reiferen Pferden auch die halben Tritte vor.
Danach ist das Reiten immer und unter Garantie ein Genuss. Das Pferd wird so spielerisch an das System Binden, Begrenzen und Aktivieren herangeführt, es hat etliche Fragen beantworten müssen und ich konnte sein inneres Lernmuster gut studieren. Wir haben Türen geöffnet und verschlossen und haben Dehn- und Streckübungen gemacht. Und wenn ich all die Hochleistungssportler unter uns Zweibeinern anschaue, dann ist das Warm-up vielfach aufwändiger als der Sport an sich.
Das Warm-up ist vielseitig und enthält neben Abwechslung auch etliche Übungen, um verschiedene Körperregionen gezielt anzusprechen. Ich weiß, dass unter wirtschaftlichen Aspekten der Faktor „Zeit“ der Teufel im Genick der Reiter ist, aber die Nachhaltigkeit des Trainings, die Logik des Aufbaus und die Motivation des Sportpartners sind wichtige Aspekte, um die Pferde schonend auf den gemeinsamen Sport vorzubereiten und frisch im Geist zu halten. Es ist eine Investition, die sich lohnt.

IN KÜRZE

- **Beim klassischen Longieren erarbeiten wir die Anlehnung, sprechen die Losgelassenheit und verschiedene Versammlungsgrade an und gymnastizieren das Pferd.**
- **Eingebaut in das Warm-up bereitet es dem Team den Boden für ein genussvolles Reittraining.**

Mit dem klassischen Longieren kann man die Gymnastizierung individuell fördern.

Sich verbindlich füreinander zu entscheiden, ist der Weg in eine echte Partnerschaft. So wird aus dem Pferd ein Gefährte.

DIE FREIARBEIT

Er hieß Fernando, und wenn er mich in Reitsachen zur Weide kommen sah, dann lief er weg. Es traf mich immer besonders, wenn er, ein wunderbarer Schimmel, sich dann noch die Frechheit herausnahm, sich am anderen Ende der Weide tüchtig im Schlamm zu walzen. Na, ein Kompliment war es jedenfalls nicht, und es regte auch tiefer greifende Gedanken in mir an. Klar kämpfte ich damit, das persönlich zu nehmen, natürlich half es meinen Zweifeln an meinen reiterlichen Fähigkeiten, auf nahrhaften Boden zu fallen. Aber noch tiefer griffen meine Gedanken, die ja nun gelernt hatten, sich zu Ende zu denken. War es nicht auch ein wenig ein ethisches Problem, das recht archaisch in meinem Inneren aufschrie? Darf ich das überhaupt? Darf ich ein anderes Wesen zu etwas zwingen und über seinen Körper bestimmen? In der Arbeit mit den Hunden traf ich immer auf Kumpel, die schwanzwedelnd zu mir stürmten und begeistert waren von dem, was auf dem Plan stand. Und Fernando lief konsequent weg, wenn er zu erahnen schien, was als Nächstes kommen sollte.

Es verging einige Zeit, bis mir ein neuer Gedanke kam, der das Geschehene in einem anderen Licht erscheinen ließ. Vielleicht tat Fernando das alles nur, weil er es konnte, weil er die Möglichkeiten dazu hatte. Er meinte womöglich gar nicht mich persönlich. Vielleicht fehlte ihm auch ein wenig die Spur, die Lust, die Motivation zu arbeiten. Vielleicht war es an der Zeit, etwas am System zu verändern.

Mich beschlich das Gefühl, dass sein Verhalten frech war. Er dominierte über Raum und Zeit, machte von seinen Möglichkeiten Gebrauch. Ich war vielleicht einem Irrtum aufgesessen … Und der Apfel, mit dem ich ihn dann lockte, sah er den womöglich als Lohn für seine Kasperei? Na prima. Also machte ich mich auf den Weg zu lernen, suchte und fand meine Meister. „Das Pferd läuft dem Cowboy nicht für eine Möhre nach“, sagte ein lieber Freund, der damit wieder einen Gedanken in meinen Kopf pflanzte, der mich lange Zeit begleitete. Er führte zu einem weitaus tieferen Verständnis für die Struktur und das Wesen des Pferdes.

Mit echten Freunden unterwegs. Schöner geht es nicht!

DER WEG IN DIE ZWANGLOSE PARTNERSCHAFT

Bei den Hunden war es mir so klar, dass sie folgten, weil ich sie begrenzte, führte und würdigte. Wir waren immer schon ein Clan. Bei den Pferden war der Weg in die Freiarbeit 1995 noch etwas Neues. Schnell erkannte ich die Möglichkeiten und den Wert darin, ein Tier so zu schulen, dass es den Menschen gern und frei begleitet. Erkannt habe ich auch, dass sich das Wort FREI zunächst auf das Ausbleiben der materiellen Anbindung bezieht – es sich quasi um eine erlernte Freiheit oder auch einen übergeordneten Gehorsam handelt.
Ich habe erlebt und erlebe es auch heute noch, dass es Tiere gibt, die so ihrer geistigen Freiheit beraubt werden, dass sie wie ausgestopft, fast wie Soldaten, neben ihren Menschen herlaufen. Das habe ich bei meinen Hunden immer anders hinbekommen. Sie waren stets frei im Kopf und dennoch innerlich dem Clan angeschlossen, eben immer online und bereit. Meine Hunde wirken wie lachende Hunde, die wedeln und rumhopsen und eine feste Anbindung an mich haben. Trotzdem sind sie an ihrer Umwelt interessiert. Man kann es auch schlicht so formulieren: Sie hören immer, gehorchen mir aber vielleicht nicht immer. So wollte ich es bei den Pferden auch haben. Es ist die Freiheit, die ich meine, die das Tier lebendig und interessiert an der Umwelt sein lässt, die es groß und schön macht und ihm erlaubt, all seine Funktionskreise zu bedienen. Bei dieser Art zu schulen soll ein Pferd herauskommen, das in der Partnerschaft mit seinem Menschen voller Witz und Komplimente ist, losgelassen angeschlossen. Bei den Hunden dürfen Sie sich das so vorstellen, dass das Interesse an der Umwelt, anderen Tieren, Menschen, anderen Hunden immer erlaubt ist, aber in jeder Sekunde steuerbar sein muss. Einzig durch das Nennen des Namens schenken sie mir sofort und unmittelbar ihre volle Aufmerksamkeit.
Nach Fernando habe ich viele Pferde ausgebildet und kann mit Stolz sagen, dass sie angelaufen kommen, wenn ich in Reitsachen am Weidetor erscheine. Das sind Komplimente, die die Pferde mir machen, für den Weg, den ich gegangen bin, für ein System, das ihnen hilft, mit dem Menschen eine echte Partnerschaft einzugehen.
Es geht in der Freiarbeit primär nicht darum, schnell den Strick zu lösen. Denn bevor das geschieht, lernen das Pferd und ich Lesen, Laufen, Rechnen und Zuhören. Geschult nach dem Prinzip Binden, Begrenzen und Aktivieren erarbeiten wir uns die vier Säulen: Ansprechbarkeit, Störbarkeit und Lobbarkeit ebenso wie Abgrenzbarkeit. Wir überprüfen die drei Aspekte der Antwort und beginnen mit der stillen Dominanz der räumlichen Organisation der körperlichen Sprache. Währenddessen sortieren wir die Signale in ein logisches System auf der Basis des kleinsten gemeinsamen Nenners. Und dann betreiben wir soziale Fellpflege, haben Schmutz unter den Fingernägeln und einen Link zum Lachmuskel des Pferdes gelegt. Wir nennen das Pferd beim Namen, lassen es folgen und weichen. Und erst JETZT lösen wir den Strick.
Wenn Sie dieser Navigation folgen, führt die Route Sie unweigerlich zu dem Pferd, das auch Ihnen Komplimente macht. Dass es Ihnen bald auch überallhin frei folgt, ist ein Nebenprodukt, das Ihr Leben mit Freude und echtem Glück bereichert.

DIE BINDUNG FESTIGEN

Beginnen Sie mit dem Führen am Halfter. Während Sie das Losgehen und Anhalten fein und höflich auf dem Hufschlag arbeiten, legen Sie immer wieder Lobpausen ein. Die nächsten Schritte sind das Hin und Her, also das Ausweichen und Anschließen. Immer, wenn Sie das Pferd wieder anschließen lassen, rufen Sie es beim Namen. Hat es Sie räumlich erreicht, kraulen Sie es und schaffen eine Komfortzone. Lassen Sie ruhig zu, dass es sich für Außenreize interessiert, und nutzen Sie diese Momente, um mit dem Namen die Ansprechbarkeit zu festigen. Achten Sie darauf, dass der Führstrick immer locker durchhängt und überhaupt keine Funktion mehr hat.
Nun beginnen Sie mit dem aktiven Wenden.
Wenn das alles leicht ist, dann legen Sie den Führstrick auf den Hals des Pferdes. Sie bleiben in derselben Position und arbeiten dieselben Bewegungsmuster an demselben Ort nach. Fühlen Sie sich sicher, lösen Sie sich von der Bande und gehen auf den zweiten oder dritten Hufschlag. Arbeiten Sie langsam. Das ist extrem wichtig, und überprüfen Sie bitte sehr ehrlich, ob das Pferd Sie begleitet oder Sie heimlich anfangen, das Pferd zu begleiten. Das Pferd muss in Ihre Spur. Punkt. Beginnt es still, Raum und Zeit zu dominieren, dann wenden Sie es und lassen es wieder weichen und folgen. Ist es wieder in Ihrer Spur, schaffen Sie Komfortzonen. Nach wenigen Tagen kurzen Trainings können Sie beginnen, sich auch einmal hinter das Pferd zu stellen. Den Führstrick als Kindersicherung über den Rücken auf die Kruppe gelegt, rufen Sie Ihr Pferd leise beim Namen und stellen sich seitlich so, dass das Pferd sofort erkennen kann, an welche Schulter es kommen soll.
In der gegenüberliegenden Hand tragen Sie die Gerte (eine kurze Dressurgerte reicht aus), die immer neutral nach unten hängt. Dieser Moment, wenn das Pferd sich wendet und sich freiwillig neben Sie stellt, hat schon so manches Pferdemenschenherz zum Beben gebracht.

DIE ZONEN ERKENNEN

Nun werden Sie die beiden Zonen, die Aktivierungszone und die Bedrohungszone, um Ihr Pferd gut erkennen können.
Stellen Sie sich hinter Ihrem Pferd in den toten Winkel. Schauen Sie rechts an ihm vorbei. Ihr Pferd wird den Kopf nach rechts wenden, um Sie visuell zu erfassen. Schauen Sie links an ihm vorbei, wendet es den Kopf nach links. Sie sind innerhalb der Aktivierungszone.

Die Kombination aus Freiarbeit und gutem Reiten bringt Glück für alle.

DIE ZONEN AUSTESTEN

Sagen Sie zu Ihrem vierbeinigen Freund: „Und halt", und beginnen Sie, im Kreis um ihn herumzugehen. Testen Sie, wie weit Sie den Radius vergrößern können und noch Kontakt haben. Sie werden erkennen, dass mit zunehmender Bindung die Aktivierungszone wächst. Zugegeben braucht es ein wenig Training, bis die Aktivierungszone die Größe einer Halle oder gar einer Weide erreicht hat, sodass das Pferd auch auf große Distanz sofort reagiert und zu Ihnen kommt, wenn Sie es ansprechen. Je vertrauter Sie miteinander sind, umso geringer ist die Abwehrzone. Auch dieser Zusammenhang ist entscheidend.

FORTSCHRITTE

Denken Sie zurück. Als Sie mit dem Training begonnen haben, standen Sie neben Trude und sie hat nicht auf Sie reagiert. Nun sind Sie 20 Meter weg und sagen den Namen, und Ihr Pferd wendet sofort in Ihre Richtung und sucht Ihre Nähe.
Zu Beginn hat Trude noch mit Schweif und Kopf geschlagen, wenn Sie in ihrer Nähe waren. Heute können Sie die Schweifrübe auskraulen und damit einen Oxytocinschub auslösen.
Reiten Sie viel und fleißig, treiben Sie Sport mit Ihrem Pferd. Wenn Sie fertig sind, nehmen Sie das Lederzeug runter und laufen gemeinsam frei Seite an Seite durch die Bahn. Traben Sie die Hufschlagfiguren ab, spielen Sie, wenden Sie Ihr Pferd. Bindungsrituale als Dank für sportliche Leistung – das kostet nicht mehr als ein gutes Konzept und täglich 5 Minuten Lebenszeit.

DAS PFERD GEHT OHNE SIE

Und nun ist es doch passiert: Ihr Pferd haut Ihnen ab. Nicht schlimm, solange Sie in einer fest eingezäunten Bahn sind. Jetzt kommt der absolut entscheidende Moment, denn es ist die Absicherung der Freiarbeit. Lassen Sie das Tier ruhig loslaufen, aber orientieren Sie sich dorthin, wohin es laufen will. Sausen Sie los, nehmen Sie die Gerte in die vordere Hand und sagen immer wieder das Störsignal: „Nein, nein, nein." Sagen Sie es ruhig und beständig. Beschäftigen Sie sich lieber mit Laufen als mit Fluchen, denn nur so schaffen Sie es, den Kreislauf von Binden, Begrenzen, Aktivieren wieder zu schließen.
Sie müssen wie beim kommunikativen Longieren immer wieder die Türen schließen, durch die das Pferd entweichen will, und dann müssen Sie es wenden. Da es das bereits beim Führen und kommunikativen Longieren gelernt hat, sollte es mit dem Gesicht nach innen wenden und Ihnen nicht das Hinterteil zudrehen. Das Zuwenden ist aus dem Funktionskreis Angebot, das Wegdrehen gehört in den Bereich der Abwehr.
Nun ist es wichtig, dass Sie nicht zum Pferd laufen, sondern den Abstand genau einhalten. Wie auf Schienen versuchen Sie, die Tür vor dem Pferd zu schließen, bis es sich dreht, und dann wiederholen Sie das möglicherweise wieder und wieder. Jedes Mal, wenn Ihr Pferd Sie anschaut und Kontakt zu Ihnen sucht, halten Sie inne und sagen ruhig (meist unter entsetzlichem Schnaufen) seinen Namen und geben Ihrem frechen Freund die Möglichkeit, zu Ihnen zu kommen. Manch einer nutzt das, manch einer nicht. Das ist nicht schlimm.
Das Pferd testet Ihre Rechenkünste. So dürfen Sie das verstehen. Mehr ist nicht dahinter, und das ist notwendig, damit das Pferd weiß, dass Sie es führen können, dass Sie Führungsqualitäten haben. Wie bei den Wildgänsen, bei denen auch jedes Tier die Route kennen sollte, um die Schar führen zu können.

GRÜNE MENSCHEN UND ROTE ZONEN

Betrachte ich meine eigene Arbeit rückblickend sowie den Unterricht mit meinen Schülern, hat immer nur eines gefruchtet und wirklich zum Erfolg geführt: Ruhe. Ruhig und freundlich, integrativ, aber dominant, so kann man ein Tier überzeugen. Jede Form von Frust, Spannung, Ärger oder Hilflosigkeit führt zu einer für das Tier unüberwindbaren Distanz. Ich nenne es die grünen Menschen und die roten Zonen.
Der Mensch muss wie eine grüne Glucke das Nest und die Komfortzone darstellen, zugleich aber in der Lage sein, das Verlassen der Komfortzone als roten Bereich zu markieren. In der Freiarbeit lernen Menschen unglaublich viel über sich selbst und ihre Form der Dialogführung. Denn ein herrisches Zerren am Strick und körperliche Einwirkungen sind dann nicht mehr möglich.
Nun kommt es tatsächlich darauf an, führen zu

Der Weg lohnt sich, wenn am Ziel der Ausbildung „ziemlich beste Freunde" warten.

können, einen Plan vom Hier und Jetzt zu haben. Es ist die Freiarbeit, in der der Mensch in einer Position ist, aus der er das, was er unter dem Sattel fühlt, nun mit eigenen Augen sehen kann. Im besten Fall ist das die ganze Pracht und Schönheit dieser wunderbaren Kreatur Pferd.

Sie lernen die geometrischen Laufmuster des Dialogs kennen, kluge Winkel zu laufen und die Zonen der Abwehr und Aktivierung leiblich zu spüren. Sie errechnen den Radius und verstehen, wann es gut ist, im rechten Winkel die Distanz zum Pferd zu vergrößern, und wann es gut wäre, über einen 45-Grad-Radius erhaltend zu flankieren. Genauso, wie meine Border Collies das mit den Schafen tun.

Arbeiten die Border Collies für das Vieh korrekt, dann warten die Schafe auf den Hund und lassen sich ohne Probleme führen. In diesem Fall wären Sie der Border Collie und Ihr Pferd die Herde Schafe. Da es immer dieselben geometrischen Muster sind, können wir sie nun auch ohne Fuhrstrick bedienen und den leiblichen Dialog mit dem Pferd eingehen.

An dieser Stelle der Ausbildung wird noch einmal sehr deutlich, dass Sie, wenn Sie Nähe zu Ihrem Pferd wünschen, nicht zu ihm gehen dürfen, und wenn Sie Distanz wünschen, nicht weggehen sollten. Im Spiel mit Nähe und Distanz erkennen Sie genau, wie Sie das Verhalten Ihres Pferdes verändern können, bis es sich dazu entscheidet, zu Ihnen zu kommen.

Dieser Blick, den die Pferde uns schenken, wenn sie uns signalisieren, dass sie mit uns sprechen wollen, ist einzigartig. Vielleicht sogar das Einzigartigste am ganzen Pferd. Denn es ist voller Würde und Lebensfreude, es schenkt uns Respekt und Vertrauen und es lädt uns zu einer Freundschaft der besonderen Art ein.

Wenn das Pferd bereit ist, uns zu folgen, schaut es mit nach vorn gerichteten Ohren, wachen Augen und einer freundlichen Körperspannung direkt in den Menschen hinein. Dann entscheidet es sich, der Einladung seines Menschen zu folgen, und kommt direkt und gerade auf ihn zugelaufen. Unaufdringlich angeschlossen steht es nun da und ist bereit, sich führen zu lassen.

Ja, der Strick ist ab, aber das Band, das nun gesponnen wird, kann dicker und stabiler sein als jeder Strick.

IN KÜRZE

- **In der Freiarbeit zeigt sich, wie groß das Vertrauen des Pferdes zum Menschen ist.**
- **Ist das unsichtbare Band noch nicht stark genug, wird es sich lieber auf seine Instinkte und sich selbst verlassen als auf uns. Und das ist sein gutes Recht.**
- **Erarbeiten Sie sich das Vertrauen des Pferdes durch gründliche Basisarbeit, Ruhe und Geduld, schaffen Sie Komfortzonen und dominieren Sie die Situation durch geschickte Laufwege. Dann klappt's auch mit der Freiarbeit.**

LEKTIONEN IM SINNE DES ANGEBOTS ODER DER ABWEHR

Sie kennen es: Es gibt angenehme Fragen und eher unangenehme. Stellen Sie letztere, wissen Sie schon vorher, dass Sie mit Abwehr rechnen können. Schaffen Sie es aber, so zu fragen, dass Sie auf eine unangenehme Frage eine angenehme Antwort bekommen, dann haben Sie vieles richtig gemacht. Und genauso verhält es sich mit den Fragen/Lektionen im Sinne der Abwehr und des Angebots. Sie betreten mit Schulungen in diesem Bereich Funktionskreise, die ein reflexartiges Abwehrverhalten kultivieren oder ein Angebotsverhalten modellieren.
Jede Lektion, die Sie mit einem Pferd erarbeiten, braucht einen Ein- und Ausschalter. Sie müssen Ihr Pferd immer in beide Richtungen steuern und genau bestimmen können, wann und wo die Lektionen wie gezeigt werden (sollen).

WAS PASST FÜR IHR PFERD?

Grundsätzlich sollte man mit einem Pferd die Dinge machen, zu denen es Talent und einen inneren Antrieb hat. In der HarmoniLogie® zwingen wir die Tiere nicht in eine Form und locken sie auch nicht. Wir helfen ihnen, den Weg selbst zu finden. Sagen wir, wir überzeugen die Tiere. Genau wie beim gelungenen Reiten wollen wir das Tier dazu bringen, in einer gesunden Selbsthaltung aus eigenem Antrieb Bewegungsmuster zu zeigen. Bei uns geht es nicht um Effekthascherei, sondern um Gymnastik für Geist und Körper, um Spur und die Schule zum klugen Pferd. Dass ich am Ende mit diesen Lektionen noch viel mehr erreichen kann, zum Beispiel Gebote aussprechen kann statt Verbote erlassen zu müssen, zum Beispiel einen gelungenen Wechsel von Anspannung und Entspannung, zum Beispiel Höflichkeit als oberste Disziplin, sind sehr angenehme Nebenprodukte.

PARTNER

Der größte Gewinn für mich persönlich ist immer, dass ich die Tiere, die an meiner Seite stehen, durch diese Arbeit in- und auswendig kenne. Ich kenne ihre Funktionskreise, ihren Charakter und kann ihnen sehr schnell helfen, Situationen friedschaffend und gut zu lösen, um in absoluter Entspannung zu leben. Für meine Shows brauche ich Pferde, die mitarbeiten und die den anderen Tieren nicht durch unnötige Spannungsfelder Probleme bereiten. Es darf auch bei höchsten Anforderungen an die Pferde kein Stress aufkommen, denn sonst würde das gesamte System mit dieser Vielzahl an Geistern, die in unserem Programm mitwirken, nicht funktionieren.
Ob Sie es glauben oder nicht, aber eine Ente ist nicht blöd. Die geht nicht unter einem Pferd durch, das Spannungsfelder hat. Auch eine Ziege zieht es eigentlich vor, an einem liegenden Pferd vorbeizulaufen und nicht drüberzuspringen, wenn es aufzustehen droht. Die hochsensiblen Border Collies wären erst gar nicht bereit, so gut zu arbeiten, wenn Stress an Bord wäre. Wenn man sich das alles klarmacht, merkt man schnell, dass echtes Teamwork nur funktioniert, wenn die Tiere wirklich im Team mitarbeiten. Auch im Sport ist ein Pferd nur bereit, in egal welchem Ambiente Höchstleistung zu bringen, wenn es seinem Menschen gleichermaßen vertraut und ihn respektiert.
Es ist die Wirklichkeit der Meister, die immer wieder ein Scheuklappendenken zulässt. So findet der eine Mensch das Kompliment zu zirzensisch, während der andere es zum Dehnen und Lösen nutzt. Wieder ein findet es unnatürlich, dass das Pferd gelernt hat, sich abzulegen. Er hat aber kein Problem damit, dass es für ange Reisen auf dem LKW steht. Die Kunst ist es, immer wieder das Einverständnis des Tieres zu holen, für das, was der Mensch von ihm verlangt.

LEKTIONEN NACH MASS

Man kann am Pferd erlesen, ob es mit oder gegen den Menschen arbeitet. Es hilft uns, vor allem aber den Tieren, wenn wir nicht dogmatisch sind, sondern über den Tellerrand schauen und uns mit anderen Sichtweisen befassen.
Wir haben erkannt, dass fliegende Galoppwechsel von Sprung zu Sprung über 40 Meter in der Natur ebenso selten vorkommen wie das Überwinden von 1,60 Meter hohen Hindernissen. Allerdings legt sich das Fohlen am Tag seiner Geburt bereits das erste Mal ab, und dazu braucht es die Bewegungsabläufe des Kompliments und des Kniens. Beim Aufstehen benötigt es den Bewegungsablauf des Sitzens. Diese Abläufe sind demnach die natürlichsten überhaupt.
Ob ein Pferd nun über 30 Meter den Spanischen Schritt zeigen muss oder zig Mal nacheinander steigen soll, liegt im Ermessen der Menschen, die auch bereit wären, Serienwechsel und Traversalen zu zeigen oder über 1,70 Meter springen würden. Auch wir fordern von unseren Sportpferden ebenso wie in der Show eine absolut abrufbare Folge von Lektionen. Jede Lektion sollte dem Pferd dienen und nicht dem Menschen.

INDIVIDUELLE SCHULUNG

Es gibt etliche Bewegungsmuster, die alle irgendwelchen Funktionskreisen entspringen. Darum geht es in der HarmoniLogie®.
Sie können Ihr Pferd individuell schulen und sich einen Fahrplan zusammenstellen, der für Ihr Pferd, nein, für den Charakter und die körperlichen Möglichkeiten Ihres Pferdes perfekt passt. Es sollte auch zu Ihnen und Ihren Anforderungen passen. Denn Sie schulen ja Ihr Pferd und nicht das eines Ratgebers.
Unterscheiden wir zu Beginn zwischen Bewegungsmustern aus dem Bereich des Angebots, der Abwehr und des Drängens. Dies sind die Hauptverursacher für die Bewegungsbilder unserer Pferde. Die Funktionskreise Devot und Flucht sind üblicherweise nicht so erwünscht. Passivität im Sinne des gesunden Phlegmatismus wird benötigt, um Ruhe in die Lektionen zu bringen, und bedarf einiger Schulstunden, damit sie stets und auch in Reizlage abrufbar ist.

Widmen wir uns also hier dem Angebot und der Abwehr. Neugierde und Lernverhalten sind dem Funktionskreis Drängen/Bedrängen zuzuordnen, ebenso die Vorwärtsbewegung, die wir für die sportlichen Zwecke schon intensiv nutzen.
Bis zu einer inneren Reife sollten die Coaches ihren vierbeinigen Schüler ausschließlich Lektionen im Sinne des Drängens und des Angebots beibringen. Hierzu gehören alle Bewegungsmuster nach vorn und solche, die Nachgeben einfordern, so wie das Geben der Füße, das Senken des Kopfes, das Ausweichen, das konsequente Akzeptieren der verschlossenen Türen und auch Lektionen am Boden, wie etwa das Kompliment oder auch Ablegen, und viele mehr.

Gut geschult und gezielt und kontrolliert abrufbar, macht das Steigen beiden Spaß.

»Der Mensch ist die persönliche Erfolgsgarantie des Pferdes.«

DAS PFERD IM AKTIVEN ANGEBOT

Das Pferd im aktiven Angebot besticht durch seine Entspanntheit, seine Nachgiebigkeit und sein stets angenehmes Auftreten. Es ist nicht distanzlos, aufdringlich oder übergriffig. Genauso wenig ist es verspannt, verschreckt oder träge. Es respektiert die geschlossene Tür und macht sich sofort auf den Weg, die offene zu finden. Es hat gelernt, sich mit dem „Will to please" Türen zu öffnen.

Lektionen dieses Lernmusters beginnen beim Fohlen mit dem Geben der Füße, der Halfterführigkeit, dem Verladen, dem Ausweichen und Herumtreten am Putzplatz, dem Senken des Kopfes auf Berührung des Nackenbands. Dazu gehören Lektionen wie Führen, Longieren in der gesamten Bandbreite, Wenden, Schulen der Anlehnung, Kompliment, Ablegen, Flachlegen, Hinsetzen sowie die gesamte Freiarbeit, die eine Folge von gelungenem Drängen und aktiven Angeboten sein sollte.

Diese Lektionen sollten ebenso wie die reiterlichen Lektionen, die das Drängen und Weichen enthalten, geschult, abgefragt und geformt werden bis zur absoluten Reife eines Pferdes. Und die ist gewiss nicht vor dem 6. Lebensjahr zu erwarten. Denn bis dahin ist ein Pferd sehr im Wachstum – körperlich wie geistig und mental.

DIE ABWEHR SCHLAU GENUTZT

„Und hoch", sage ich leise, und das ganze Pferd steigt neben mir in die Höhe und verdunkelt die Sonne. So wirkt es. Es steigt herrlich gerade hoch und oben kann es sogar noch mit einem Bein nach vorn herausreichen, was es noch mächtiger wirken lässt. Das sieht riesig aus, und wenn man diese Lektion aus dem Sattel abfragt, fühlt es sich auch riesig an.

Das Steigen ist eine der natürlichen Bewegungen des Pferdes und meist ärgern wir uns, wenn es den Weg nach oben entdeckt, ohne vorher um Erlaubnis gefragt zu haben. Dann wird es als eine aktive Form der Abwehr gegen den Menschen und seine Anforderungen eingesetzt. Das Steigen als solches finden wir allerdings auch beim Spielen, und hier entspringt es dem Funktionskreis Drängen/Bedrängen. Hierhinein würde es auch gehören, wenn es im Kampf gegen einen Rivalen eingesetzt würde. Steigen allerdings mit Auskeilen der Vorderbeine dient dem Töten. Hier handelt es sich ebenso um die Karte Drängen/Bedrängen (siehe Seite 56), aber in aggressiver Form. Steigen ist also nicht immer Abwehr, sondern kann auch einfache Lust am Leben oder gar Angriff sein. Sitzt man auf einem solchen Tier, kommt man schnell in Not und weiß vielleicht gar nicht genau, aus welchem Funktionskreis die Idee stammt, gerade nun in die Luft zu gehen. Erkennt man es früh genug, kann man es abwenden und durch Vorwärtsreiten (Drängen) ersetzen. Vielleicht kann man sogar noch eine Lektion des Angebots, wie z. B. das Kompliment, abfragen und somit diesen Funktionskreis auf gutem Weg wieder verlassen.

Lektionen der Abwehr sind der spanische Schritt, also ein abwechselndes Austreten mit den Vorderbeinen, das sehr erhaben und stolz wirkt, wenn es gut geschult ist. Auch das Nein- und das Ja-Sagen und die Kapriole – gewiss die hohe Schule der Abwehr – gehören dazu. Sie werden sicherlich noch nie ein Pferd gesehen haben, das in der Kapriole die Ohren vorn trägt und ein entspanntes Gesicht hat.

Abwehrlektionen gehören weit nach hinten in der Ausbildung und sind den Angebotslektionen immer untergeordnet. In einer gelungenen Ausbildung werden die Lektionen später klug gemischt. So brauche ich für die Piaffe immer etwas mehr Grundspannung im Pferd. Diese kann ich durch ein Kompliment beruhigen und lösen. Habe ich das Steigen geschult, frage ich auch ein Ablegen ab, lege den Pferdekopf immer wieder in meinen Schoß und lasse das ganze Tier absolut zur Ruhe kommen. In den Lektionen können Sie die Signale der Pferde sehr gut erlesen.

Da jedes Pferd alle Funktionskreise hat, darf es auch den dazu gehörigen (Gesichts-)Ausdruck zeigen. Und der Kollege, der eben noch von oben runter gedroht hat, kann uns sogleich den Kopf auf die Schulter legen und genüsslich abschmatzen. Sie sind eben ehrlich, diese wunderbaren großen Freunde.

IN KÜRZE

- **Schulen Sie bis zum 6. Lebensjahr Lektionen aus den Funktionskreisen aktives Angebot und Drängen.**
- **Lektionen aus dem Bereich der Abwehr gehen Sie am besten erst mit körperlich und geistig reifen Pferden an.**
- **Fortgeschrittene Teams mischen die Lektionen klug, sodass z. B. auf Spannung Entspannung und Ruhe folgen.**

IMMER NUR EINE FRAGE

Es ist die große Begeisterung der Menschen, ihr Tier zu schulen, die manchmal das Tempo bestimmt. Da kommen sie in die Halle mit Pferden, die noch nicht auf ihren Namen reagieren, neben der Spur laufen, ihren Menschen rempeln, aber bereits vorn auskeilen können. Sie sind vielleicht wirklich stolz auf diesen Spanischen Schritt und bemerken oder bedenken gar nicht, dass sie Unordnung in die Lernmuster des Pferdes gebracht haben.

All das sind „Reparaturfälle", die deutlich länger brauchen, als wenn man sich von Anfang an Zeit genommen hätte, das geliebte Tier Schritt für Schritt aufzubauen. Lektionen, egal welche, sollten nie der persönlichen Profilierung dienen, sondern einzig und ausschließlich dem Pferd, dem Verständnis für den Körper, für die Sprache, für die Partnerschaft. Der Ehrgeiz der Menschen galoppiert den Pferden manchmal quer durch den Weg.

Die HarmoniLogie® schult die Tiere, Pferde wie Hunde, langsam und stet zu Mitarbeitern. Und egal, an welcher Stelle der Ausbildung Sie sich befinden, gilt absolut immer: Stellen Sie nur eine Frage und konzentrieren Sie sich so lange auf das Thema, bis das Tier eine Lösung hierzu gefunden hat und diese geregelt und selbstverständlich abliefern kann.

Beim Training mit einem jungen Pferd verändere ich deshalb immer nur eine Variable: Örtlichkeit, Tageszeit, Reizlage, Equipment. Denn nicht nur eine neue Lektion stellt neue Anforderungen an das Tier, sondern auch die veränderten Variablen. Neue Lektionen oder Lektionsfolgen sind auch

Gezielt schulen bedeutet, das Pferd als Ganzes im Blick zu haben.

veränderte Variablen – ein guter Trainer behält das im Blick. Ein Tier sollte sich mit jeder Veränderung auseinandersetzen können und somit die Möglichkeit bekommen, sein Einverständnis zu signalisieren, dass dieses Thema erledigt ist.
Ein Coach, der hier den Überblick behält, kann vermeiden, dass die Abwehr wächst wie ein rollender Schneeball. Sie erinnern sich an das Pferd, das den Kopf in die Ecke dreht, als der Mensch es aus der Box holen will; den Kopf hochnimmt, als das Halfter kommt; mit dem Schweif schlägt, als es auf die Stallgasse geführt wird; wegtritt, als der Sattel kommt, die Zähne aufeinanderbeißt, wenn das Gebiss kommt und so weiter.
Der Schneeball kann dicker und dicker werden, wenn man nicht aufpasst. Durch das Kleinrechnen der Fragen, das Reduzieren auf nur eine Frage, ist der Trainer in der Lage, dem Widerstand beim Lernen auf die Schliche zu kommen.
Eine gute strukturierte Ausbildungsskala, die eine Lektion nach der anderen enthält, empfiehlt sich in jeder Hinsicht. Wenn der Mensch das Pferd mit einem strukturierten System schult, kommt am Ende ein strukturiertes Pferd heraus.

IN KÜRZE

- **Nehmen Sie sich von Anfang an Zeit, Ihr Pferd step by step vorzubereiten; das zahlt sich später wieder aus und spart letztendlich Zeit.**
- **Entwickeln Sie eine kluge Ausbildungsskala, die das Pferd und sein inneres Lernmuster systematisch aufbaut.**

BEINE HOCH, KOPF RUNTER

Beginnen wir, Abwehr gegen Angebote zu tauschen – Füße und Kopf sind recht geeignet, um das System zu erklären. Die Füße: Mutter Natur hat dem Pferdekind Reflexe in die vier Gliedmaßen eingebaut, die die Pferdebeine wie verrückt zappeln lassen, wenn sie auf Widerstand stoßen. Ob sie in einer Schlingpflanze festhängen oder von einem Raubtier gepackt werden, beides führt unweigerlich zu einem reflexartigen Zappeln und Auskeilen. Damit hat sich schon so manches Pferd das Überleben gesichert.

Das Senken des Kopfes ist eine kluge und nützliche Übung.

REFLEXE ÜBERWINDEN

Und jetzt kommt der Schmied! Sie alle wissen, dass man dieser Form der Abwehr nur mit Ruhe und Gleichmaß begegnen darf. Man muss vor allem verhindern, dass sie Erfolg hat.
Vergleichen Sie die Situation mit einer anderen: Eine Spinne krabbelt über Ihr Gesicht. Wahrscheinlich werden Sie das Insekt reflexartig abwehren. Aber es gibt auch Menschen, die diesen Reflex überwunden haben und sich riesige Spinnen über den Körper krabbeln lassen, ohne mit der Wimper zu zucken.
Sie nehmen also das Bein des Pferdekinds, halten es beweglich und geschmeidig fest, lassen es aber auf gar keinen Fall los. Erst wenn das Zappeln aufhört, dürfen Sie den Fuß absetzen. Dann müssen Sie eine Komfortzone schaffen und kraulen, bis die Nägel glühen! Danach erst können wir das Ganze wiederholen. Erst wenn die reflexartige Abwehr überwunden ist, macht es Sinn, mit Signalen zu arbeiten und das Geben der Füße auf ein Signal zu legen.
Dies ist nur ein Beispiel für den Umgang mit der Abwehr. Man hält sie im besten Fall aus und verhindert ihren Erfolg. Dann ist das Pferd schnell bereit, eine Situation zu akzeptieren, die es mit Abwehr nicht lösen kann.

Sie erzeugt Entspannung und vereinfacht den Umgang.

KOPF SENKEN

Der Kopf des Pferdes kann sich durch den langen Hals sehr weit von dem Menschlein am Boden entfernen. Auch hier ist die Abwehr zum Greifen nah. Es ist unglaublich nützlich, wenn das Pferd dem Menschen den Kopf hinhält, ihn absenkt und zu einem Kontakt auf gleicher Augenhöhe anbietet. Beginnen wir mit dem Kopf-runter-Training, greifen wir wieder in das Abwehrsystem des Pferdes ein. Das aufgehalfterte Pferd sollte beidseitig angebunden sein. Sie stellen sich links neben Ihr Pferd und fassen mit der linken Hand in das Halfter, um die Bewegungen etwas begleiten zu können. Bitte keinen Druck am Halfter ausüben, das würde noch mehr Abwehr erzeugen. Mit der rechten Hand streicheln Sie den Hals des Pferdes und suchen das Nackenband oberhalb des Atlas hinter den Ohren. Hier bauen Sie eine leichte Pressur auf. Versuchen Sie nicht, den Kopf des Pferdes hinunterzudrücken. Aber Sie können das Nackenband mit den Fingern ein wenig zusammendrücken. Fast alle Pferde schlagen ihren Menschen an dieser Stelle vor, das sofort zu lassen. Das Auge wird finster, die Nüster zieht sich zusammen, das Ohr wird unbeweglich und der Kopf drückt gegen den Reiz. Das ist normal.

Nun bleiben Sie ganz ruhig und lassen nicht los. Passen Sie den Moment ab, in dem das Pferd auch nur einen Millimeter nachgibt. Sofort hört die Pressur auf und Sie streicheln die Stelle am Genick. Beginnen Sie nach einer kurzen Streichelpause erneut mit dieser Fragestellung und tauschen Sie hier wieder einmal Abwehr gegen Angebot. Hat das Pferd das Prinzip, dem Druck auszuweichen, verstanden, führen wir ein Signal dafür ein, auf welches der Kopf gesenkt wird.

Es macht Spaß, das Pferd auf diese Art und Weise kennenzulernen, die Funktionskreise zu erfahren und das Lernmuster zu modellieren. Am Ende kann Ihr Pferd den Kopf senken, wenn Sie es möchten, und das Trensen oder Halftern findet somit in dem wunderbaren Raum des Angebots statt.

Schulen Sie Füße hoch und Kopf runter, damit bedienen Sie den Bereich der Höflichkeit.

IN KÜRZE

- **Der Abwehr eines Tiers begegnet man am besten mit Ruhe und damit, dass sie sich einfach nicht lohnt.**
- **Das Tauschen des Abwehrverhaltens gegen Angebotsverhalten strukturiert die Lernmuster und räumt die Beziehung auf.**

GLÜCK AUF REZEPT – DIE KUNST DER BODENARBEIT

DAS KOMPLIMENT

Es wirkt wie Liegestütze und es ist gewiss eine der Übungen, mit der man Geist und Körper der Pferde gleichermaßen gymnastiziert – das Kompliment. Gezielt hebt das Pferd das gewünschte Vorderbein, winkelt es an, verlagert das Gewicht auf die Hinterhand, balanciert sich mit dem Standbein aus, wölbt seinen Rücken besonders in der Nierenpartie auf und stützt sich in Ruhe auf dem gewinkelten Vorderbein vom Huf über das Röhrbein bis zum Vorderfußwurzelgelenk ab. Es dehnt seinen Hals nach vorn und kaut entspannt in dieser Haltung. Die Hinterhand trägt seinen Körper auch in dem Moment, in dem es sich wieder aufrichtet und das gewinkelte Bein neben das eben noch gestreckte stellt. Und wieder kaut es ab. Manche Pferde nutzen das Kompliment direkt zu Beginn des Trainings, um sich noch mal richtig zu strecken und zu recken, und als Zeichen des absoluten inneren Einverständnisses schubbeln sie noch genüsslich ihre Nase an dem gestreckten Bein. Es ist eine Übung, die man unbedingt aus dem Bereich der Zirzensik verbannen und dem Sport zuschreiben müsste. Sie schult die innere und äußere Haltung ungemein.
Für mich ist der Weg dorthin entscheidend, und der größte Nutzen liegt definitiv in dem sensationellen Körpergefühl und Gleichgewicht, das die Pferde hier trainieren und entwickeln.

GEWÖHNUNG AN DIE FUSSLONGE

Immer nur eine Frage sollen wir stellen, nur eine Variable verändern, und genau das ist ein Leitgedanke in dieser Schulung. Stellen Sie sich vor, Sie müssen, aus welchen Gründen auch immer, einen Arm entlasten, dann werden Sie sich ein Dreieckstuch umbinden und den Arm in der Schlinge tragen. Hier kann er ruhen und bringt das Gleichgewicht Ihres Körpers nicht durcheinander. Und genau so ein Dreieckstuch ist die Fußlonge. Sie dient dazu, dem Pferd Halt zu geben und es zu stützen, damit der Bewegungsablauf, den wir später wünschen, über die richtige Muskulatur und ohne Störungen vollzogen werden kann.
An eine solche Fußlonge gewöhnen wir das Pferd aber erst in aller Ruhe. Nehmen Sie eine weiche Longe und passen Sie sie dem Pferdekörper genau an. Die Handschlaufe fädeln Sie einmal durch, so, dass eine Schlinge entsteht. Vom Fesselgelenk muss sie über den Widerrist bis unter dem Bauch durch wieder in Ihre Hand reichen. Hier können Sie sie einkürzen und abknoten.
Nun stellen Sie Ihr Pferd, das ein gut verschnalltes Halfter trägt, an dem rechts und links ein Strick (wie ein Zügel) befestigt ist, mitten in die Bahn. Zuerst legen Sie ihm die Longe über den Rücken. Die bereits gerittenen nehmen es hin, die noch nicht gerittenen könnten bei der Berührung auf ihrem Rücken zucken. Legen Sie die Longe so oft über den Rücken, bis diese Mini-Abwehr verflogen ist. Und weiter geht's.

SO GEHT'S

Sie drehen Ihrem Pferd den Rücken zu, nehmen den Fuß hoch, wie beim Auskratzen der Hufe, und sagen: „Und Fuß." Dann legen Sie die Schlinge unterhalb des Fesselgelenks um den Huf und lassen den Fuß wieder herab. Nun gestalten wir erst wieder eine Komfortzone, erzeugen Wohlgefühl und es wird gekrault, bis der Kollege schmatzt. Die Führstricke sind zu einem Zügel zusammengeknotet und liegen ordentlich auf dem Widerrist. Nehmen Sie die Longe, die über dem Rücken liegt und auf der anderen Seite des Pferdes herabhängt, unter dem Pferdebauch durch auf. Der Strang, der vom Fesselgelenk nach oben reicht, ist der Hauptstrang; der, der um den Bauch des Pfer-

01

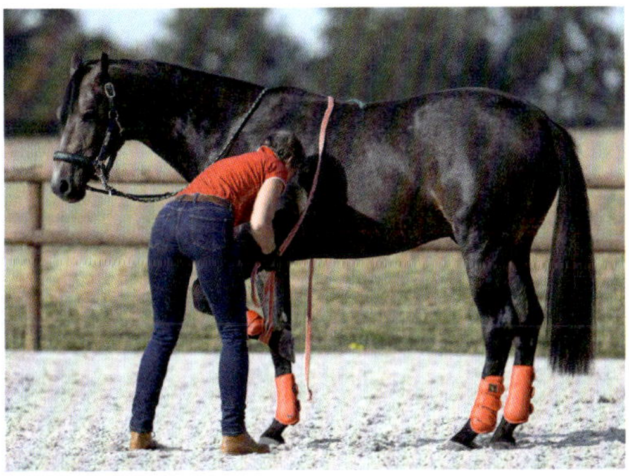

02

03

04

05

des sitzt, der Bauchstrang. Sie stehen auf der linken Seite Ihres Pferdes und nehmen mit der rechten Hand den Hauptstrang in etwa auf der Höhe des Ellenbogengelenks. Auf derselben Höhe nimmt Ihre linke Hand den Bauchstrang und drückt vorsichtig hinter die Schulter des Pferdes. Damit können Sie das Anheben des Fußes auslösen. In dem Moment, in dem der Huf entlastet wird, ziehen Sie ihn mit dem Hauptstrang in die

01 Die Gewöhnung an die Fußlonge kann mehrere Tage dauern.

02 Die Wiederholung ist Mutter allen Lernens.

03 Das Schaukeln soll ohne Krafteinwirkung erfolgen.

04 Nur so wird das Kompliment zur eigenen Idee des Pferdes.

05 Das Schaffen von Komfortzonen begleitet dieses Training intensiv.

Waagerechte und sichern ihn gleichzeitig durch Nachziehen des Bauchstrangs ab. Und nun wird geruht und gekrault. Wirklich jedes Pferd ist hier anders. Damit das Üben sicher ist, erarbeiten wir uns das Einverständnis des Pferdes gründlich und ohne Ehrgeiz. Entsteht eine Unruhe, bleiben wir in dieser Situation und arbeiten in kleinen Schritten, bis das Pferd sich gelassen loben lässt und schmatzt.
Sie stehen immer noch auf Schulterhöhe und haben Ihre linke Hand an der Fußlonge; die rechte hält entspannt den durchhängenden Zügel. Sowie Ihr großer Freund ruhig ist, bekommt er seinen Fuß direkt wieder zurück und es ist Zeit für eine Komfortzone. Das Ganze macht man drei Mal nacheinander, dann wird die Seite gewechselt. Hier läuft alles identisch, nur spiegelverkehrt. Aber seien Sie gewarnt: Es kann ganz anders sein als auf der linken Seite. Das weiß man vorher nicht, und wenn Sie ein Pferd bezahlt haben, dann haben Sie zwei gekauft. Es ist in der Tat so, dass die eine Gehirnhälfte ihre Geheimnisse nicht unbedingt mit der anderen zu teilen beliebt.
Ist das Pferd unruhig, arbeiten Sie nur die eine Seite, bis eine absolute Gelassenheit im ganzen Vorgang entsteht. Schulen Sie die andere Seite beim nächsten Mal. Pferde sind körperlich und brauchen manchmal Zeit, bis sie Berührungen dulden. Besteht hier noch ein Problem, Abwehr oder Unverständnis, geht es nicht voran. Es kann also sein, dass Sie ein paar Tage nacheinander nichts anderes machen, als Ihrem Pferd die Fußlonge anzulegen, das Bein hochzunehmen und wieder herunterzulassen. Ich kann mit dem Sattel nicht reiten, wenn das Pferd sich gegen den Sattel wehrt, und ich kann mit der Longe nicht schaukeln, wenn es sich gegen die Longe wehrt.
Ich erzähle Ihnen all dies so sorgfältig, weil es ein Beispiel für unseren methodischen Ansatz ist, den wir verfolgen. Sie können diese Herangehensweise auf alles übertragen, was Sie einem Pferd beibringen wollen – am Ende purzelt immer eine tolle Lektion heraus. Der Werdegang ist entscheidend für den Erfolg. Und Pferde lernen ebenso wie Menschen am besten über Erfolg. Also geben wir eine Garantie auf Erfolg. Machen Sie es wie unsere Hütehunde, die das Vieh überzeugen und nicht verschrecken wollen: Take your time!

IN KÜRZE

- **Durch die Fußlonge bekommt das Pferd Halt und wird gestützt, damit der Bewegungsablauf, den wir später wünschen, über die richtige Muskulatur und ohne Störungen vollzogen werden kann.**
- **Langsames methodisches Vorgehen garantiert dem Pferd den Erfolg.**

DAS SCHAUKELN

Beim Schaukeln gibt man immer nur etwas Anschwung und dann nutzt man die eigene Energie, die beim Schaukeln entsteht. Spaß macht es nur, wenn man es jederzeit stoppen kann. Das Schaukeln als Übung für das Kompliment sollte genauso sein. Denken Sie einfach nicht an das Kompliment, sondern nur an das Schaukeln.
Sie stehen auf Schulterhöhe neben Ihrem Pferd und haben sein Bein in der Waagerechten eingehängt. Nun nehmen Sie mit der rechten Hand den Zügel, der keinerlei Spannung haben darf, und drücken leicht und vorsichtig etwas diagonal in den Widerrist nach vorn, so lange, bis das Pferd nachgibt. Umgehend lassen Sie den Druck

Ohne Ehrgeiz, aber zielstrebig wird das Pferd im natürlichen Ablauf…

nach und orientieren sich vorsichtig mit Longe und Führstrick nach hinten. Aber nur so viel, bis das Pferd wieder etwas nachgibt. Auf keinen Fall mehr, denn das verkraftet das Gleichgewicht des mächtigen Freundes nicht. Und schon schaukeln Sie das ganze Pferd wieder nach vorn. So wie es das prima mitmacht, lassen Sie die Fußlonge los und setzen den Huf ab. Zeit für eine Komfortzone. Diese Prozedur wiederholen Sie, denn die Wiederholung ist die Mutter des Lernens. Dreimal auf jeder Seite reicht – morgen ist auch noch ein Tag.
Ihr Ziel ist das Sortieren der Funktionskreise, nicht etwa das Kompliment. Sie wollen das Nachgeben und nicht die Abwehr. Mehr dürfen Sie nicht erwarten, denn sonst wird es Zwang. Gespickt mit Komfortzonen, gewürzt mit Freude wird es auch Ihrem Pferd leichtfallen, sich auf diese Übung einzulassen. Da es hier erst einmal um die Akzeptanz der Hilfen geht, sind die Signale sekundär. Das gelungene Kompliment ist ein Gerüst aus 1000 Teilen. Und wir sind gerade mal bei den ersten 100. Also wieder einmal: Take your time.

... und beim Ausbalancieren unterstützt. So wird es stressfrei und leicht.

Bald spüren Sie beim Schaukeln, wie Ihr Pferd selbst schaukelt: vor, zurück und vor. Und das Ganze nimmt Fahrt auf. Bitte nicht stoppen, sondern mitgehen. Und wenn Sie nicht aufpassen, kann es sein, dass Ihr Liebling sich ganz entspannt auf dem Boden abstützt und ein Kompliment macht. Das sieht dann so aus, wie wir das wollen. Aber das Beste ist, es fühlt sich auch so an, wie sich ein Kompliment anfühlt: richtig gut und es geht ins Herz. Denn Ihr Pferd hat den Weg dorthin allein gefunden und schenkt Ihnen nun das Vertrauen, dass Sie ihm Halt gegeben, es gestützt und nicht überfordert haben. Respekt und Vertrauen schließen hier einen Kreis um Sie, der etwas Großes in Ihnen macht. Bindung. Hat Ihr großer Freund mit dem Vorderfußwurzelgelenk den Boden berührt, dann lassen Sie sofort die Fußlonge los und beginnen mit dem Komfortzonentraining.
Sehr häufig ziehen Pferde nach dem Schaukeln rückwärts und haben den Kopf in der Waagerechten. Ihre Ohren sind entspannt und sie atmen ruhig und tief. Gehen Sie an der Schulter mit, bis das Pferd wieder steht. Halten Sie es nicht fest, und wirken Sie nicht ein. Bleiben Sie an ihm, bis es steht. Dann fragen Sie wieder nach dem Vorwärts und halten dort an, wo Sie weiter üben wollen. Dreimal rechts, dreimal links. Nicht mehr. Morgen geht's weiter.
Unehrgeizig und zielstrebig, das hilft dem Partner Pferd!

IN KÜRZE

- **Denken Sie nicht schon an das Kompliment, nur an das Schaukeln.**
- **Geben Sie dem Pferd Zeit, die Lösung selber zu finden und vermeiden Sie jede Form der Überforderung.**
- **Arbeiten Sie im Funktionskreis Angebot, kommt am Ende immer ein Kompliment heraus.**

DON'T TOUCH

Sie können anhand dieses Trainings die Funktionskreise Ihres Pferdes einlesen wie ein offenes Buch. Es ist alles möglich. Pferde, die einfach nachgeben und nach einer Minute und dreißig Sekunden völlig entspannt im Kompliment sind, andere, die versuchen, mit dem Vorderbein nach

Es ist unser Ziel, mit unseren Tieren einen Clan zu bilden.

dem Menschen zu treten und zu beißen, und wieder andere, die unerschütterlich dastehen wie eine Deutsche Eiche und sich keinen Millimeter schaukeln lassen.

Ich persönlich finde das immer sehr spannend, denn ich bekomme hier Informationen, die mir bei der weiteren Ausbildung nützlich sind. Treffe ich auf einen Kollegen, der sich gegen alles und jeden wehrt, dann werde ich als Erstes das Tempo rausnehmen. Und das gilt für jede Lektion. Ich widme mich der Abwehr und sorge dafür, dass sie nicht zum Erfolg führt. Erst danach kann es weitergehen. Den Typ „Deutsche Eiche" werde ich über andere Winkel schaukeln und versuchen herauszufinden, mit welchem Impuls er bereit ist, etwas nachzugeben. Denn erst mal geht es nur um das Nachgeben und um nichts mehr. Dem Streber werde ich Zeit geben, die Bewegung auch kognitiv zu verarbeiten, und ihn mit Lob überschütten wie Schokoladensoße über Vanilleeis.

DER FEINE SINN FÜR KRAFT UND KÖRPERGEFÜHL

Bei all diesen Lektionen am Boden bin ich den Pferden körperlich sehr nah. Ich stehe an oder hinter ihrer Schulter und beim Schaukeln beispielsweise nehme ich sie förmlich in den Arm. Stehe ich auf der linken Seite, liegt mein rechter Arm über dem Rücken und mein Rippenbogen liegt am Rippenbogen des Pferdes. So kann ich dem Pferd Halt geben und spüre sehr schnell, wie weit es die Aufgabe erfüllen kann. Es darf keine Kraft kosten, ein Pferd zu schaukeln. Es ist nur Technik. Dass es anstrengend ist, liegt mehr daran, dass man absolut mit allen Sinnen bei der Sache sein muss. So finde ich das Anreiten der jungen Pferde auch immer viel anstrengender als das Reiten von Lektionen, da man mit dem ganzen Körper hinhört und noch intensiver hinfühlt. Kraft darf aufgewendet werden, um eine Tür zu verschließen. Kraft darf nicht benutzt werden, um ein Tier zu überwinden. Stellen Sie sich das vor wie beim Tauziehen. Sie dürfen versuchen, gegen das zu halten, was ihr Gegenüber aufbringt. Anstatt es aber überwinden zu wollen, sollten Sie lieber die überzeugenderen Argumente haben. Dann kommt es nicht zu einem Rumgezerre an den Tieren, sondern nur zu einem klugen Öffnen und Schließen von Türen. Und so wird auch ein Kompliment zur eigenen Idee des Pferdes.

VARIABLEN ÄNDERN

Hat das Pferd zuverlässig und entspannt den Weg ins Kompliment gefunden, beginnen wir, die Variablen zu verändern, und nutzen diese Zeit, um das Gleichgewicht des Pferdes ebenso wie seine Kraft zu verbessern. Das ist wie beim Liegestützemachen: Die Kraft kommt nur durchs Üben.

Eine Variable wäre der Ort. Gehen wir von Mitte der Halle an den Hufschlag. Das allein kann schon ein bisschen Durcheinander bringen. Eine weitere Variable wäre die Dauer, die das Pferd unten sein soll. Anfangs entscheiden meist die Pferde, wann sie wieder hochkommen, und das ist auch gut so. Man darf ein Tier niemals irgendwo festhalten. Aber man darf die Frage wiederholen. Will das Pferd also wieder hoch, dann ist gutes Timing gefragt: Sie fragen einfach erneut, bevor es oben ist, ob es auch runterkann. Das macht man einmal, zweimal, und dann hören die Pferde meist auf zu fragen, ob sie hochdürfen.

Klappt das alles gut, dann lassen wir den Bauchstrang weg und arbeiten nur noch mit dem Hauptstrang. Hierfür nehmen Sie das Bein hoch wie gehabt und fassen die Longe so an, dass die Hand auf der anderen Seite des Widerrists die Longe hinunterdrücken kann.

»Don't touch, denn Kraft darf keine Rolle spielen.«

Das ist ein Schritt, der bei vielen Pferden zu etwas Irritation führt, denn die Bauchlonge hat immer sehr viel Halt gegeben. Bei manchen Pferden muss ich immer wieder einen methodischen Schritt zurückgehen und ab und an wieder die Bauchlonge hinzunehmen. Die einzige Variable, die wir nie ändern, ist das Lobritual. Die Komfortzonen sollten dem Pferd, egal wie weit Sie in der Ausbildung sind, gut markiert werden.

IN KÜRZE

- **Zwingen Sie Ihr Pferd niemals mit Kraft ins Kompliment. Es ist nur eine Sache der Technik. Die einzige Kraft, die Sie brauchen, ist mentale Stärke und Feingefühl.**
- **Verändern Sie immer nur eine Variable und, wenn es schwierig ist, rechnen Sie den Schritt einfach wieder zurück. Die Wiederholung ist die Mutter allen Lernens.**

DIE GERTE ALS DOLMETSCHER

Das Prinzip der Aktivierung steht als Nächstes auf dem Plan. Diese Arbeit erzeugt bei vielen Pferdemenschen ein gutes Verständnis für die Fußfolge und den korrekten Einsatz der Gerte. Für das Training im Kompliment benötigen wir eine feste, ca. einen Meter lange Gerte ohne langes Bändchen. Das Pferd steht gelassen an der Bande und hat das Kompliment über den Hauptstrang verstanden. Nun soll die Longe bald abgenommen werden. Das geht nur, wenn das Tier versteht, dass es die Bewegung allein ausführen kann und soll.

Ich streichle das Vorderbein mit der Gerte und halte die Longe unterhalb des Widerrists in der anderen Hand. Nun sage ich das Signal: „Und Kompliment", und beginne mit dem Touchieren des Röhrbeins unterhalb des Vorderfußwurzelgelenks. Das Pferd zieht den Huf hoch und in dem Moment übernimmt die Longe den Rest der bereits bekannten Bewegung. Sie schulen also erst einmal nur die Akzeptanz der Hilfe, und bitte achten Sie darauf, dass das Pferd mit dem richtigen Bein antwortet. Manchmal entstehen hier Missverständnisse. Der Mensch will das Kompliment und das Pferd geht aufgrund des Touchierens einen Schritt zurück, aber mit dem falschen Bein. Meist hören die Menschen dann auf zu touchieren. Das Pferd schlussfolgert, es soll auf das Touchieren rückwärtsgehen, denn damit hat es den Reiz abgestellt.

Das richtige Touchieren, das sich im korrekten Bewegungsablauf für das Pferd logisch erschließt, brauchen wir später noch bei den Anfängen der halben Tritte. Hier kann man es schon prima üben. Das Bein, das Sie touchieren, muss reagieren, nicht das andere; also touchieren Sie dann, wenn es entlastet ist, und so lange, bis es reagiert. Hat das Pferd verstanden, dass es das Bein heben soll, dann touchieren Sie weiter und verhindern so, dass es das Bein wieder absetzt. Leise und gleichmäßig tippen Sie mit der Gerte an das Röhrbein, und nun spüren Sie, dass die Longe immer überflüssiger wird. Sie werden sich wie verrückt freuen, wenn Ihr Pferd das erste Mal allein und ohne Longe das Kompliment macht. Manchmal braucht man dafür ein paar Sitzungen. Das gehört zum Lernen dazu. Später wird selbst das Berühren mit der Gerte nicht mehr notwendig sein. Don't touch, denn Kraft darf keine Rolle spielen: absolute Leichtigkeit, Eleganz und Selbstverständlichkeit kommt in die Partnerschaft.

Der dreijährige Best Of hat gelernt zuzuhören und arbeitet sehr gern mit.

Das diagonale Kompliment macht dem Pferd die motorischen Abläufe bewusst.

So fördern wir die Geschicklichkeit, das Gleichgewicht sowie die Koordination der Beine.

Das Ziel ist es, von jeder Seite jedes Bein ansprechen zu können und von dem Bein eine Reaktion zu bekommen.

Das Ziel ist Fairtrade: Sie sagen das Signal, Sie erinnern sich an das Grün, dann warnen Sie mit einem leisen „Na", also Orange, und dann tippen Sie das Bein an, bis es reagiert, das wäre Rot. Nun geht das Pferd ins Kompliment und Sie sagen lobend wieder das Wort „Kompliment". Also wieder Grün!
Bald versuchen Sie, das Bein nicht mehr zu touchieren, sondern tippen in der Rotphase nur noch auf den Boden. Und dann werden Sie richtig stolz sein, denn Sie haben etwas Wunderbares geschaffen. Ein Pferd, das Ihnen mit Leichtigkeit zuhört. Nun verändern Sie wieder nur eine Variable: Sie machen das Ganze vom Boden aus mit Sattel, dann vom Boden aus mit Sattel und Reiter, und schließlich probieren Sie es aus dem Sattel. Schritt für Schritt ins Pferdeglück!

IN KÜRZE

- **Machen, dass das Pferd macht. Dieser Leitsatz steht über allem.**
- **Von Mal zu Mal wird die Gerte überflüssiger und Sie müssen nur noch auf den Boden tippen.**

DAS DIAGONALE KOMPLIMENT

Vier Beine hat das Pferd und nach seiner Geburt kann es sofort lossausen. Das liegt daran, dass Rennen eher eine reflexartige Bewegung ist. Wir Raubtiere und Nesthocker brauchen ganze zwei Jahre, um Laufen zu lernen, und haben eine kognitive Verbindung zu unseren Gliedmaßen. Wobei meine Pferde, wenn sie mir beim Laufen zuschauen, mich ansehen, als wollten sie sagen: „Wenn das nach zwei Jahre Üben rauskommt, dann bleiben wir lieber Fluchttiere!"
Aber dennoch. Es ist unsere Aufgabe im Training, den Pferden ihre Beine bewusst zu machen. Sie erlernen auf die gezielte Ansprache des rechten Vorderbeins auch selbiges zu heben usw. In der Arbeit am Kompliment, Hinlegen und Hinsetzen bekommt das Pferd eine bewusste Verbindung zu den Bewegungsabläufen der Gliedmaßen. In der Handarbeit, in der wir die halben Tritte erklären, bekommt es eine klare Verknüpfung der Hinterbeine und deren Bewegungsmuster.

Was am Boden sorgfältig erarbeitet wurde, klappt auch vom Sattel aus wunderbar.

So beginnen wir, wenn das gleichseitige Kompliment fertig ist, mit der diagonalen Abfrage. Ich stehe links vom Pferd und frage das Kompliment mit dem rechten Bein ab. Das ist zu Beginn gar nicht so einfach, und manchmal brauchen die Pferde etwas Hilfestellung – zum Beispiel durch eine zweite Person auf der anderen Seite oder den erneuten Einsatz der Fußlonge.

Wichtig ist nun, dass die Gerte einen neuen Weg findet. Wollen Sie also von links das rechte Bein touchieren, dann übergeben Sie die Gerte hinter dem Rücken in die rechte Hand. Nun langt die Gerte unter dem Pferdebauch hindurch, um das rechte Röhrbein zu touchieren. Sollte das Pferd durcheinanderkommen, ist das nicht schlimm. Dann bringen wir die Longe am rechten Bein an und ziehen sie mit der linken Hand über den Rücken, damit unser lieber Freund die Lösung finden kann.

Machen Sie das einige Male, bis das Pferd diese Frage motorisch einwandfrei beantworten kann. Ist dieser Weg erklärt, dann können Sie die Gerte auch über den Rücken des Tiers reichen, um auf der rechten Seite zu touchieren. Das Ganze wird selbstredend von beiden Seiten geschult, denn dann wird das Pferd geschickt und nicht schief.

Das diagonale Kompliment ist die Vorbereitung für das Knien und auch für das darauffolgende Ablegen.

DAS KNIEN

Das Knien wird genauso gearbeitet wie das diagonale Kompliment, nämlich in Ruhe und möglicherweise noch einmal mit einer Longe als Unterstützung. Es kann sein, dass das Kompliment nun etwas leidet, denn die Pferde finden es oft bequemer, direkt zu knien. Das muss dann dringend gut getrennt gearbeitet werden, denn es wäre sehr schade, wenn der Mensch hier einen Knoten in den Pferdekopf einbaut.

Sie touchieren das Bein auf Ihrer Seite und sichern es etwas mit der Longe. In aller Ruhe touchieren Sie nun das gestreckte Bein, und schon der leiseste Ansatz, dieses einzuklappen, bringt dem Pferd ein dickes Lob ein! Natürlich darf es umgehend wieder aufstehen, aber nach einer kurzen Pause wiederholen Sie dieses Prozedere. Geben Sie dem Pferd Zeit, sich in diesem Ablauf zurechtzufinden, und versuchen Sie, es nicht an Strick und Halfter einzuengen. Pferde brauchen hier meist den ganzen Hals, um sich geschickt auszubalancieren. Und bitte bleiben Sie dicht bei Ihrem Freund, denn er findet mit dem Körperkontakt deutlich mehr Anlehnung und Halt, als wenn Sie eine räumliche Distanz zu ihm halten.

Das Signal für das Knien bauen Sie dann ein, wenn der Bewegungsablauf verstanden wurde. Gern können Sie, sollten Sie es später nicht als eine eigene Lektion benutzen wollen, einfach „Kompliment“ sagen und, wenn Sie das zweite Bein touchieren, bereits den Begriff „Und Ablegen“ einführen. So handhabe ich das, denn das Knien wird bei mir nur als Brücke zwischen dem Kompliment und dem Ablegen benutzt. Möchte Ihr Pferd wieder aufstehen, dann darf es das natürlich. Es wird aber sogleich mit dem erneuten Auftrag, sich hinzuknien, angeregt, wieder nach unten zu gehen. Das machen wir so lange, bis es auf die Aufforderung „Und Auf“ wartet. Dieser Teil wäre dann der Ausschalter der Lektion, den man doch manches Mal auch braucht. Und wie bei allen anderen Lektionen ist auch hier das Überprüfen der Akzeptanz der Hilfe stets in unserem Fokus. Nur dann kann die Hilfe helfen, und darauf sollten Sie stets achten.

IN KÜRZE

- **Das diagonale Kompliment erfordert Geschicklichkeit und Teamgeist vom Pferd. Es fördert die motorischen Abläufe.**
- **Aus dem diagonalen Kompliment wird das Knien entwickelt, die Vorstufe für das Ablegen.**

DAS ABLEGEN

Es ist immer eine besonders schöne Musik in unserer Show, wenn wir die Pferde ablegen und sie dann auch noch auf die neben ihnen ausgebreiteten Decken ins Flachlegen auf unseren Schoß holen. Und mein Fürstenkind, ein Oldenburger Prachtkerl, schließt dann tatsächlich die Augen, seufzt tief und ist so entspannt, dass ich hoffe, ihn wieder aufwecken zu können, bevor die Musik uns davonläuft. Es wäre schon peinlich, wenn ich die Show ohne mein Pferd zu Ende bringen müsste, weil es eingeschlafen ist …
Das Ablegen eines Pferdes ist ein wunderbarer Moment, der, wenn er in Ruhe geschult ist, auch ebenso wunderbar rüberkommt. Es ist die Vollendung aus Vertrauen und Respekt. Kein Mensch kann (und dürfte, wenn er es könnte) ein Pferd zu Boden reißen und festhalten. Es soll sich hinlegen, weil es die Bewegung verstanden hat und die Partnerschaft mit seinem Menschen es zulässt. Zwang gehört an keine Stelle der Ausbildung und schon gar nicht in diesen so empfindlichen und filigranen Bereich. Das Pferdekind legt sich am Tag der Geburt das erste Mal hin. Meist zu den Füßen seiner Mama, die über es wacht wie eine Löwin. Pferde liegen gern in der Sonne, und unsere legen sich nach dem Frühstück immer in ihre Boxen und schlafen noch ein Weilchen. Sie haben es gern warm und weich und genießen die entspannte Atmosphäre.
Jedes Pferd hat eine Lieblingsseite, auf der es in seiner „Freizeit“ liegt, und das beobachte ich. Diese persönliche Neigung binden wir später in das Training mit ein. Ich nehme immer die Seite, auf der es auch „privat“ bevorzugt liegt.

01

02

DAS VERSPRECHEN DER OFFENEN TÜR

In einem ruhigen Ambiente und nach einem gründlichen Warm-up, also so wie immer, beginnen wir mit dem Training des Kompliments; wie gewohnt erst links, dann rechts, dann diagonal, dann das Knien.

Dann nehmen wir unser Pferd mit in die Mitte der Bahn und fragen das Knien erneut ab. Aber diesmal beginnen wir vorsichtig, mit den Führstricken den Hals etwas zu begrenzen. Soll mein Kollege sich beispielsweise auf seine linke Seite legen, dann stehe ich dicht links neben ihm. Nun lasse ich ihn knien und lenke den Kopf ganz vorsichtig etwas nach rechts, als solle er zu seiner rechten Hinterbacke schauen. Sogleich lasse ich wieder los, erlaube aber das Aufstehen noch nicht. Es ist wie das Schaukeln zu Beginn des Kompliments und es soll dem Pferd helfen, sich gut auszubalancieren und beweglich zu sein im Hals und somit natürlich auch im Kopf. Sowie mein Kollege sich schaukeln lässt, lasse ich ihn aufstehen, wenn er möchte. Und schon wieder gibt es eine dicke Komfortzone.

Dieses Training absolviere ich einige Male, wie immer zielstrebig, aber ohne Ehrgeiz. Es geht nicht darum, dass das Pferd sich hinlegt. Es geht ausschließlich darum, dass es mir traut, dass es nicht mit Abwehr kontert und dass es nachgibt. Mehr will ich an dieser Stelle gar nicht erreichen. Es gibt Pferde, die legen sich sofort ab, es gibt Kollegen, die sich einfach fallen lassen, und es gibt einige Spezialisten, die auf gar keinen Fall nachgeben wollen. An dieser Stelle würde ich Zeit neu definieren. Es ist absolut egal, wann mein Sportsfreund mitmacht und den Weg nach unten findet. Ich gestatte ihm nur keinen Erfolg in der Abwehr. Meist passiert es dann von ganz alleine: Das Pferd schaut im Knien nach hinten und ihm fällt die Lösung ein. Es legt sich hin. Ich stehe so nah wie es geht an seinem Leib und sein Rippenbogen rutscht förmlich an meinen Beinen hinunter.

03

RUHE

In diesen Momenten der Lektion habe ich die unterschiedlichsten menschlichen Regungen erleben dürfen. Von erschreckt bis tief gerührt war alles dabei. Aber egal, wie Sie fühlen, Sie müssen nun sehr weich und ruhig sein, nur atmen und kraulen und die Tür nach oben offen lassen. Es gibt Pferde, die wollen sofort wieder hoch – das ist gestattet. Es gibt Kandidaten, die liegen dann erst einmal da – auch gestattet. Wir treiben die Pferde niemals hoch, sondern warten, bis sie selbst aufstehen. Das kann gelegentlich schon etwas dauern.

Bitte achten Sie darauf, dass Sie allein in der Halle sind, wenn Sie diese Übung machen. Es gibt Reitpferde, die vor einem liegenden Pferd erschrecken können. Es ist ein ungewohntes Bild in der Bahn, und wenn das in Ihrem Betrieb nicht an der Tagesordnung ist, dass Pferde in der Bahn rumliegen, dann müssen Sie bitte Rücksicht auf Ihre Mitmenschen nehmen.

Haben Sie einen vierbeinigen Experten an der Hand, der sich, kaum auf dem Boden angekommen, sofort wälzen will, dann stören Sie diesen Burschen bitte umgehend in seinem Vorhaben. Das ist total verboten und kann sehr unglücklich enden.

01 Das Ablegen ist eine natürliche Bewegung, die nur selbstverständlich wird, wenn sie gut geschult wird.

02 Über das Knien findet das Pferd den Weg nach unten.

03 Mit Ruhe und Komfortzonenritualen begleiten wir diesen Weg.

Es ist wichtig, dass das Pferd jederzeit aufstehen darf. Achten Sie dabei auf Ihre Sicherheit und die des Pferdes.

Über die Aufstehbewegung können wir mit einer eindeutigen Körpersprache später sehr gut das Sitzen schulen.

UND AUF

Spüren Sie, dass Ihr Pferd wieder hochwill, dann gibt es einige Kleinigkeiten zu beachten. Sortieren Sie den Zügel bitte auf dem Widerrist so, dass das Pferd auf keinen Fall mit den Füßen hineintreten kann. Blockieren Sie das Pferd an keiner Stelle, denn es braucht den ganzen langen Hals, um sich auszubalancieren. Und bitte bleiben Sie unbedingt auf Höhe des Rippenbogens, denn ein schwungvoll aufstehendes Pferd fängt sein Gewicht mit dem Vorderbein ab, das auf Ihrer Seite ist. Und so ein großes Pferdetier hat genug mit seinem eigenen Körper zu tun, es kann nicht auch noch auf Ihre Füße aufpassen.

Für gewöhnlich stehen die Pferde total ruhig wieder auf, wenden sich dem Menschen zu und schmatzen. An dieser Stelle könnten Sie mit einer XXL-Komfortzone aufwarten und nun auch Ihren Emotionen freien Lauf lassen.

Meine goldene Regel ist, dass ich ein Pferd zu Beginn immer drei Mal nacheinander ablege. Das erste Mal könnte Zufall sein, das zweite Mal dient meiner Überzeugung, dass es keiner war und das dritte Mal erzielt den Lernerfolg beim Pferd, den es sich bis zum nächsten Tag prima merken kann. Bitte holen Sie immer eine zweite Person bei diesen Übungen dazu. Nicht nur, um mit dem Handy Fotos vom ersten Mal zu machen, sondern auch aus Sicherheitsgründen. Diese Lektionen haben immer viel mit Gleichgewicht und Vertrauen zu tun. Wenn man sie ruhig und ordentlich aufbaut, kann nichts passieren. Dennoch arbeiten wir mit großen, eigenständigen Kreaturen zusammen und man sollte immer auf Nummer sicher gehen, damit am Ende auch wirklich alle strahlen.

Die Veränderung der Variablen gilt es auch hier zu beachten, ebenso den klug eingebauten Ein-und-aus-Schalter, der in alle Lektion eingebaut werden soll. Geben Sie Ihrem Pferd ein eindeutiges Signal zum Aufstehen. Ich schnippe dann immer mit den Fingern und sage: „Und auf." Es ist wie sonst im Pferdemenschenleben auch. Ein Pferd sollte nur angaloppieren, wenn Sie das wünschen, nur dann über ein Hindernis springen, wenn Sie es dazu auffordern, und ebenso auch nur dann Lektionen aus der Arbeit am Boden zeigen, wenn dies gefragt ist. Achten Sie darauf, so stolz Sie auch sind, dass das Abspulen der Lektionen kein Eigenleben bekommt.

IN KÜRZE

- **Das Hinlegen ist ein riesengroßer Vertrauensbeweis. Es sollte in einem ruhigen und sicheren Ambiente geschult werden.**
- **Das Pferd darf so lange liegen bleiben, wie es will, oder auch sofort wieder aufstehen.**
- **Achten Sie darauf, dass das Pferd die Bewegung als eigene Idee entwickelt. Dann wird es schön.**

Wie immer begleiten endlose Bindungsrituale das Training.

DAS FLACHLEGEN – MEHR VERTRAUEN GEHT NICHT

Jetzt haben Sie schon sehr viel erreicht mit Ihrem Freund und Ihre Partnerschaft auf sechs Beinen bekommt nicht nur eine neue Dimension, sondern auch eine andere Tiefe. Neben der sportlichen Auslastung, dem gesunden Reiten oder Fahren, was Sie selbstverständlich weiter betreiben, kommen sich Ihre Seelen durch die Arbeit am Boden unweigerlich näher.
Unsere Pferde erlernen all diese Lektionen, bevor wir sie anreiten. Und Sie können unschwer erahnen, dass es ein Leichtes für sie ist, wenn wir uns das erste Mal in den Sattel setzen. Nein, Handarbeit ersetzt nicht die Notwendigkeit, korrekt zu reiten, aber sie fördert und erleichtert so vieles – vor allen Dingen für das Pferd.
Ein junges Pferd, das Führen, Verladen, Kopfrunter, Kompliment, Ablegen erlernt hat, hatte bereits einige Termine mit seinem Menschen und die Vertrautheit wird zu tiefem Vertrauen. Dieser Gewinn rechtfertigt jede Sekunde, die ich mich mit dem Pferd befasst habe, und jeden Schritt der Schulung, den ich investiert habe.
Kann das Pferd sich ohne Probleme zu jeder Tageszeit und auch unter Ablenkung total entspannt ablegen, dann ist die Zeit reif für die nächste Lektion. Unserem logischen Trainingsaufbau nach ist nun das Flachlegen an der Reihe. Hierfür benötigt man nicht mehr viel, denn es ist ein verhältnismäßig überschaubarer Schritt. Das Pferd liegt vor mir und ich stehe in etwa auf Schulterhöhe mit direktem Körperkontakt zu meinem Freund. Ich nehme die Zügel in beide Hände und baue eine Anlehnung auf. Mit meinem Schienbein und der weichen Anlehnung beginne ich wieder einmal zu schaukeln. Die Gerte liegt neben mir im Sand und bekommt nur dann ihren Einsatz, wenn mein Kumpel aufstehen möchte. Dann sage ich freundlich: „Nein, nein, nein, Ablegen“, und touchiere so lange das Bein, welches das Pferd nach vorn gestreckt hat, bis es das wieder einzieht.

Mehr Vertrauen geht nicht.

Ein Training, das das Leben so wertvoll entschleunigt.

Die Akzeptanz der Hilfen ist immer wieder ein großes Thema in der Pferdeausbildung und es ist wichtig, dass das Touchieren respektiert wird. Lässt sich mein Pferd wie erwartet gut schaukeln, führe ich das Schaukeln immer etwas weiter in meine Richtung, bis das Pferd den Weg zum Boden sucht. Auch hier bitte nicht festhalten. Wenn es wieder hochwill, darf es das selbstredend. Wir werden dann nur wieder von vorn anfangen und es wieder flachlegen.

HERZ AN HERZ

Sowie das Pferd Richtung Boden zieht, gehen Sie bitte in die Hocke. Machen Sie sich klein und weich und brechen Sie alle Winkel. Streicheln und kraulen Sie in Slow Motion. Es ist wirklich und tatsächlich etwas ganz Besonderes, wenn ein Pferd Ihnen sein Herz übergibt. Achten Sie auf ein ruhiges Ambiente. Lautes Getrappel und ein gekrähtes „Tür frei" wären nun etwas störend. Bitte genießen Sie diesen Moment und speichern Sie ihn an einem besonderen Platz in Ihrem Herzen ab. Legen Sie sich einen Link dorthin. Und wenn es auch mal nicht so rundläuft zwischen Ihnen und Ihrem Pferd, was in den besten Familien vorkommt, dann erinnern Sie sich an dieses Geschenk, ja Kompliment, das Ihr Pferd Ihnen hier gemacht hat.

Auch das Flachlegen arbeite ich immer drei Mal nacheinander. Recht bald kann ich das passende Signal hierzu einführen: „Und Flachlegen."

KORREKTE ABLÄUFE

Hat das Pferd das verstanden und brauche ich keine Hilfe mehr dafür, dann übe ich als Nächstes die Differenzierung zwischen Ablegen und Flachlegen, denn es schult die Pferde ungemein gut darin, diese Abläufe motorisch korrekt abzuliefern. Diese Übergänge benötige ich nachher für das Hinsetzen.

Gewöhnen Sie Ihr Pferd bald daran, dass Sie sich bewegen dürfen, während es da so liegt. Gehen Sie um das Pferd herum, setzen sich mal auf den Widerrist, mal auf die Kruppe. Das können Sie im Ablegen ebenso machen wie im Flachlegen. Signalisieren Sie Ihrem Pferd recht schnell Normalität und erhöhen Sie mit zunehmender Sicherheit auch die Reizlage. Benutzen Sie dieses Trai-

In der Ruhe liegt die Kraft. Gemeinsame Spur heißt auch gemeinsames Glück.

ning auch, um selbst innerlich etwas loszulassen, vom Alltag, vom Ehrgeiz, vom inneren Druck.
Es ist eine wunderbare Art, mit der die Pferde uns hier wieder einmal regulieren und unser Leben bereichern. Grund genug für ausgiebige Komfortzonen! So können Sie Ihr Glück gut teilen. Denn geteiltes Glück verdoppelt sich!

IN KÜRZE

- **Das Flachlegen stellt am Ende für das Pferd tatsächlich die totale Entspannung dar.**
- **Man kann diese Lektion sehr gut benutzen, um das Vertrauen zwischen Mensch und Pferd zu festigen.**
- **Es dient auch der motorischen Unterstützung für das Hinsetzen und Ablegen.**

DAS HINSETZEN

Kühe stehen zuerst hinten und dann vorn auf, Pferde zuerst vorn, dann hinten. Das haben wir als Kinder schon herausgefunden. Und in dieser Aufstehbewegung liegt ein bisschen versteckt das Hinsetzen. Ich empfinde es immer als die Hohe Schule der Lektionen am Boden, denn es braucht etwas Reife und innere Ruhe, bis sich das Pferd in seiner Idee, aufstehen zu wollen, von uns unterbrechen lässt.
In dieser Lektion können Sie wieder einmal wie in einen klaren Gebirgsbach bis auf den Grund des inneren Lernmusters Ihres Pferdes blicken. Und Sie können erleben, ob die Akzeptanz der Hilfen ebenso wie Respekt und Vertrauen im Einklang sind. Hört Ihr Pferd Ihnen wirklich gut zu, dann geht es mit dem Hinsetzen recht schnell weiter. Lässt Ihr Pferd aber weder Sie noch Ihre Hilfe durch, dann wird es sich nicht unterbrechen lassen.

SO GEHT'S

Stellen Sie sich auf Höhe des Hüfthöckers neben Ihr in Ruhe abgelegtes Pferd. Nehmen wir an, es liegt auf der linken Seite, dann nehmen Sie die Zügel des Halfters in die rechte Hand. Andersherum bitte spiegelverkehrt mitarbeiten. Erzeugen Sie mit dem Zügel eine leichte Anlehnung, und zwar so, dass der Kopf eher gerade ist. Die Zügel laufen sehr tief über den Widerrist, denn das Pferd bekommt über diese Anlehnung etwas Halt in dem Moment, in dem Sie es aufrichten. Führen Sie die Gerte in der linken Hand hinter Ihrem Rücken, legen Sie sie vorsichtig auf die Kruppe Ihres Pferdes und tippen Sie es sehr leise an. Ihr Pferd wird im besten Fall ein Bein nach vorn nehmen und andeuten, dass es aufstehen möchte. Ganz ruhig nehmen Sie die Gerte wieder nach vorne und sagen „Und Ablegen", während Sie vorsichtig das Röhrbein antippen.
Es kann sein, dass es dem Pferd schwerfällt, das Bein wieder unter den Körper zu ziehen. Manche schaffen das, andere nicht. Schafft es das nicht, geben wir das Signal zum Flachlegen. Der Kollege kullert auf die Seite und kann nun in aller Seelenruhe das Bein einklappen und danach wieder in Brustlage kommen.
Jetzt brauchen Sie absolut keinen Ehrgeiz, sondern Ruhe und Zeit, um diesen Vorgang einige Male zu wiederholen. Konzentrieren Sie Ihre Fragestellung nicht auf das Hinsetzen, konzentrieren Sie Ihre Frage auf das Abwarten. Und nimmt Ihr Pferd ein Bein vor und Sie können es wieder

Im Sitzen kann man das Pferd besonders gut herzen.

rückgängig machen, dann sind Sie auf dem richtigen Weg. Das Allerwichtigste ist, dass Sie verhindern können, dass Ihr Pferd hochschießt und das als Lösung abspeichert. Denn dann wird es von Mal zu Mal schwieriger, das Hinsetzen zu etablieren.

DAS RICHTIGE LERNMUSTER

Haben Sie so einen „Schnellaufsteher", dann gibt es nur die Möglichkeit, über noch kleinere methodische Schritte nachzudenken. Und wieder einmal heißt es: „Take your time!" Es ist egal, wann Ihr Pferd sitzt. Viel wichtiger ist, dass es keine falschen Lernmuster entwickelt.
Können Sie Ihr Pferd am Boden so steuern und haben eine gewisse Selbstverständlichkeit erreicht, dann probieren Sie, das zweite Bein auch mit nach vorn zu bekommen. Erst wenn das ohne Aufstehversuche funktioniert, können Sie probieren, das Pferd in genau derselben Art und Position dazu zu motivieren, sich etwas anzuheben. Den Zügel halten Sie bitte in Anlehnung und tief; und seien Sie geschickt mit der Gerte, die pünktlich wieder vorn sein muss, um dem Pferd den Rückweg anzuzeigen.
Irgendwann hebt es sich an und stemmt sich etwas wackelig 10 Zentimeter über den Boden und Sie werden sich freuen wie ein Schneekönig. Aber freuen Sie sich nicht zu lange, sonst steht der Kollege einfach auf. Also schnell wieder „Und Ablegen", „Und Flachlegen", „Und Ablegen" und Loben. Denken Sie an die magischen drei Mal, die Sie diese Prozedur wiederholen, und dann lassen Sie Ihr Pferd bitte aus dem Abliegen aufstehen, nicht aus dem Sitzen! Den Weg soll es ja gerade nicht lernen. Es soll verinnerlichen, dass es nach dem Sitzen nur eine Handlungsalternative gibt: das Liegen, und dass es nur aus dem Liegen heraus wieder hochkommen kann.
Für das Aufstehen nehmen Sie das bereits bekannte Signal, das Sie beim Ablegen geschult haben, und passen wieder auf Ihre Füße auf! Ist das Pferd überzeugt davon, dass das der einzige Weg ist, ist es am Ende einfach, das Sitzen auch sehr aufrecht und lange zu gestalten. Je besser Ihr Pferd diese Position versteht, umso schneller können Sie eine Variable verändern.
Lassen Sie Ihr Pferd anfangs am besten nur kurz sitzen, beginnen Sie dafür aber bald, es im Sitzen etwas mehr aufzurichten. Diese Position braucht eine Menge Kraft, und die muss das Pferd erst einmal entwickeln. Und dann müssen Sie bitte auf den Untergrund achten. Manchmal ist der Sand sehr rutschig und die Pferde finden zu Beginn nicht viel Halt im Boden. Wenn Sie das merken, dann suchen Sie sich ein Ambiente, in dem Ihr Schützling nicht rutscht, sondern ordentlich Halt findet.
Manche Pferde haben sehr viel Talent für solche Lektionen und wirken, als sei ihr Körper aus Gummi. Sie hocken sich einfach hin, als wäre es kein bisschen anstrengend. Andere brauchen ziemlich lange, um diese Bewegung zu erlernen und dann auch noch zu halten.
Es ist die Lektion, die den Ehrgeiz der Menschen am besten reguliert. Unehrgeizig, aber zielstrebig – so geht Tierschule. Das Sitzen ist das Resultat eines gut aufgeräumten inneren Lernmusters, einer exzellenten Vorarbeit und eines Einklangs von Respekt und vonVertrauen.

IN KÜRZE

Wichtig: Das Pferd nie aus dem Sitzen aufstehen lassen. Pflanzen Sie den Gedanken in seinen Kopf, dass man nur aus dem Liegen aufstehen kann.

ARBEIT AN DER HAND

Jetzt kann Ihr Pferd stehen, sitzen und liegen, Ihnen gut zuhören und Sie haben Magic Moments miteinander geteilt. Sie haben sich einige Zeit mit den Lektionen am Boden getummelt. Sie haben Lektionen geschult und erarbeitet, die einen extrem großen Wert für die Verbindung zwischen Mensch und Pferd haben. Sie haben festgestellt, dass die Gamaschen ständig sandig waren und Sie nach dem Training das Pferd erneut haben putzen dürfen. Und Sie haben das sehr, sehr gern gemacht. Nun soll aber wieder etwas Schwung und Bewegung in die Ausbildung des Reit- oder Fahrpferdes kommen, und hier biete ich das Arbeiten der Pferde an der Hand an.

DAS FÜHREN IN STELLUNG UND BIEGUNG

Dieses Kapitel ist für Pferde, die bereits etwas mit Anlehnung am Gebiss anfangen können und das System aus treibenden und verhaltenden Hilfen gelernt haben. Es ist eine fantastische Übung, denn wir Menschen können so vieles über das Maul, die Akzeptanz des Gebisses, den Hals und die richtige Anlehnung erfahren. Außerdem beginnen wir an dieser Stelle die Vorbereitung für die halben Tritte, die Anfänge der Piaffe. zu arbeiten. Die Beweglichkeit des Genicks, die Dehnfähigkeit und Stellung und Biegung können

Die Piaffe fördert die Motorik und Kraft des Hinterbeins ebenso wie Vertrauen und Respekt in der Beziehung.

hier gut erkannt und außerordentlich fein verbessert werden. Es ist außerdem ein Training, welches das Warm-up bereichert und den Menschen wie das Pferd schonend für das Reiten und den Sport bereit macht. Sie sind Ihrem Pferd aus einer anderen Position sehr nah und können das sehen und erlesen, was Sie aus dem Sattel nicht wahrnehmen können. Manchmal entdeckt man hier die Ursachen dafür, warum es von oben klemmt, und findet den Punkt, den Knoten zu lösen.

ERSTE SCHRITTE

Nehmen Sie Ihr wunderbares Pferd, ausgerüstet mit Trense, Gamaschen, Sprungglocken und, wenn Sie wollen, Sattel oder Longiergurt. Manchmal macht es Sinn, das Pferd zu Beginn leicht auszubinden, dann haben Sie es leichter, Ihr Ziel zu erreichen.

Wenn Sie die Zügel annehmen, stehen Sie etwas vor der Schulterhöhe, sagen wir einmal zu Beginn auf der linken Seite, und führen den äußeren Zügel über den Hals kurz vor dem Widerrist. Diesen halten Sie mit der rechten Hand, in der Sie auch eine Gerte tragen, die gern weicher ist als die für das Kompliment und mindestens 1,20 Meter lang. In der linken Hand führen Sie direkt den Ring des Gebisses, und es erklärt sich von allein, dass diese Hand weich und elastisch ist. Die äußere Hand führt die Richtung und gibt Halt, die innere formt das Pferd und hilft, die Anlehnung zu suchen. Es ist genau wie beim Reiten. Die Gerte übernimmt gemeinsam mit den akustischen Signalen die treibenden Hilfen.

Sie befinden sich auf dem Hufschlag, sagen: „Und an", und Ihr prächtiges Ross marschiert los, denn es weiß ja bereits Bescheid. Nun gehen Sie genau in seinem Rhythmus mit und führen die Linie, die Sie wünschen, an der äußeren Hand.

Beginnen Sie mit der inneren Hand, weich und verspielt das Genick zu bewegen, dadurch, dass Sie mal mehr und mal weniger Abstellung einfordern. Spüren Sie die Maultätigkeit und verändern Sie ruhig auch mal die Haltung des Genicks, mal höher, mal weiter in der Ganasche geöffnet, mal tiefer. Und wenn es sich richtig gut anfühlt, dann lassen Sie den Zügel mal lang und legen eine Zeit zum Kraulen ein. Erfühlen Sie, wie Sie das Pferd an die Hand herantreiben können, dadurch, dass Sie die Zügel gleichmäßig aufnehmen und weich, aber konstant das Pferd von hinten nach vorne an die Hand heran aktivieren. Legen Sie die Gerte weiter innen am Oberschenkel an, dann soll das Pferd Schulterherein-ähnlich schreiten. Touchieren Sie vornehmlich die Kruppe, dann fordern Sie deutlich mehr Aktivität von hinten.

Das alles soll spielerisch und ohne Aufwand erfolgen und vor allen Dingen immer im Fluss sein. Und denken Sie dabei an die hervorragende Grundschule, die Ihr Pferd absolviert hat. Wenn Sie anhalten wollen, dann sagen Sie es einfach, aber bitte ziehen Sie nicht am Zügel. Das sollen Sie aus dem Sattel auch nicht. „Und halt" – und rums, das Pferd steht! Das geschieht ohne Handeinwirkung. So soll es sein.

Sobald Sie sich an der Bande wohl und sicher fühlen, suchen Sie sich einmal eine Zirkellinie und gern hierheraus auch eine Volte, um Stellung abzufragen. Können Sie die äußere Begrenzung leicht halten, dann wechseln Sie auch auf den zweiten oder dritten Hufschlag und gehen schnurgerade in Außenstellung.

RHYTHMISCH UND WEICH

Der rhythmische Schritt und die korrekte weiche Anlehnung sind das Ziel dieser Arbeit. Wichtig ist die Art, wie Sie neben dem Pferd hergehen. Es soll so sein, dass jeder Körper für sich ausbalanciert ist. Sie stemmen weder in den Zügel noch gegen das Pferd. Es ist wie beim Reiten, wo Sie unabhängig von der Hand in Ihrem Gleichgewicht sein sollen. Richten Sie Ihren Körper auf, brechen Sie Ihre Winkel und gehen Sie selbstbewusst Ihre Spur. Nebenbei schulen Sie Ihr Pferd für die Position und den selbstverständlichen Gehorsam, den wir als Grundlage für die Schulung der Piaffe brauchen. Nicht jedes Pferd muss piaffieren lernen, nicht jedes wird es können. Aber das Führen an der Hand kann jedes erlernen und das Bewusstmachen der vier Beine ebenso.

Sie können an dieser Stelle alle Lektionen, die Sie bereits gelernt haben, miteinander verknüpfen. Beginnen Sie mit „Und an", „Und halt", dem Folgen und Ausweichen, fragen Sie ein Kompliment, Wenden, Ausweichen ab; und auf der anderen Hand angekommen wieder ein Kompliment, noch ein Folgen, ein diagonales Kompliment, und

dann nehmen Sie die Zügel auf und arbeiten an der Haltung, an dem Kompliment in Haltung und wieder ein Wenden und das Ganze auf der anderen Hand.
Es macht großen Spaß, den Tag mit den Pferden so zu beginnen. Es ist der Weg über eine korrekte innere Haltung zu einer korrekten äußeren Haltung, der dem Pferd als Partner im Dialog die Möglichkeit gibt, viele Fragen zu beantworten und Antworten auf seine Fragen zu bekommen. Es hält den Körper und den Geist beweglich. Nun entscheiden Sie, ob Sie noch etwas reiten oder klassisch bzw. kommunikativ longieren. Und am Ende nehmen Sie das Lederzeug ab, machen Freiarbeit und sausen mit Ihrem vierbeinigen Partner durch die Bahn. Nun legen Sie Ihren geliebten Freund ab und er kullert in Ihren Schoß. Das ist pures Glück mal zwei! Am Ende teilen Sie sich noch den Apfel als Pausenschmaus, während Sie auf seiner Kruppe sitzen und sich freuen, dass Sie einen Zugang zu einer der wunderbarsten Kreaturen dieses Planeten bekommen haben.

Die Touchierpunkte haben eine unterschiedliche Wirkung.

Touchierpunkte, die Abwehr erzeugen, sind nicht gut.

IN KÜRZE

- **Durch den Perspektivwechsel sieht man Dinge, die man aus dem Sattel nicht sieht. Manchmal entdeckt man die Ursachen, warum es bei einer Lektion klemmt, und findet den Punkt, den Knoten zu lösen.**
- **Dadurch, dass Sie mit der inneren Hand direkt in den Gebissring greifen, bekommen Sie noch einmal ein ganz anderes Gefühl für die Maultätigkeit und eine korrekte, weiche Anlehnung.**

DER WEG ZUR PIAFFE

Socio ist Portugiesisch und heißt Partner, Freund, Gefährte. Das versuchte mir 2003 ein fast zahnloser Mitarbeiter der Hacienda von Herrn Razinas auf Portugiesisch zu erklären, als ich mich für den introvertierten dreijährigen Hengst, der in einer Box stand und konsequent den Kopf in die Ecke hielt, entschied. Irgendwie verstand ich, was der freundliche Herr sagte, ohne Portugiesisch zu können, und dabei half mir tatsächlich einmal, man glaubt es nicht, mein großes Latinum.

Zuhause mit dem Pferd angekommen, verflog das erste Jahr der Ausbildung und alles lief nach Plan. Ein tolles Pferd, das auch heute noch an meiner Seite ist. Durch Zufall sah ich ein Video eines namhaften Ausbilders von der Schulung der Piaffe. Total inspiriert davon lief ich sofort in den Stall, holte meinen Gefährten heraus und begann mit dem Training. Es dauerte keine Viertelstunde, da begann dieses wunderbare Tier mit dem Diagonalisieren. Sie werden es gewiss auch schon erlebt haben, dass manchmal alle Sterne richtig stehen und es einfach klappt. Keiner weiß warum.

ARBEIT AN DEN HALBEN TRITTEN

Socio machte nicht nur mit, er konnte mir auch allerhand erklären. Durch meine Arbeit mit Border Collies an meiner Mutterkuhherde kannte ich den Bewegungsablauf der Vierbeiner sehr gut. So war mein Auge extrem gut darauf geschult zu sehen, wann welches Bein be- oder entlastet ist. Denn es kam immer mal wieder vor, dass ein Hund eine Kuh in die Fersen zwicken musste, damit Respekt und Vertrauen im Einklang blieben und die Herde mir gehorchte. Und meine Hunde haben mir gezeigt, wie klug es ist, das belastete Hinterbein zu aktivieren und nicht das entlastete. Denn letzteres kann mit Abwehr reagieren. Es ist unfassbar, wie blitzschnell die Kühe damit exakt zielen können, und ihre Tritte haben extrem viel Wucht. Das könnte für einen Hütehund der letzte Einsatz seines Lebens gewesen sein.

Das belastete Bein kann nicht so schnell mit Abwehr reagieren, da es ja Gewicht trägt. Und wenn es reagiert, ist die Abwehr überwunden und der Impuls führt in die Vorwärtsbewegung. So konnten meine Hunde mit einem gezielten Griff in die Fessel widerspenstige Tiere antreiben. Nun brauchten meine Kühe nicht zu piaffieren, aber passend reagieren sollten sie doch. Und der Impuls sollte aktivieren und unbedingt an der Abwehr vorbeizielen. Ging es doch hier ausschließlich darum, das Tier zu aktivieren, und nicht darum, Streit zu bekommen.

Nun stand ich da neben meinem wunderbaren Lusitano, dem die Piaffe auch so was von in die Wiege gelegt war, dass ich verblüfft war über meine Erfolge. Bis zum heutigen Tag ist die Piaffe bei ihm kein klein gerittener Trab, keine Angst auf der Stelle, sondern eine Bewegung, die wie die vierte Gangart durch seinen Körper schwingt und fast ein Eigenleben führt. Menschen wie Tiere lernen über den Erfolg, und so lernte ich Piaffe hoch und runter.

»Die Kunst der Schulung stärkt die Stärken und schwächt die Schwächen.«

DAS ERKLÄREN DER BEINE

Ich begegnete in meinem Leben auch vielen Pferden, die dieses System sofort verstanden; einigen, denen es deutlich weniger leichtfiel, bis hin zu anderen, die absolut talentfrei waren für diesen Versammlungsgrad.

Ich habe über die Jahre verstanden, wie klug es ist, den Pferden die Piaffe als eigenes Bewegungsbild zu erklären, um es später in den gesamten Kontext mit einzubauen. Es hilft den Pferden, eine kognitive Verknüpfung zu den sonst eher reflexartig gesteuerten Bewegungen zu bekommen. Es wirkt auf mich immer, als würden wir den gigantischen Freunden die Beine erklären.

Die Arbeit am Diagonalisieren, an den halben Tritten oder auch später in Vollendung an der Piaffe schließt das Pferd von hinten, was so viel bedeutet wie eine erhöhte Lastaufnahme des Hinterbeins sowie ein erhöhter Fleiß in der Motorik. Das Diagonalisieren stärkt die motorischen Abläufe, die Kraft, die Fähigkeit abzufußen sowie die Kadenz. Es schult die Akzeptanz der Hilfen, das Gleichgewicht und die Geschicklichkeit. Beim Menschen schult es das Auge für den Bewegungsprozess, die motorischen Abläufe und ein Verständnis für Spannung und Entspannung. Es erklärt die Zusammenhänge zwischen Hinterhand und Anlehnung. Und für all das müssen Pferd und Mensch gleichermaßen reif sein.

Dennoch empfehle ich „reifen" Trainern, den Pferden das Diagonalisieren schon recht früh zu erklären, denn der Nutzen hieraus ist immens. Geht es doch nicht um Lastaufnahme, sondern vielmehr um motorische Fertigkeiten, die das Pferd in jungen Jahren recht selbstverständlich lernt. Später hilft es, die Hinterhand geschickt und schnell werden zu lassen, das Hinterbein ist doch Objekt der Begierde Nummer eins. Denn nur wenn der Motor gut ist, läuft das Ross! So beginne ich gerne zwischen dem vierten und fünften Lebensjahr mit diesem Training. Das Führen an der Hand ist dann als gute Vorbereitung abgeschlossen und wir können das Pferd mit Leichtigkeit in Stellung und Biegung durch die Bahn geleiten. Nun stellen wir das im besten Falle ausgebundene, mit Gamaschen und Sprungglocken versehene Pferd auf den Hufschlag und beginnen auf der Schokoladenseite.

Das Verständnis für die Bewegungsabläufe gehört in die Ausbildung der jungen Reiter.

Ich streichle das Pferd mit einer 1,40 Meter langen, gut federnden Gerte besonders an der Hinterhand. Hier kann ich schon exakt erlesen, ob es Spannungen in der Haut gibt, wie der Schweif getragen wird und was die Atmung macht. In der Piaffe kündige ich vom ersten Tag an mein Vorhaben mit dem Signal „Achtung" an. Mein Ziel definiert sich folgendermaßen: Ich wünsche mir, dass mein großer Freund auf das leichte Touchieren mit der Gerte das jeweilige Bein kurz anhebt, ohne dabei nach vorn zu drängen, Abwehr zu zeigen oder passiv zu sein.

TOUCHIERPUNKTE

Es gibt verschiedene Touchierpunkte am Hinterteil eines Pferdes.
Beginnen wir unten im Fesselbereich. Hier macht Touchieren wenig Sinn, da es die Bewegung nicht modellieren kann und wir später aus dem Sattel nicht drankommen. Das Röhrbein unter dem Sprunggelenk ist denkbar, um eine Orientierung des Beins nach vorn zu erzielen. Das kann ich aber oberhalb des Sprunggelenks ebenso erreichen, und hier komme ich mit einer entsprechend langen Gerte auch aus dem Sattel hin. Dieses Touchieren dient der einseitigen Aktivierung des jeweiligen Beins.
Den Batzen, den dicken Pomuskel des Pferdes zu touchieren, lohnt nicht, da es nur reflexartiges Wegzucken oder Abwehr erzeugt. Außerdem gibt es noch den Punkt genau auf der Kruppe Richtung Schweifrübe. Dieser Punkt ist besonders bei Phlegmatikern sehr interessant, denn hier kann ich den ganzen Motor anwerfen. Und es ist auch ein Punkt, den ich später aus dem Sattel gut erreichen kann. Es gibt allerdings Pferde, die an dieser Stelle mit einer hohen Kruppe reagieren, und das wiederum ist kontraproduktiv. Das Bein auf der anderen Seite erreiche ich mit meiner langen Gerte unter dem Bauch hindurch.
Und da ist noch etwas ganz Wichtiges. Bitte schaffen Sie in diesem Training stets ausreichend Komfortzonen, gefüllt mit sozialer Fellpflege. Streicheln Sie auch die Stellen, die Sie mit der Gerte berühren, und geben Sie Ihrem Pferd Zeit, kognitiv an Bord zu bleiben.

DIE RICHTIGEN FUNKTIONSKREISE

Wie bei allen anderen Lektionen auch, geht es nicht darum, schnell an die Piaffe zu kommen. Es geht vorerst darum, die Funktionskreise zu sortieren. Sie erinnern sich: Der Weg führt über die korrekte innere Haltung zur gewünschten äußeren Haltung. Und hier erleben wir wieder einmal die Individualität unserer Pferde.
Begegne ich einem Kollegen, der umgehend nach der Gerte tritt, dann wird die Gerte durch das Treten nicht aufhören zu touchieren. Sie hört erst auf, wenn das Auskeilen aufhört. Habe ich einen passiven Partner, dann werde ich so lange den Impuls erhöhen, bis irgendeine Reaktion kommt, und dann sofort damit aufhören.
Wenn die Reaktion des Hinterbeins als solche geschult ist, dann werde ich beginnen, das Pferd in Schulterherein-Stellung zu führen und in dieser Bewegung das Hinterbein im passenden Rhythmus aktivieren abzufußen. Der Sinn des Touchierens ist ausschließlich, die Bewegung zu unterstützen. Das Maß des Impulses darf nur als Hilfe verstanden werden, die das Bein in die erwünschte Bewegungsrichtung bringt. Erst wenn das verstanden wurde, motiviere ich das Pferd zu einer gleichzeitigen Bewegungsfolge der diagonalen Gliedmaße. Da es über das Schulterherein verstanden hat, dass die Tür vorn nicht verriegelt ist, traut es sich in dem Moment nach vorn, in dem es die Hinterhand unterzieht und das diagonale Bein bewegt. Brav – und Komfortzone. Ich wiederhole das noch zwei Mal, Sie erinnern sich an die magische Drei, und entlasse mein liebes Ross mit diesem Erfolg.

SPANNUNG UND ENTSPANNUNG

Es ist im Training jedes Mal herrlich zu beobachten, wie die Menschen an dieser Stelle anfangen, neben ihrem Pferd von einem Bein auf das andere zu hopsen und die Hüften schwingen, als müssten sie selbst piaffieren. Ich sage dann immer: „Sie sollen nicht piaffieren, Ihr Pferd soll es tun."
Direkt danach lasse ich bei meinen Pferden den Hals lang und sause mit ihnen durch die Halle. Auf Spannung muss Entspannung folgen. Das Bedrohungssystem lässt sich ausschließlich durch das Bindungssystem beruhigen und Bewegung baut Adrenalin ab. Sie und ich brauchen Adrenalin, um morgens aus dem Bett zu kommen.

»Über die korrekte innere Haltung zur gewünschten äußeren Haltung«

Es ist nichts Verwerfliches daran, ein Pferd kurz und präzise zu einer Spannung zu aktivieren, um diese umgehend gegen Entspannung zu tauschen. Und wenn Ihr Pferd abschnaubt, den Hals fallen lässt und zu Ihnen kommt, wenn Sie anhalten, dann spüren Sie ihn wieder: den Moment, wenn Pferde Komplimente machen. Es ist wunderschön! Nun ist es nicht mehr weit für Sie zum geregelten Diagonalisieren. Bald können Sie diese Ansätze der Piaffe entweder in Ihre tägliche Handarbeit mit einbinden oder aber auch einfach in die Ferien schicken. Das ist nämlich sensationell am Pferd: Im Urlaub geht nichts verloren.

IM SATTEL

Später kann man diese Ansätze beim Reiten extrem gut nutzen, um ein Pferd im Hinterbein stark und schnell zu machen. Hier benutze ich dann zwei Gerten, und das sieht meist spektakulärer aus, als es ist. Die Gerten dienen nur der gleichmäßigen Aktivierung der Hinterhand. Die Antwort auf die Gerten hat das Pferd bereits gelernt, und nun kann ich das aus dem Sattel im Trab abfragen. Denn nur, wenn Sie den sanften Gertenimpuls klug innerhalb der korrekten Fußfolge geben, können Sie eine angemessene Antwort bekommen: Schauen Sie im Trab auf die Schulterblätter des Pferdes. Geht die Schulter zurück, muss das jeweilige Hinterbein nach vorn wollen. In diesem Moment dürfen Sie es touchieren, um die Bewegung nach vorn zu verstärken.
Sind Sie nun so weit, dass Ihr Pferd die Anfänge der Piaffe unter dem Sattel üben soll, dann brauchen Sie genau diese Technik. Sie sagen das Signal „Achtung" und werden schon spüren, wie der Körper Ihres Lieblingsfreundes bereit ist für die Arbeit. Und nun schnalzen Sie leise im Rhythmus. Bitte nicht laut und nicht schneller, als ein Pferd piaffieren kann. Konzentrieren Sie sich auf die Schultern und beginnen Sie vorsichtig, durch leichtes wechselseitiges Anlegen der

Gerten die Hinterhand zum Abfußen zu aktivieren. Einmal, zweimal, dreimal, brav. Zügel lang und Schritt raus. Und dann werden Sie verstehen, dass die Piaffe eine Lektion der Hohen Schule, aber keine Hexerei ist.

Sie haben nun bereits eine Wegstrecke mit ihrem vierbeinigen Freund hinter sich gebracht, haben Lesen, Laufen, Zuhören, Rechnen und Reiten gelernt. Nun können Sie Trab auf der Stelle. Nein, viel besser, nun können Sie mit Ihrem Pferd im Rhythmus Bewegung modellieren. Sensationell. Welches reiterliche Signal Sie später hierfür nehmen, bleibt Ihrem Reitstil und Ihren Fähigkeiten überlassen. Aber helfen Sie Ihrem Kollegen immer mit dem leisen „Achtung". Und bitte arbeiten Sie ohne Druck und Ehrgeiz. Zielstrebigkeit reicht in der Tierschule völlig aus.

Halten Sie die Piaffe nicht auf der Stelle fest. Wenn Sie später so weit sind, können Sie dieses Bewegungsmuster überall hineinintegrieren: ins Lösen, in die Galoppübergänge, aus dem Schritt, aus dem Trab oder aus dem Halt. Kombinieren Sie immer mal wieder die Piaffe mit dem Kompliment, denn hier können Sie die Hinterhand gut untersetzen und den Rücken nach oben holen. Es lässt Spannung und Entspannung verschmelzen.

IN KÜRZE

- **Das Diagonalisieren entwickelt Kraft, schult die Akzeptanz der Hilfen, das Gleichgewicht und die Geschicklichkeit.**
- **Beim Reiter schärft es das Auge für den Bewegungsablauf und erklärt die Zusammenhänge zwischen Hinterhand und Anlehnung.**
- **Ist das Diagonalisieren ausreichend gut erarbeitet, integrieren Sie diesen Bewegungsablauf an verschiedenen Stellen in Ihr Training: aus dem Schritt, aus dem Trab, mit einem anschließenden Kompliment usw.**
- **Das Erarbeiten der Piaffe braucht gleichermaßen ein reifes Pferd, einen reifen Pferdeführer und Zeit.**

Im Einklang. Die HarmoniLogie® erzeugt Harmonie.

DER WEG ZUM REITPFERD

— *Gut geschult ins Leben*

GEISTESWISSENSCHAFT UND SPORT

Beim Training der Border Collies am Vieh erzeuge ich in kürzester Zeit Höchstleistung. Mit extremen Sprints, häufigen Kurzstrecken von bis zu 500 Metern auf maximale Geschwindigkeit, schnellen Wendungen und absoluter Körperspannung werden die Hunde jeden Tag körperlich sehr hoch belastet. Aber hier, in der Arbeit, erleben sie die absolute Erfüllung ihres Seins. Die hohe sportliche Auslastung sowie die starke geistige Anforderung lässt die Hunde unglaublich fit und froh wirken. Damit sie das leisten können, bekommen sie ein Rundum-Training, vor allen Dingen einen gezielten Muskelaufbau. Durch Joggen und lockeres Traben ebenso wie High-Speed-Touren am Fahrrad, Schwimmtraining und Teamtraining erfahren sie häufig am Tag eine körperliche Ansprache. Das ist der Sport.
Zudem haben sie auch noch „Geisteswissenschaft“ und „Sozialkundeunterricht“. Gelernt habe ich von diesen vierbeinigen Meistern, dass zu einem erfüllten Leben in der Obhut des Menschen eben genau diese Wahlfächer gehören. Sie müssen körperlich stark und fit sein, sie müssen geistig gefordert werden und sie brauchen Liebe. Spur und Sport – mehr ist nicht nötig!

MUSKELKRAFT UND NERVENSTÄRKE

Das ist beim Pferd genau dasselbe. Es soll mich tragen, Schwung entwickeln und ausbalanciert sein. Das kann es nur, wenn es regelmäßig Sport treibt. Dem Menschen zugewandt ist es nur, wenn es Bindungsrituale gibt, und schlau wird es nur durch guten Unterricht.

Das Pferd braucht ein soziales Gefüge und regelmäßig ausgiebigen Kontakt zu friedlichen Artgenossen. Muskelkraft und Nervenstärke lassen das Tier in voller Pracht erscheinen. Und genau darum sollten wir uns bemühen. Je ausgelasteter es ist, um so leichter ist es zu erziehen. Steht ein junges Pferd allerdings 23,5 Stunden in einer Box, wird es viele Fragen haben, die nicht zum Thema passen, wenn es in den Unterricht kommt. Wenn Pferde sich dann wehren, gilt ein Großteil ihrer Abwehr möglicherweise ihren Lebensbedingungen. Dass dabei der Reiter verloren gehen kann, ist gar nicht im Interesse des Pferdes.

GUTE VORBEREITUNG LOHNT SICH

Die Vorbereitung für das Anreiten bekommt keine Preise und auch keine Schleifen. Die holt der Jockey später für die gelungenen Lektionen und den fehlerfrei absolvierten Parcours. Die Vorbereitung und das korrekte Anreiten im Hinblick auf ein sinnvoll strukturiertes Lernmuster bringt aber Komplimente des Pferdes ein. Es steht willig und entspannt, leistungsbereit und gesund an der Seite seines Menschen und beantwortet auch schwierigere Fragen gut. Durch gutes Reiten kann ich bei einem Pferd genau das erzeugen, was ich auch bei den Border Collies erzeuge: Eine wunderbare körperliche Auslastung mit gesunden Bewegungsmustern und ein aufgeräumtes, strukturiertes Inneres durch eine kluge Symbiose aus Binden, Begrenzen und Aktivieren. Der feine Dialog schult und fordert den Geist. So erfahren wir eine gelungene Sinfonie aus Geisteswissenschaft und Sport.

DAS ANREITEN UND DIE KUNST DER FEINEN SPRACHE

Mit viel Ruhe und wachen Sinnen geht es nun an das Anreiten. Gut vorbereitet mit einem fertig ausgerüsteten Pferd, passendem Sattel, richtig verschnalltem Reithalfter, Gamaschen, Sprungglocken, Reiter mit Handschuhen, Helm und ohne Sporen, Longenführer mit festem Schuhwerk, Handschuhen und vor allem mit Zeit und in einem ruhigen Ambiente.

Da unser vierbeiniger Freund nun bereits eine Menge kann, erwartet uns keine Überraschung. Der Mensch hat schon einige Male auf dem liegenden Pferd gesessen. Derjenige, der die Grundausbildung gemacht hat, steht an der Longe, der Jockey sollte mit dem Anreiten junger Pferde vertraut sein und eine ruhige Ausstrahlung haben. Die Signale und die Sprache am Boden sollen dem Pferd nun helfen, die richtigen Lösungen zu finden. Wir beginnen wie gewohnt und bereits ritualisiert mit dem Führen, dem Kompliment, dem Wenden und wärmen dann das Pferd erst kommunikativ, dann klassisch an der Longe auf. Dann rufen wir es zu uns in die Zirkelmitte und schaffen erneut eine Komfortzone. Nun kommt der Moment, der bei den ersten Malen immer etwas kniffelig sein kann.

Mit dem Einverständnis des Pferdes bekommt das Training eine Erfolgsgarantie!

DAS AUFSTEIGEN

Der Longenführer sollte sich auf die rechte Seite diagonal vor das Pferd stellen, die Longe kurz halten und mit der linken Hand am Sattel etwas gegenhalten, während der Reiter in den Bügel tritt und ganz wenig Druck hineinbringt. Sowie das Pferd ruhig bleibt, nimmt der Reiter den Fuß wieder aus dem Bügel und beginnt zu kraulen. Diese Prozedur wiederholt man und steigert den Druck im Bügel immer ein wenig mehr, bis man in dem einen Bügel stehen kann. Meist dauert es ein paar Minuten, bis das Pferd mit absolut ruhiger Atmung und Lidschlag dasteht und signalisiert, dass es jetzt weitergehen kann und dass es dieses ewige Hoch und Runter verstanden hat. Nun setzt der Jockey sich langsam und vorsichtig in den Sattel. Egal wie gut Sie Ihr Pferd vorbereitet haben, Sie sollten ein Pferd immer mit erfahrenen Reitern einreiten. Berufsreiter sind gemeinhin hierfür ausgebildet und können das Verhalten der Pferde gut lesen. In diesen Anfängen sollten auf keinen Fall Fehler passieren. Das wären verkehrte Lernmuster, die es dann später langatmig zu reparieren gilt.

Ist der Reiter oben angekommen, suggeriert er dem Pferd, dass man von hier an die allerbesten Kraulestellen wunderbar rankommt. Wenn Sie es

01 Durch gezieltes Training in einem kontrollierten Umfeld ...

02 ... wird das Vertrauen mit Sorgfalt erarbeitet.

03 Innere Losgelassenheit sollte das Ziel jedweder Ausbildung sein.

schaffen, von hier oben so zu loben, dass das Pferd schmatzt und einen langen Rüssel zieht, ist es mit Freude dabei – und das Training kann beginnen. Es kann sein, dass es klug ist, das Auf- und Absteigen an einem Tag zu machen und das Losgehen im Schritt an einem anderen. Es sind zwei Fragen, und wir haben ja gelernt, dass es gut ist, immer nur eine Frage zu stellen. Also bleiben wir bei der magischen Drei und bringen unseren Freund nach dem Training auf die Koppel. Am nächsten Tag wird die ganze Prozedur wiederholt und es ist deutlich zu lesen, dass das Pferd von vornherein Lidschlag hat und genüsslich kaut, während der Mensch auf seinen Rücken krabbelt.

LOS GEHT'S

Dann können wir mit dem Führen beginnen. Der Longenführer übernimmt die Signale. Der Reiter sitzt nur entspannt oben. „Und an" und das Pferd geht los.

Ja, diese ersten Schritte können etwas „eirig" sein, denn das Pferd kennt dieses Gefühl noch nicht. Lesen Sie Ihr Pferd, während Sie nebenherlaufen, und erkennen Sie die Funktionskreise anhand der Signale. Wenn Pferde an dieser Stelle verlangsamt sind und keinen Lidschlag haben, eine Spannung im Ohr, eher mit steifen Beinen losgehen, dann befinden sie sich in der Abwehr. Es ist sinnvoll, das Pferd jetzt mit Fragen zu beschäftigen, die der Bewegung dienen. Ihr Reiter wird Ihnen bestätigen, dass das Tier sich von oben etwas aufgewölbt anfühlt und die Bewegung nicht durch den Körper lässt. Also konzentrieren wir uns an dieser Stelle auf das Losgehen und Anhalten und wieder Losgehen. Erst wenn die Spannung raus ist, dürfen Sie das Training beenden, innerhalb des Trainings aber keine neuen Fragen stellen.

Abwehr ist normal, aber erstens unnötig und zweitens nicht erwünscht. Schauen Sie, dass Sie mit Reiter im Sattel an die Lobrituale kommen. Es ist vernünftig, sich mit diesen Zeremonien aufzuhalten. Es ist aber auch vernünftig, ein Pferd, das nicht in die Spur will, erst einmal ohne Reiter in die Spur zu bringen, um dann das Ergebnis der gefundenen Spur mit Reiter abzuernten.

Wenn alles entspannt läuft, dann geben Sie Ihrem Pferd mit Reiter etwas mehr Raum, so, dass Sie bald an die Zirkellinie im Sinne der Longenarbeit kommen. Der Reiter übernimmt nun etwas das Kommando, das Sie stets unterstützen.

Lektionen aus der Bodenarbeit fördern das Gleichgewicht des jungen Pferdes und die Kraft.

„Und an", „Und halt" und loben – im Schritt auf beiden Händen. Klappt das, dann bitte auch bald im Trab. Hier beginnen wir dann auch, die Steuerung vom Sattel aus einzubauen und mit der Möglichkeit, das Pferd zu parieren, zu arbeiten. Seien Sie konzentriert, denn ein Pferd warnt Veränderungen an. Je früher Sie die Signale erlesen, umso leichter können Sie unerwünschte Funktionskreise blockieren und die Türen zu den erwünschten öffnen.

GUTE RITUALE KONTRA SCHLECHTE ANGEWOHNHEITEN

Der Tagesablauf sollte für das junge Reitpferd sehr strukturiert und ritualisiert sein. So kann es sich verbindlich auf die körperliche Belastung einstellen. Bitte gymnastizieren Sie Ihr Pferd vor und nach dem Reiten ausreichend und bauen es mit Stangenarbeit, gutem Longieren, und allen Übungen, die Sie nun zur Verfügung haben, auf. Unsere Pferde gehen neben diesem Training auch noch auf ein Laufband oder als Handpferd mit ins Gelände. Erhöhen Sie beim gewöhnlichen Training die Reizlage, aber bei einer neuen Fragestellung stellen Sie diese Reize bitte erst wieder ab. Stimmen Atmung, Lidschlag und Oberflächenspannung Ihres großen Freundes, dann kann es zügig weitergehen.

KONTINUIERLICH ARBEITEN

Wenn Pferde weder den Wunsch verspüren, ihren Reiter loszuwerden, noch die Möglichkeit dazu haben, dann ist der Weg zum Reitpferd gar nicht weit.

In meinen Augen sollte man dieses Training am Stück durchziehen, und zwar täglich, bis das Ziel erreicht ist, dass das Pferd gelassen unter dem Reiter auch ohne Longenhilfe Schritt geht, traben und galoppieren kann. Ist das fertig erarbeitet, kann man das Tier in den Urlaub schicken und ein bis drei Monate ruhen lassen. Der sportliche Anspruch sowie die kognitiven Anforderungen brauchen eine gewisse Kondition, und diese bauen Tiere ausschließlich durch Kontinuität auf.

DIE KOMPOSITION DER AKUSTISCHEN UND LEIBLICHEN SPRACHE

Ihr Pferd kennt aus der Bodenarbeit die Signale, die die vier Säulen der HarmoniLogie® betreffen. Das ist nun von großem Wert. Wollen Sie dem Pferd die treibenden Hilfen erklären, sagen Sie zuerst das Signal und wirken dann leicht mit dem Kreuz ein. Passiert nun gar nichts, sagen Sie wie gewohnt „Na" und legen wie sonst die Gerte an, allerdings erfolgt gleichzeitig ein leichter Druck mit dem Schenkel. So können wir den treibenden Impuls der Gerte auf das Bein legen.

Jetzt muss die Grünphase folgen, das „Und an" sowie erneut die Einwirkung mit dem Kreuz. Wiederholen Sie diesen Vorgang, bis das Pferd Ihre Signale verstanden hat und die Hilfe ausbleiben kann. Wählt das Pferd den falschen Gang, also zum Beispiel Trab und nicht wie erwünscht Schritt, dann greift das „Besser-als"-Prinzip und Sie loben trotzdem, beginnen aber sogleich erneut mit der Fragestellung.

Dasselbe gilt für den Galopp. Erklären Sie Ihrem Pferd die Galopphilfe, dann sagen Sie das Signal gleichzeitig mit dem Einwirken des inneren Schenkels und Ihrer Gewichtshilfe. Springt es im Außengalopp an, dann ist das ein Fehler in unserem Sinn und wird gelobt. Durchpariert und neu gestartet an einem etwas geschickteren Ort hilft das Gleichgewicht dem Pferd, den Handgalopp zu verstehen.

Sind die reiterlichen Signale verstanden, dann lassen wir die akustischen Signale weg. Und plötzlich hört man Sie nur noch beim Loben! Herrlich.

RÜCKWÄRTSRECHNEN AUF DAS KLEINSTE SIGNAL

Es war mein Gefährte Socio, der mir die Feinheit der Sprache erklärte. Vielleicht war mein Reiten nicht immer so feinfühlig, wie er funktionierte, und da brachte eine besondere Situation etliche Gedanken in meinem Kopf zum Wirken.

Da ich ungern in der Arbeit mit Tieren gestört werde, ist mein Handy zwar an Bord, aber lautlos, nur mit Vibrationsalarm. Manchmal habe ich das gespürt und durchpariert zum Halt, um das Telefon aus der Tasche zu kramen. Für Socio immer eine wunderbare Pause. Manchmal war ich aber so konzentriert und wichtig mit Reiten beschäftigt, dass ich auch den Vibrationsalarm nicht bemerkte. Socio schon. Er parierte brav durch und machte mich darauf aufmerksam, dass mein Telefon klingelte. Und dieses Erleben hat die Feinheit der Signale noch einmal in ein neues Licht gesetzt.

Das System, mit welchem wir die Signale schulen, damit sie letztlich unsichtbar und nur noch spürbar sind, sollte gutes Reiten prägen, egal in welcher Disziplin Sie arbeiten. Wir nennen das: das Rückwärtsrechnen auf das kleinste Signal. Dieses System zieht sich durch die Hand- und Bodenarbeit bis in den Sattel und lehrt die Menschen, leise und freundlich zu bleiben. Bei Missachtung kann immer noch ein Impuls nach dem Prinzip der Ampel zugeschaltet werden.

Die drei Aspekte der Antwort enthalten immer erst die Unmittelbarkeit der Reaktion, danach folgt die korrekte innere Haltung und erst am Schluss geht es um die korrekte Ausführung. So auch beim Reiten. Wenn Ihr Pferd auf das Anlegen des Schenkels nicht reagiert, dann brauchen Sie gar nicht weiter zu forschen. Vergessen Sie, was Sie vorhatten, und machen Sie, dass es auf den Schenkel reagiert, und das unmittelbar. Erst jetzt können Sie mit dem Schenkel etwas erklären und wieder zurückfinden zum ursprünglichen Vorhaben.

DIE ANTWORT MUSS ZUR FRAGE PASSEN

Beim Anreiten kann es immer mal wieder zu unangemessenen Antworten kommen. Manchmal stellt man einem jungen Pferd leise eine kleine Frage und bekommt recht laut eine große Antwort. Das ist für mich immer ein Zeichen, dass das Pferd noch etwas mehr Absicherung in der Grundschule braucht.

Pferde meinen, was sie sagen. Und wenn sie unangemessen antworten, dann sind sie auf die Frage nicht genug vorbereitet. Erst wenn das nicht mehr vorkommt und das Pferd die Signale des Reiters annimmt, können wir Variablen verändern, zum Beispiel die Trainingszeit oder -dauer, das Maß an Ablenkung, das Ambiente. Da Pferde extrem bindungsfähig sind, sollten die Bezugspersonen in der Ausbildung erst einmal nicht wechseln. Ein zweieinhalbjähriges Pferd auf das Anreiten vorzubereiten, halte ich für klug. Es dreijährig zu reiten und sportlich zu formen,

empfiehlt sich bei recht gut entwickelten Pferden auch. Sie dann ein paar Monate in den Urlaub zu schicken ist klasse.
Ein vierjähriges Pferd aber braucht körperliche Auslastung und inneren Halt. Sofern kein Befund dagegenspricht, sollten diese Jungspunde geformt und gefordert werden, damit die Flausen, die ihnen von dem vierten auf das fünfte Lebensjahr (die letzte pubertäre Wandlung) in den Kopf kommen, sie nicht in Unordnung bringen. Ist der Kollege erst einmal fünf, dann geht es meist steil bergauf, denn nun hat er Kraft und ist schlau.

IN KÜRZE

- **Gut vorbereitet durch all die Lektionen, die das Pferd bis hierhin erlernt hat, ist das Anreiten keine große Aktion mehr.**
- **Pferde sind sehr bindungsfähig und deshalb sollte die Bezugsperson in der Ausbildung erst mal nicht wechseln.**
- **Antwortet das Pferd unangemessen auf die gestellte Frage, sollten Sie ihm diese noch einmal grundlegend erklären.**

HARMONILOGIE® – FÜR INNERES UND ÄUSSERES GLEICHGEWICHT

Die Arbeit mit diesen wunderbaren Geschöpfen hat große Wirkung auf die Menschen, die mit ihnen umgehen. Pferde regulieren uns. Sie spiegeln unmittelbar und unverblümt all das wider, was wir auch manchmal nicht so gern sehen. Am meisten aber reflektieren sie unsere guten Seiten und helfen uns mit ihrer Sanftheit und Güte, stets an uns zu arbeiten. Pferde sind unfassbar geduldig, leider auch sehr leidensfähig. Sie blühen auf wie der schönste Rosenstrauch im Juli, wenn die Partnerschaft passt und funktioniert. Dann binden sie sich an ihre Menschen ohne Wenn und Aber.
Die Arbeit mit Pferden, und das reicht vom Holzrücken bis zum Grand Prix-Reiten, beschäftigt so unglaublich viele Menschen, dass der Eindruck entsteht, es könne sich um ein hoch ansteckendes Virus handeln. Pferde sind stark im Geist und

Im Vordergrund steht die gemeinsame Freude am Training.

haben Kraft im Körper, sie sind kommunikativ und hören genau zu, sie sind sanft und können dennoch töten. Das Pferd ist ein Wesen, das stets um ein Gleichgewicht bemüht ist – ein inneres und ein äußeres. Sie brauchen das Gleichgewicht in ihrem prächtigen Körper und in ihrer tiefen Seele. Und sie sorgen für das Gleichgewicht in uns, sind unser Regulativ.

PARTNER UND TRAINER

Wir Menschen haben unserem Pferd gegenüber zwei verschiedene Rollen zu übernehmen: Einerseits sind wir Partner voller Fürsorge und Empathie für unseren vierbeinigen Freund, andererseits Trainer und Coach voller Weitsicht und Überblick. Es ist nicht immer leicht, diese Rollen zu sortieren. Dennoch sollten wir stets bemüht sein, diese beiden Positionen zu trennen. Ihr Pferd kann Sie an Ihre Grenzen bringen. Es kann Sie einschüchtern und lieben zugleich. Häufig reichen die Emotionen der Menschen von Glück über Selbstzweifel und Hilflosigkeit bis hin zu Stolz und dann auch wieder Frustration. Viele von Ihnen kennen diesen Moment, in dem man überlegt, seine Reitstiefel zu verkaufen – und nicht, weil man neue braucht. Immer wieder ist es eine Meisterleistung der Pferde, die Menschen dann zu überzeugen, es nicht zu tun. Und am Ende sind Sie froh, dass Sie die Stiefel doch behalten haben.
Die HarmoniLogie® durchbricht die Ich-Emotionen und führt in eine der Schulung und dem Dialog dienliche Sachlichkeit. Das gelungene System aus Nähe und Distanz erzeugt Vertrauen und Respekt. Das kluge sprachliche System hilft beiden Seiten, den Weg zueinander zu finden und einen gemeinsamen Weg weiterzugehen.
Sie erlernen das System der räumlichen Organisation der körperlichen Sprache und verstehen, die Signale des Pferdes wahrzunehmen und vor allem auch ernst zu nehmen. Sie können gezielt die Harmonie gegen eine Disharmonie tauschen, ohne zu strafen und mit dem Ziel, umgehend wieder in der Harmonie zu landen. Somit schaffen Sie es anhand der Sprache, dass sich ein Wesen auf Sie verlässt. Sie tauschen Vertrautheit gegen Vertrauen und verblüffen mit einem respektvollen und höflichen gegenseitigen Umgang.

Vertrauen und Respekt sind die unabdingbare Basis jeder Partnerschaft.

Sie können Ihrem vierbeinigen Freund verdeutlichen, dass Sie ebenso gut nach geometrischen Berechnungen agieren können wie er. Er unterschreibt Ihre Führungsqualität und lässt Sie wachsen – von innen nach außen. Sie üben an Ihrem Körpergefühl und Ihrer motorischen Geschicklichkeit. Sie bekommen ein Gefühl für Kraft und Zärtlichkeit. Und Sie definieren Gleichgewicht neu. Denn dieses Gleichgewicht kommt von innen. Und all das haben Sie nur Ihrem Pferd zu verdanken.
Es ist egal, welcher Disziplin Sie angehören, ob Sie reiten oder fahren oder einfach nur mit dem Pferd Ihren Lebensraum teilen. Einen Zugang zum Pferd brauchen wir alle. Eine Wirkung dieser Arbeit mit dem Pferd erfahren wir alle. Es ist nicht der eine Dogmatiker besser als der andere. Solange der Dialog mit dem Pferd voller Respekt und Achtung auf beiden Seiten ist, ist ein fairer, artgerechter Umgang möglich.

Das Pferd zum Reitpferd auszubilden bedeutet, es zu überzeugen, stark zu machen und zum Freund zu gewinnen.

DIE AUSBILDUNG ZUM PFERD

Unabhängig von der Sportart oder Freizeitbeschäftigung, die Sie mit Ihrem Pferd betreiben oder betreiben wollen, nehmen wir bis hierhin und noch ein Stück weiter alle tatsächlich ein und dieselbe Route.

Das Pferd, das nun brav seinen Reiter trägt, muss erst einmal an die Hilfen gestellt werden, ehe es spezialisiert wird. Es muss zuhören – und das gern. Dann sollte es lernen, mit den Dingen umzugehen, die einem Pferd begegnen können. Nennen wir es Horizonterweiterung auf der einen Seite, nennen wir es die Ausbildung zum Pferd auf der anderen Seite.

Angepasst an das Maß, in dem es an den Hilfen steht, können Reizlagen inszeniert werden. So können nervliche Belastbarkeit und Gehorsam gleichermaßen wachsen. Mit der Ausbildung zum Pferd meine ich die Schulung im Rahmen der natürlichen Veranlagung eines Pferdes. Hierzu zählt eine gesunde und ausgiebige Art der Bewegung (Springen, Klettern, Schwimmen) und Ruhen.

DAS VOLLE LEBEN

Der Horizont darf nicht beschränkt sein auf bunte Sprünge, die weiße Einfassung des Vierecks und jede Menge Sand. Ein junges Pferd braucht, sowie es an den Hilfen steht, das echte Leben. Es braucht Wege und Wälder, Bäume und Felsen, Flüsse und Seen. Es braucht eine Artenvielfalt ebenso wie Artgenossen. Es braucht verschiedene Untergründe und verschiedenes Licht. Es braucht Musik nur, wenn sie laut ist, und könnte sich bei entsprechendem Jobprofil bald an Spotlicht und Applaus gewöhnen.

Pferde sind keine Höhlenbewohner und können ihren Körper ganzheitlich gebrauchen. Beginnen wir, ein Reitpferd zu formen, sollten wir es umfangreich schulen, seine Stärken stärken und die Schwächen schwächen. Dass der Geräuschpegel in einer Dressurprüfung ähnlich dem in einer Leichenhalle ist, ist ebenso gruselig wie die Tatsache, dass es Pferde gibt, die davon überzeugt sein müssen, dass es außer Pferden, Menschen und Hunden keine Bewohner auf diesem Planeten gibt. Andere haben den ganzen Leib voll Schrunden, leiden unter Gruppenzwang, Stressgepöbel und der Philosophie ihrer Menschen, Pferde auf engem Raum in „Herden" zu halten. Wieder andere fristen ihr Leben in Hotels, gondeln wie im neuzeitlichen Nomadentum von Tiefgaragenfaltboxen zu Stallzelten und wissen nie, wo sie am nächsten Tag sein werden. Dafür schmücken viele Schleifen die Wände ihrer Menschen.

Durch das Showbusiness leben auch unsere Pferde häufig in solchen provisorischen Pferdeunterkünften und verbringen viel Zeit auf Transportern. Auch unsere Pferde haben das Dressurviereck als zusätzlichen Arbeitsplatz. Durch die Auftritte aber haben wir hier ein Privileg, denn unsere Showpferde kommen an einer Horizonterweiterung gar nicht vorbei. Da biegt schon mal unerwartet ein Elefant um die Ecke oder wir wärmen uns zwischen Kamelen auf.

Nun haben wir auch den Vorteil, dass die Pferde hier auf einer Art Arche Noah leben und ständig Hunde mit oder ohne Winterjacke und rotem Ball im Maul um sie herumwuseln. Ziegen, Enten und Schafe sind auf unserem Hof ständige Begleiter. Auch unsere Pferde haben Augen gemacht, als wir nachts Nachbars Kühe, die ausgebüxt waren, hier aufgenommen haben. Ich bat darum, sie noch ein paar Tage behalten zu dürfen, weil es wieder ein neuer Reiz war, der unseren Pferden so guttat.

Der absolut beste Ort, ein Pferd auszubilden, ist das Gelände. Denn nur Muskelkraft und Nervenstärke können in Kombination mit dem gelungenen Dialog für Gesundheit und Leistungsbereitschaft sorgen. Es ist wie das Radfahren mit dem Partner Hund. Ist er in der Spur, macht die Bewegung Spaß. Hat er genug Bewegung, dann ist er gern in der Spur. So auch das Pferd. Es muss ausreichend an den Hilfen stehen, damit man rauskann. Ist man häufig und ausgiebig draußen, dann geht vieles wie von selbst. Das ist es, was wir die „Ausbildung zum Pferd" nennen. Und bei all den Anforderungen, die wir hier an die Pferde stellen, können wir immer wieder die Funktionskreise dieser wunderbaren Geschöpfe lesen wie ein offenes Buch.

Stelle ich ein junges Pferd vor den Pferdeschwimmteich, den es noch nicht kennt, dann wird es die Funktionskreise in ähnlicher Weise und Reihenfolge zum Ausdruck bringen wie beim ersten Führen, Verladen, Longieren und Kompliment. Man erlebt hier selten echte Überraschungen. Die einzige Überraschung wird die sein, dass man das Pferd leichter dazu bekommt, diesen Funktionskreis gegen einen anderen zu tauschen. Es wird sich von Aufgabe zu Aufgabe beweglicher im Kopf zeigen. Und der dazugehörige Mensch wird geschickter darin sein, die Signale früh einzulesen und die Fragestellung zu verändern.

DAS INNERE LERNMUSTER

Der Charakter ist angeboren wie eine gerade oder schiefe Nase. Man kann ihn nicht verändern. Aber wie ein Individuum damit umgeht, das kann man ihm schon erklären. Wir können das innere Lernmuster modellieren. Und ebenso ist es mit dem Körper.

Es gibt Pferde, da setzt man sich drauf und spürt, dass ihnen alles leichtfällt. Sie sind rittig. Man fühlt sich auf diesen Rössern wie ein König. Und dann gibt es auch die Bettelmannvariante. Ähnlich wie beim Charakter haben wir es auch hier

Die mentale Stärke entscheidet auch über die Leistungsfähigkeit des Pferdes.

mit einem angeborenen Tatbestand zu tun. Ein kurzer dicker Hals wird auch durchs Reiten nicht länger. Aber wie das Pferd ihn hält und was es damit macht, kann es ebenso erlernen wie den Gebrauch der Beine und die Geschicklichkeit des ganzen Körpers. Nehmen Sie das Königsgefühl mit auf das Bettelmannpferd und helfen Sie ihm, sich unter ihnen auch wie ein König zu fühlen. Dann haben Sie alles richtig gemacht, egal in welcher Disziplin Sie unterwegs sind.

Man kann das Tier gegen so manche Reizlage desensibilisieren, wenn es gut an den Hilfen steht. Und das sollte die Grundvoraussetzung sein, wenn man dem Pferd die Welt erklären möchte, ob am Boden oder aus dem Sattel.

Manche Reize sind schlicht Gewohnheitssache und man kann sie gut dadurch erklären, dass sie einfach da sind und zum Leben dazugehören. Dazu zählen zum Beispiel das Rind oder die Ziegen in der Nachbarbox.

EIN PFERD BLEIBT EIN PFERD

Und hier wird schon verständlich, wie es geht. Dadurch, dass das Pferd nicht wegkann und die Karte „Flucht" zwecklos ist, wird es sich damit auseinandersetzen (müssen). Und wenn es etwas Zeit dafür bekommt, dann ist es wie beim Verladetraining oder beim Reiten in den Schwimmteich hinein: Es wird den Reiz irgendwann untersuchen und verstehen. Und ist er einmal von einem Pferdekopf verstanden, dann ist er „fertig". Verhindern wir nicht die Möglichkeit, einem Reiz mit Flucht zu begegnen, sieht das Pferd sich darin bestätigt, dass es Sinn machen kann zu fliehen. Also löst der Reiz den falschen Funktionskreis aus. Steht das Pferd gut an den Hilfen, hört es meiner akustischen und leiblichen Sprache zu, dann kann ich es davon abhalten, die Karte Flucht zu ziehen, und einen für die Situation besseren Funktionskreis aktivieren.

Es war eine wunderbare Anlage, auf der wir eines Tages junge Pferde ausprobierten. Ein idyllischer Reitplatz lag an einem schönen Hang, der nur so zum Ausreiten einlud. „Darf man hier mit den Pferden hochklettern?", fragte ich den Besitzer. „Ja, aber dafür ist wirklich keine Zeit", war seine Antwort.

Das heißt, dass die jungen Pferde 23 Stunden in ihrem Käfig stehen, um dann 45 Minuten auf diesem Viereck den „Trab for sale" zu entwickeln. Hängt man existenziell davon ab, muss gespart werden, wo es geht. Das kann jeder gut verstehen. Aber dennoch bleibt ein Pferd ein Pferd – randvoll mit kleinen unscheinbaren und augenscheinlich reduzierbaren Bedürfnissen.

Schnell denkt man, dass man es selbst anders machen würde. Und zwar so, wie man es sich im Idealfall vorstellt. Aber dann muss man es erst einmal besser hinbekommen als die Menschen, die ihre Brötchen damit verdienen.

DIE MÖGLICHKEITEN NUTZEN

Während Sie Ihr Pferd erziehen, werden Sie feststellen, wie aufwändig das alles ist, und sich dann fragen, wie die Menschen, die das professionell machen, das nur mit so vielen Pferden schaffen. Und ein Geheimnis ist gewiss die ausbleibende, oft lähmende Emotionalität. Die ist tatsächlich in vielen Pferd-Mensch-Partnerschaften ein Hemmschuh. Dennoch wünschte man sich, dass die Pferdeausbildung stets dem Pferd und seiner psychischen wie körperlichen Entwicklung entgegenkommt. Und das Warmreiten in hügeliger Landschaft hilft dem Körper ebenso wie dem Geist. Bergauf stärkt es die Hinterhand, die Funktion und Beweglichkeit der Knie und baut durch den erforderlichen Krafteinsatz Adrenalin ab. Durch das Bergab fördern wir das Gleichgewicht, die Geschicklichkeit und das Vertrauen in das Reitergewicht, das das Gleichgewicht des Pferdes unterstützt. Und dann entscheidet der Kunde, ob er für einen „Trab for sale" mit gutem Muskelaufbau und ganzheitlichem Körpergefühl vielleicht etwas mehr Geld ausgeben möchte.

IN KÜRZE

- **Zur Ausbildung zum Pferd zählt gesunde, ausgiebige und variantenreiche Bewegung, genauso wie eine Horizonterweiterung, denn das Pferd ist kein Höhlentier.**
- **Konfrontieren Sie das Pferd mit so vielen unterschiedlichen Reizen wie möglich. Sensibilisieren Sie es für den Dialog und Ihre Hilfengebung, aber desensibilisieren Sie es in Bezug auf Außenreize.**

DIE HORIZONTERWEITERUNG – DAS GELÄNDE

Vielleicht ist es das schönste Gefühl beim Reiten überhaupt: Das Gefühl von Freiheit und Kraft, wenn Sie spüren, wie dieser Leib unter Ihnen sich bewegt und entfaltet, wie der Wind durch Ihre Haare fährt, es keine Wände mehr um Sie herum gibt. Umso schöner, wenn Sie dabei sorglos sein können und die Gewissheit haben, dass Sie mit Ihrem Pferd gemeinsam dieses Erleben teilen dürfen und auch gemeinsam wieder nachhause kommen.

Deutschland ist schön, ohne Frage. Ein wunderschönes und extrem vielseitiges Land, mit Küsten, Mooren, Heide, Bergen und Wäldern. Es ist ein Land, in dem man sehr gut mit Pferden unterwegs sein kann und alle möglichen Gegenden erkunden sollte.

Die Ausbildung der jungen Pferde muss aber gar nicht das Urlaubsziel dominieren. Es ist ebenso gut, wenn Sie statt auf dem Platz oder in der Halle schon mal auf der Weide reiten, ganz ohne glatten Boden, ohne Bande und ohne Dach. So kann man das Ausreiten sehr gut vorbereiten.

Es ist sinnvoll, das nicht allein zu machen, sondern immer ein erfahrenes Pferd mit erfahrenem Reiter dabeizuhaben. Binden, Begrenzen, Aktivieren – das ist ein System, das den Tieren in Herden und Familien Struktur und den nötigen Halt gibt. Bei jungen Pferden ist die Bindung zu ihren Reitern zu Beginn oft nicht so groß, dass die Pferde einem Außenreiz widerstehen können. Da ist die Bindung zu einem Kollegen auf vier Hufen meist deutlich stabiler.

In einem sicheren Rahmen macht es Spaß, das Pferd an die große weite Welt zu gewöhnen.

FÜHRUNG UND SICHERHEIT STATT FLUCHT

Nun schaffen wir eine Reizlage, die für das Pferd schwierig ist, zum Beispiel ein klappernder Traktor. Da wir uns auf heimischem Grund befinden, ein erfahrenes Pferd dabeihaben und gut vorbereitet sind, können wir in Ruhe mit dem Dialog beginnen. Das Pferd hebt den Kopf, spitzt die Ohren und schaut zum Traktor.

Wetten, dass Sie auch zu der Geräuschquelle schauen? Da gucken Sie, wohin er guckt. Ich sage dann immer: Erstens weiß ich, dass da eine Maschine kommt, und zweitens sollte ich mich lieber darum bemühen, die stille Dominanz der räumlichen Organisation der körperlichen Sprache für mich zu entscheiden. Also spreche ich den Kollegen an und erwarte, dass er mir wenigstens ein Ohr schenkt.

Wir nehmen wieder unsere „Trude". Keine Reaktion. Der Rücken fühlt sich fest an, die Beine werden staksig, das Ohr bleibt stramm. Sie pustet und prustet. Nun sage ich „Na", und dann halte ich sie über den inneren Schenkel und den äußeren Zügel in der Spur und beginne, sie seitwärts treten zu lassen. Ich fange also an, Raum und Zeit zu dominieren. Ich muss bestimmen können, in welche Himmelsrichtung wir schauen, und diesen Einfluss kann ich dann ausbauen bis hin zur Richtung, in die wir gehen möchten.

Auch drehe ich sie immer wieder so, dass sie dem Trecker nur ein Auge zuwenden kann, bzw. reite in Innenstellung Volten. Nun sage ich erneut ihren Namen und Trude wendet ein Ohr zu mir. Umgehend lasse ich sie ruhen und beginne stets, konzentriert zu kraulen. Ich bleibe so lange in dieser Reizlage, bis das Pferd sich ohne Probleme auf mich konzentriert. Die Ohren sollen wippen, die Oberfläche soll sich entspannen, es soll den Hals fallen lassen und gleichmäßig atmen. Stünde ich neben dem Pferd, könnte ich am Lidschlag und der Form der Nüstern erkennen, dass mein Freund wieder online ist.

Auf diesem Weg schule ich alle möglichen Reizlagen, sodass das Pferd lernt, dass Flucht als Lösung zwecklos ist, dass sich gutes Zuhören lohnt und dass es bei mir Führung und Sicherheit erfährt. Gehe ich so vorbereitet ins Gelände, kann mich so schnell nichts mehr erschüttern. Sich nun ein Urlaubsziel von der Küste bis in die Berge suchen zu können, bei dem das Pferd ins Handgepäck passt, ist der Lohn für eine umsichtige und vernünftige Schulung.

Viele Menschen meiden aus Angst Reizlagen und versäumen so, den Horizont des Pferdes zu erweitern. Dabei macht ebendiese Horizonterweiterung beiden Parteien Spaß und Mut und es festigt das Team als solches. Üben Sie die Konfrontation mit Reizen in einem sicheren Ambiente, bevor Sie sich in die freie Wildbahn wagen. Werden Sie kreativ und lassen Sie einen angemessenen Mut mit zunehmender Kontrolle über Ihr wunderbares Pferd erwachsen.

Erkunden Sie das Gelände, in dem Sie sich sicher fühlen, immer mit einem ruhigen, erfahrenen Pferd, das sicher an den Hilfen steht.

Grundsätzlich reiten wir sehr viel im Schritt aus. Es ist die Gangart, in der man die größte Kontrolle hat. Bergauf können wir auch immer mal etwas traben, aber in sicherer Anlehnung und mit dem Gedanken, jeden Moment zum Schritt zurückfinden zu können. Den Galopp heben wir uns auf, für ein paar Wochen später, nach vielen gemeinsamen Erlebnissen im Gelände.

Kontrolle und Vertrauen sind hier für ein verantwortungsvolles Handeln extrem wichtig. Nur so kann das schönste Glück der Erde für Menschen und ihre Pferde eine echte Bereicherung für ihr gemeinsames Leben werden.

IN KÜRZE

- **Reiten Sie mit einem jungen Pferd nicht allein aus, sondern lassen Sie sich immer von erfahrenen Reitern und Pferden begleiten, aber reiten Sie aus!**
- **Viele Menschen meiden aus Angst Reizlagen und versäumen so, den Horizont des Pferdes zu erweitern. Dabei macht eben diese Horizonterweiterung beiden Parteien Spaß und Mut und es festigt das Team als solches.**
- **Schulen Sie alle möglichen Reizlagen, sodass das Pferd lernt, dass Flucht als Lösung zwecklos ist, dass sich gutes Zuhören lohnt und dass es bei Ihnen Führung und Sicherheit erfährt.**

Wenn sich alle Beteiligten gut zuhören, entwickeln die Pferde ihre ganze Pracht! Immer eine große Sache: Hop Top Show der Equitana.

CAVALETTI, LICHTGESTALTEN UND MUSIK

Plane ich keinen Urlaub mit dem Pferd, dann kann ich auch zuhause das Leben lebendig gestalten. Hier braucht niemand das Rad neu zu erfinden, denn das, was es bereits gibt, ist vielfältig. Stangen, kleine Sprünge, Cavaletti schulen den Menschen und das Pferd, geschickt zu werden und stark zugleich.

Manchen Menschen fehlt ein wenig die Kreativität, die Halle oder den Platz zu gestalten. Aber sie können sich ganz einfach eine Szenerie basteln: eine Bluetoothbox am Rand, eine Applaus-App vom Handy, einen Strahler, der Licht und Schattengestalten erzeugt. Betreten Sie mit Ihrem wunderbaren Pferd diese Bühne. Und nun zeigt Ihr Pferd Spannung und will hier nicht hin und dort nicht lang. Es ist immer schwieriger für Pferde, Veränderungen im heimischen Umfeld zu akzeptieren, als komplett fremd zu sein. Das ist wieder einmal ein Hinweis dafür, dass Pferde Gewohnheitstiere sind und Rituale lieben. Arbeiten Sie das Pferd zunächst an der Hand. Nutzen Sie Gebote statt Verbote. Fordern Sie Ihr Pferd und verlangen Sie Lektionen wie Kompliment, Wenden, Weichen oder Kopfrunter. Passen Sie die Fragen der Möglichkeit, Antworten zu bekommen, an. Manchmal zieht sich ein junges Pferd in so einer Situation „einen Nagel in den Kopf“. Es kann dann zum Beispiel das Kompliment auf der linken Seite nicht mehr. Nicht schlimm, dann frage ich das „rechte Pferd“ eben, ob es ein Kompliment machen kann. Ich bin immer wieder verblüfft, wenn ich feststelle, dass das linke und das rechte Pferd – Sie erinnern sich an die zwei Hälften, aus denen ein Pferd besteht –

Es stärkt das Pferd, Herausforderungen gut zu bewältigen.

sich nicht sonderlich gut absprechen. Denn tatsächlich, rechts klappt es. Also gut, dann arbeite ich so lange rechts weiter, bis das Pferd mir Signale der Entspannung sendet, im besten Fall kaut und den Hals fallen lässt.
Sie wissen ja nun, dass Spielen und Loben bei den Pferden zum Komfortzonenverhalten gehört. Zuerst kann man diese Bindungsrituale nur in Komfortzonen schulen. Später kann man durch sie Komfortzonen schaffen. Nun hat aber das Bedrohungssystem aufgrund der Veränderungen in der heimischen Halle ordentlich Alarm geschlagen. Jetzt muss ich das Bindungssystem in Gang setzen, um das Bedrohungssystem wieder zu beruhigen (siehe Seite 29). Durch das Stellen von Aufgaben, den Abbau von Adrenalin sowie die Lobrituale bekomme ich das Pferd mental wieder auf meine Seite. Es kaut und lässt sich auf mich ein. Äußerlich einen kleinen, aber innerlich einen großen Schritt weiter ist dann auch das linke Pferd wieder mit an Bord. Und nun kann ich das Pferd auch aus dem Sattel an diese Reize heranführen.

STANGEN UND CAVALETTI

Die Stangenarbeit beginnen wir mit den jungen Pferden ähnlich wie das Schwimmen im Teich. Es gibt Pferde, die sich ganz zu Beginn nicht vorstellen können, dass man eine Stange überwinden kann. Für diese Kandidaten lege ich immer eine U-Form in die Nähe der Bande. Hineinreiten oder -führen geht meist recht leicht, aber dann bleibt das Pferd stehen und weigert sich weiterzugehen. Wenn es aber nach rechts blickt, dann sind da auch Stangen, und im besten Fall legt ein Helfer hinter das Pferd auch noch eine Stange und der Kasten ist zu. Wieder einmal ist Flucht zwecklos und ich brauche keinen Druck zu machen, denn mein großer Kumpel berechnet die Wege und entscheidet sich dann, die Route über die Stange zu nehmen. Es dauert eine Minute und dreißig Sekunden und es ist zur eigenen Idee des Pferdes geworden. Danach werden Stangen kein Problem mehr sein.
Sehr gern lege ich Pferden, die etwas nervös sind und im Schritt schnell Taktstörungen bekommen, ein Stangenmikado hin. Das sind Stangen, die ohne System durcheinanderliegen. Ich reite oder führe das Pferd dort hinein und nun ist kein Schritt mehr wie der andere. Es muss richtig überlegen und die Beine sortieren. Hin und her reite ich die Pferde durch diesen Stangenhaufen. Sie sind dann richtig froh, wenn sie rausdürfen und endlich ihren Takt wiederaufnehmen können.
Die Cavaletti werden einzeln oder in Trab- bzw. Galoppreihen aufgebaut, auch als Kompass auf der Zirkellinie, so, dass der erste und zweite Hufschlag frei bleiben. Hier kann man die inneren und äußeren Hilfen testen und trainieren, an Tragkraft und Geschicklichkeit arbeiten.

LICHT AUS UND SPOT AN

Licht aus und Spot an ist ein sehr spannendes Training, das in den Wintermonaten den Horizont erweitert. Man kann ganz einfach mit Standstrahlern im Dunkeln Lichteffekte zaubern und darin das Pferd an der Hand oder auch aus dem Sattel toll arbeiten.

Das Training im Spotlicht ist von daher spannend, als man selbst erlebt, wie schwierig es ist, in einen Scheinwerfer hineinzulaufen. Das Sichtfeld ist stark eingeschränkt und passt plötzlich nicht mehr zu der Örtlichkeit. Der Bedrohungsradar kann hier Alarm schlagen. Wieder einmal eine Situation, in der es wichtig ist, das Bindungssystem sehr zu aktivieren. Und wieder einmal eine Situation, in der Sie spüren können, wie gut Ihr Dialog mit Ihrem Pferd ist. Wenn nun die Lichtkegel auch noch anfangen, durch die Halle zu sausen und Lichtgestalten auf den Boden zaubern, dann ähnelt Ihr Training eher einer Disco-Session als einer Übungseinheit. Und das bringt Spaß.

Genau wie beim Lichttraining halten wir es auch mit den akustischen Reizen. Wir stellen sie erst ab, wenn das Pferd zur Ruhe gekommen ist. Das Abstellen der Störung durch Finden der richtigen Lösung – das ist das Grundprinzip, Sie erinnern sich. Und hier ist die richtige Lösung, die Ruhe zu bewahren und die Pferde in Bezug auf all die Reize, die zum Arbeitsplatz eines Pferdes gehören, zu desensibilisieren.

Musik kann beim Reiten eine echte Bereicherung sein. Da das Training mit den Tieren immer einen Ausflug in das Jetzt bedeutet, das Davor und das Danach vernebeln, kann Musik das Wohlempfinden von Reiter und Pferd erheblich steigern.

Je geschmeidiger der Körper des Menschen wird, egal ob am Boden oder im Sattel, um so eindeutiger kann er kommunizieren. Wie laut die Musik sein darf, müssen Sie Ihre Nachbarn fragen. Fragen Sie das Pferd, dann dürfen Sie den Lautstärkeregler höherdrehen.

IN KÜRZE

- **Pferde sind Gewohnheitstiere und reagieren sensibel auf Veränderungen in ihrem gewohnten Umfeld. Also verändern Sie das Umfeld immer mal wieder, um den Horizont Ihres Pferdes zu erweitern.**
- **Basteln Sie verschiedene Szenerien in der Halle und konfrontieren Sie Ihr Pferd mit optischen und akustischen Reizen. So können Sie das Vertrauen Ihres Pferdes und die Bindung zu ihm testen und verbessern.**

Die Pferde schulen, lieben und regulieren uns und führen zusammen, was zusammengehört.

HINTERGRÜNDIGES

— *Von Ethik und dem Mut, dem Pferd ein Gefährte zu sein*

DAS GELUNGENE MANAGEMENT

Es gibt Tage, da wünschte ich, ich wäre ein Pferd. Den ganzen Tag fressen, dösen, ein bisschen spielen und wieder fressen. Vielleicht kennen Sie das. Und es ist tatsächlich so. Außer wenn sie dösen, schlafen, spielen oder arbeiten, fressen unsere Vierbeiner. Man nennt solche Tierarten Dauerfresser, und das hängt mit ihrem einzigartigen Verdauungssystem zusammen.

FÜTTERUNG

24/7 sollte Nahrung angeboten werden. An diesen speziellen Tagen wäre das für mich ein himmlisches Gefühl. Für das Pferd jedoch kann es auch ein Problem bedeuten. Denn es findet unter den Haltungsbedingungen des Menschen nicht ständig Nahrung. Manchmal muss es die Nahrung auch in aller Enge gegen Futterneider verteidigen. In den meisten Betrieben gibt es zwei Mahlzeiten und das war es.
Das Pferd vertilgt im Normalfall 2 kg Heu pro 100 kg Körpergewicht am Tag, hat ständig Bedarf an Gehölzen und benötigt dann je nach sportlicher Leistung und körperlicher Beanspruchung auch noch höher konzentrierte Kalorien, die es in verschiedenen Getreidesorten oder Fertigfutter findet. Es braucht eine Menge Mineralien genauso wie frisches Wasser zur freien Verfügung. Es kann für ein Pferd eine bedrohliche Situation entstehen, wenn der Magen-Darm-Trakt nicht mit Rohfaser befüllt ist. Jede Form von Bedrohung löst in einem Organismus das Verteidigungssystem aus. Fressen beruhigt nicht nur, im Falle eines Pferdes ist es auch noch absolut notwendig, um den Organismus in einem Gleichgewicht zu halten. Stress, der durch Nahrungsentzug oder bei Nahrungsverteidigung in engen Räumen entsteht, sollte man einem Pferd definitiv ersparen. Egal wohin Sie mit Ihrem Ross reisen, egal ob es gerade wirtschaftlich ist oder nicht: Sie sollten unbedingt dafür sorgen, dass Ihr Lieblingstier ständig Futter in bester Qualität vor der Nase hat. So empfiehlt es sich, die Mahlzeiten auf dreimal täglich zu erweitern, so, dass das Pferd 24 Stunden Zugang zu Rohfaserangeboten hat.

Hunde gehören in die Pferdewelt. Es macht allen Spaß, wenn sie sich nützlich machen.

STALL

Pferde sind gemeinhin saubere Tiere. Die Stallhygiene ist ein Kapitel für sich, und auch hier findet man einen Ansatz, den es zu beleuchten gilt. Meist runterrationalisiert auf den kleinsten gemeinsamen Nenner wird bei diesem Thema gern gespart. Schauen wir genauer hin, können wir hier deshalb auch Faktoren finden, um den Stress für ein Tier zu minimieren. Der optimal gepflegte Stall wird zweimal täglich gemistet, die gebrauchte Einstreu jeden Tag aus den Ecken und vom Rand in die Mitte geräumt und frische Einstreu eingebracht. Die Ammoniak enthaltenden nassen Teile sowie die Pferdeäpfel müssen jeden Tag entfernt werden, um ein erträgliches, pilzfreies und hygienisches Stallklima zu erreichen.
Hat man eine gute Stallkultur, dann werden Pferde von allein sauber und benutzen in ihrer Box die Toilette. Sind Pferde so erzogen und auch aufgeräumt, dann ist es eine Kleinigkeit, die Box ständig einwandfrei in Ordnung zu halten. Zudem brauchen Pferde eine weiche Matratze aus Einstreu in der Box, so, dass sie vor dem harten Steinboden geschützt sind und ohne Probleme aufstehen können.
Es sind oft viele Stunden am Stück, die das Pferd in diesem Ambiente verbringt. An der Art, wie es sich in der Box verhält, kann man wieder einmal viel ablesen. Es gibt hier allerlei Unterschiede. Diejenigen, die ihre Box in Ordnung halten und gut organisiert sind, und eben auch diejenigen, die erst einmal alles umwühlen.
Häufig habe ich beobachtet, dass Neuankömmlinge, junge Pferde oder auch verhaltensauffällige Pferde keine gute Stallorganisation haben. Pferde, die mit sich nicht im Gleichgewicht sind, zeigen das sehr schnell und sehr deutlich an ihrem Verhalten in der Box. Manchmal versuche ich, dem Problem mit Umstallen zu begegnen, und probiere andere Boxen auf unserem Betrieb für das Pferd aus. Manchmal passt die Konstellation mit dem Stallnachbarn nicht und manchmal ergibt sich das Problem durch zunehmende Ausbildung und Auslastung.
Findet das Pferd Anschluss und Erfüllung in der Arbeit, kommt es in ein äußeres und inneres Gleichgewicht, dann können Sie das auch an der Box erkennen. Nehmen Sie das Verhalten in der Box und auf dem Paddock ernst und helfen Sie Ihrem Pferd mit dauerhafter guter Nahrung und einem exzellenten Stallklima ebenso wie mit einem gelungenem Dialog in das gesunde Gleichgewicht. Am Ende profitieren auch Sie davon.

WEIDE

Ein alter Bauer sagte einmal zu mir: „Licht und Luft gibt Saft und Kraft." Also raus mit dem Getier. Wie zu Beginn dieses Buches erwähnt, gestalten wir unseren Pferden Partnerschaften, mit denen sie ihre Freizeit verbringen. Die Koppeln, die wir einrichten, sind überschaubar für die Pferde und sie stehen hier im Sommer 12 Stunden und im Winter drei bis sechs Stunden draußen. Die Maße der Koppeln sind meist 100 x 100 Meter. Auf den Koppeln wird das ganze Jahr zusätzlich zum Gras auch Raufutter angeboten und es laufen kleine Wiederkäuer mit auf den Weiden, die das saftige Gras schön kurz halten. Ich empfinde diese Art der Pferdehaltung als optimal. Ich kann auch die beschlagenen Pferde jeden Tag an die Luft bringen, durch die überschaubare Paddockgröße kommt es nicht zu solchen Beschleunigungen, dass sie sich die Eisen abtreten, und die Verletzungsgefahr ist minimiert.

Nahrung rund um die Uhr, dazu gehört auch Raufutter auf der Weide.

Sie haben ständig Außenreize durch die anderen Tiere, außerdem brauche ich keine Angst vor Reheschüben zu haben, da die Schafe und Ziegen den Schmand, so nenne ich das fette Gras immer, weggeputzt haben, bevor die Pferde auf die Weide gehen.
Freundschaften und soziale Bindung sind möglich. Je nach Wetterlage und Bodenbeschaffenheit können unsere Pferde das ganze Jahr über draußen sein. Gegen Wind und Wetter können wir sie mit Decken versorgen, ebenso wie gegen lästige Insekten im Sommer. So sind unsere Pferde im Winter geschoren und tragen meist bis zu drei Decken übereinander, damit das Klima der Haut optimiert wird.
Häufig stelle ich die Pferde vor dem Reiten bereits raus, damit sie ihre Gelenke draußen vorgewärmt haben. Dadurch, dass wir das Heu immer in vielen kleinen Portionen über die Fläche verteilen, wandern die Pferde viel hin und her und stehen nicht einfach draußen und langweilen sich.
Wir fahren regelmäßig in unseren Wald und schlagen ein paar Fichten, die die Pferde dann zum Nagen auf den Weiden haben.

EFFEKTIVITÄT UND MANAGEMENT

Pferdehaltung muss unkompliziert sein und sollte sich an den Bedürfnissen der Tiere orientieren. Pferdehaltung ist ein Business, und die Wirtschaftlichkeit ist entscheidend, ob Sie es privat betreiben oder als Dienstleistung anbieten. Ein krankes Pferd, egal ob Magengeschwür, Kolik oder nervlich strapaziert durch zu viel Stress, verursacht einen erheblichen wirtschaftlichen Schaden.
Die Gesunderhaltung der uns anvertrauten Kreatur sollte aus ethischen Gründen ebenso wie aus wirtschaftlichen unser oberstes Ziel sein. Habe ich zufriedene Pferde, die nicht gegen die Boxentür treten, wenn der Futterwagen kommt, die sauber sind und gern in ihrem sauberen Stall liegen und ruhen, kann ich auch Leistung erwarten und erarbeiten. Die Abläufe rund um das Pferd können in vielen Bereichen rationalisiert werden. Schauen Sie, wo Sie noch Zeit sparen können, die Sie an anderer Stelle in die Lebensqualität des Pferdes investieren könnten.
Es ist das Management um die Pferde, das das Leben einfach macht; Ordnung ist das halbe

Ein Pferd ist ein Pferd. Lernen wir es besser zu verstehen!

Leben und die Symbiose aus Mensch und Tier braucht ordentlich viel davon. Nennen wir die innere Ordnung Spur und die äußere Ordnung Organisation.
Eine so große Kreatur hat zum Teil aufwändige Bedürfnisse, anders als ein Spatz, den man mit Overnight-Porridge beglücken kann. Gewiss erinnern Sie sich an meinen kleinen Freund. Und auch der Kollege war aufwändig mit all seinen Wünschen und der Spatzen-Pünktlichkeit. Ein Pferd ist ein Kunstwerk, ein Projekt, eine Aufgabe. Ein Pferd ist Glück auf vier Beinen. Ein Pferd ist vor allem aber eines: einfach ein Pferd – mit definierten Bedürfnissen. Und dafür, diese zu befriedigen, sind Sie verantwortlich. Das wird Ihnen klar sein. Und es wird Ihnen ebenso klar sein, dass man an allem sparen kann, aber nicht am Befriedigen der Bedürfnisse.

IN KÜRZE

Ein Pferd ist ein Pferd. Befriedigen Sie seine natürlichen Bedürfnisse nach frischer Luft, Futter, Sauberkeit, Ruhe, Sozialkontakten, Abwechslung, körperlicher und geistiger Auslastung sowie Zuwendung und Sie werden lange viel Freude an ihm und seiner Leistungsbereitschaft haben.

KANN ER NICHT ODER WILL ER NICHT?

Es ist die Frage, die uns immer wieder beschäftigt, manchmal quält und manchmal weiterbringt: Kann er nicht oder will er nicht? Und es gibt einen Trick, das herauszufinden. Bei „will er nicht" versucht er es noch nicht einmal, bei „kann er nicht" versucht er, etwas zu verändern, aber er schafft es nicht, die Lösung zu finden.

Bei „kann er nicht" können wir es auch mit einem medizinischen Problem zu tun haben, dem wir stets gründlich und mit aller Energie auf den Grund gehen. Manches Mal schon haben Menschen sich geschämt, weil Sie zu spät erkannt haben, dass der gute Freund es einfach nicht konnte. Dennoch, nicht jedes Pferd, das buckelt, braucht einen Arzt. Ich bleibe dabei. Und braucht er einen, dann bekommt es ihn auch sofort.

Bei dem Kollegen, der sich aus Einstellungsgründen verweigert, verhält es sich anders. In diesem Fall werde ich beginnen, jeden Stein einmal hochzunehmen, die Lektionen neu anzusprechen, um den Fehler zu finden. Möglicherweise habe ich ja etwas übersehen, etwas nicht gut erklärt, etwas nicht richtig gemacht oder ein Missverstehen erzeugt. Möglicherweise ist er aber auch nur bockig. Und mit bockigen Tieren kenne ich mich als Schäferin aus.

Mit exzellenter Ausbildung erreichen wir gegenseitiges Einverständnis.

Dieses Bockigsein haben vornehmlich Böcke, ob Sie es nun komisch finden oder nicht. In dem Moment, in dem sie Testosteron entwickeln, verringert sich ihre Bereitschaft zu weichen. Sie halten gegen den Druck, weichen nicht oder attackieren sogar den Hütehund ohne Sinn und Verstand. Würde man es in unsere Sprache übersetzen, dann würden sie vermutlich sagen: „Nö, einfach nö."
Bei Hengsten kann es dasselbe Phänomen geben. Sie drücken gegen den Schenkel. Da freut man sich über seinen dicken Nacken und ärgert sich über den dicken Bauch, der gegen den Schenkel drückt. Dieses Verhalten, auf den Reiz zu warten, um dann dagegenzudrücken, hört bei Hengsten meist auf, wenn sie keine Hengste mehr sind. Man kann es auch erziehen, wenn man die Bereitschaft hat, solch ein Pferd klar zu sensibilisieren. Die Pferde jedoch, die im Lernmuster neben der Spur herlaufen, die müssen wir dahingehend schulen, dass sie Freude an der Veränderung haben. Dieser Prozess ist für den Menschen schwierig, da uns immer wieder eher die Resultate interessieren als der Dialog. Eine aktuelle Frage bedarf einer direkten Antwort darauf. Nun antwortet unser Sportsfreund aber gar nicht. Er versucht es noch nicht mal, mehr noch, er signalisiert, dass er uns gar nicht wahrnimmt. Dann berufen wir uns doch auf die einfachste Frage, die es gibt. Nämlich die der Ansprechbarkeit. Würde er wollen, dann könnte er. Recht viel Konjunktiv. Und wir hätten lieber den Imperativ und möchten hören: Er will! Ja, dann müssen wir ihn dazu erziehen und schulen.

EINE FRAGE DER ETHIK

Meiner Erfahrung nach knicken viele Menschen an einer anderen Stelle ein. Die liegt viel tiefer in ihnen, hat fast archaische Wurzeln. Ein Gedanke, der uns umtreibt und anregt, der die Reitweisen immer wieder in Frage stellt, neue revolutionäre Sichtweisen in Gang bringt, aber auch guter Nährboden für tiefen Dogmatismus darstellt. Es ist die Frage: „Darf ich das?" Jeder Mensch muss seine Antwort darauf finden, und es ist gut, wenn diese Frage in den Herzen der Menschen lebt und sie bewegt. Sie sollte keine toxische Kriegstreiberei sein, sondern sachlich beantwortet werden. Darf ich eine Kreatur mein Eigen nennen? Wir stehen da vor einer echten Misere. Sie können sich ein Pferd kaufen und, wenn es Ihnen in den Sinn kommt, aus welchen Gründen auch immer, wieder verkaufen. Ein Pferd kann das nicht. Es kann seinen Menschen nicht verkaufen und ihm auch nicht kündigen. Dieser Tatbestand führt unweigerlich zu einer enormen Schieflage in der Beziehung. Kein Pferd stand jemals mit seinem Bündel vor der Tür eines Menschen und hat gesagt: „Ich möchte nun dein sein."
Es ist und bleibt eine einseitige Beziehung, die etwas mit Gefangenschaft zu tun hat. Diese sehr tiefen Gedanken mögen wieder etwas unangenehm sein. Aber es lohnt sich, ihnen die Erlaubnis zu geben, sich zu Ende zu denken. Und jeder Mensch wird irgendwann eine andere Antwort darauf finden. Bei all dem Denken jedoch sollten wir vor allen Dingen sachlich und klar das Jetzt in den Vordergrund stellen, und Sie sollten immer bemüht sein, aus einer Gefangenschaft eine Gastlichkeit zu machen. Respekt auf gleicher Augenhöhe, der Dialog mit dem Tier ist weniger pathetisch als pragmatisch. Es geht darum, die Signale zu lesen und die Grenzen des Tiers zu erkennen und zu respektieren. Es geht darum, die Signale zu erlesen und die Bedürfnisse des Tiers zu erkennen und ihnen gerecht zu werden. Es geht darum, im Team über die Alpen zu kommen und Seite an Seite ein wunderbares Leben zu führen, mit Glück auf sechs Beinen.

Ein gut geschultes Pferd ist für jeden Quatsch zu haben.

Nervenstärke in Reinkultur kann geschult werden. Es ist die Aufgabe des Menschen, aus Hasenherzen Löwenherzen zu formen.

VOM MUT, ANGST ZU HABEN

Mein Nachname ist Krüger-Degener und nicht Mut. Auch wenn ich eine Menge davon brauche, um viele der Dinge zu tun, die ich hier tue, kann er mir auch schon einmal verloren gehen. Mut wird definiert als „die Fähigkeit, in einer gefährlichen, riskanten Situation seine Angst zu überwinden".

Ich vergleiche es immer mit dem Dachdecken. Derjenige, der auf das Dach steigt, braucht Mut. Vergisst er allerdings die Gefahr, kann er unachtsam werden und leicht in folgenschwere Fallen tappen. Derjenige, der den Mut hat, auf das Dach zu steigen, und auf die Angst hört, der bringt sich nicht in Gefahr. So habe ich gelernt, mit meinen weichen Knien umzugehen, wenn sie sich anfühlten wie Pudding in der Schüssel. Ist doch die Angst das beste Warnsystem, das unser Körper hat. Wie dumm wäre es, nicht darauf zu hören? Warum soll ich sie überwinden und nicht einladen?

Manch eine Angst kann uns blockieren, und jeder Mensch geht anders mit ihr um. Im Verhältnis mit dem Pferd kommt es deutlich schneller zu angstgeprägten Situationen als im Umgang mit dem Hund. Angst kann entstehen durch Erlebtes, durch Traumata, durch eine Erinnerung, durch Hilflosigkeit und stellt sich somit als kopfgesteuerte Angst dar.

Es gibt aber auch eine andere Angst. Betrachten wir die Angst, die ein momentanes, leibliches Empfinden sein kann, wenn der Körper ganz spontan und situativ über das vegetative Nervensystem reagiert, ohne dass Zeit bleibt, darüber nachzudenken, was gerade los ist. Diese spontane Angst ist sehr entscheidend in der Arbeit mit Tieren. Sie sollte meines Erachtens eher mit an Bord sein als überwunden werden.

Die Angst jedoch, die Sie im Kopf haben, gilt es nach und nach mit Geduld zu steuern, damit die Angst nicht Sie steuert. So könnten Sie neuen Mut schöpfen. Definieren wir Mut als eindeutige Entschlusskraft. Die Angst, die Sie im Bauch haben, gilt es, total ernst zu nehmen. Ich kann nur jedem Menschen empfehlen, sich etwas Angst ganz bewusst in die Taschen zu stecken, bevor er mit dem Pferd arbeitet. Und wenn Sie auf diese Angst hören oder sich erlauben, sie zu spüren, dann gehen Sie ihr nach, denn noch können Sie die Situationen steuern, bevor die Situation Sie steuert. Wäre Letzteres der Fall, würde wieder ein fruchtbarer Boden geschaffen für die Angst, die sich als Trauma in Ihrem Kopf festsetzt. Das bedeutet nicht, dass Sie vor diesem Gefühl der Angst kapitulieren. Vielmehr meine ich. Wenn Sie spüren, dass etwas nicht gut ist, holen Sie sich Hilfe, sichern Sie sich ab, verändern Sie etwas.

TAKE YOUR TIME

Die erste Veränderung wäre das Rückwärtsrechnen oder auch Kleinschneiden des ganzen Kuchens. Das kann man durch eine veränderte Fragestellung an das Tier, einen Helfer oder auch ein anderes Ambiente mit Leichtigkeit erreichen. Sie können sich räumlich oder körperlich in eine andere Position bringen. Eine weitere Veränderung wäre, das Tempo rauszunehmen, und da wären wir wieder bei meinem geliebten „Take your time". Das Entschleunigen von Situationen verändert Zustände, die Angst auslösen können. Auf diese Art ist es leicht, im Thema zu bleiben, nicht einzuknicken, sondern den Mut zu haben, mit der Angst im Gepäck die Antworten einzufordern, die notwendig sind. Nur so ist Lernen im positiven Sinn für alle Beteiligten möglich. In der Arbeit mit Tieren sollte der Bauch, das Fühlen und Empfinden, die Entscheidungskraft des Coaches oder Trainers dominieren. Lassen Sie sich nicht anschirren von einem falschen Mut, aber auch nicht von Schülern, die aus Angst die Situation verändern wollen. Bleiben Sie bei Ihrer echten und ehrlichen Wahrnehmung. Und behalten Sie den Überblick über das Ganze – das ganze Tier und den ganzen Menschen, eben das ganze Team. Wenn Angst im Spiel ist, gehen Sie ihr nach und sortieren Sie sie nach Kopf und Bauch. Die Angst hat ihre Geschichte. Sie werden immer nur die Geschichte und die Wirklichkeit des Menschen hören. Das Pferd kann dazu keine

Die HarmoniLogie® ist kinderleicht und macht auch aus kleinen Menschen große Pferdenarren.

Wenn der Umgang stimmt, spielt Größe keine Rolle mehr!

Stellung nehmen. Aber aus der Angstspirale, die Menschen lähmen kann, kommen Sie nur raus, wenn Sie als Trainer den menschlichen Schüler auf Ihre Seite bekommen. Helfen Sie dem Mut an Bord und steuern Sie den Umgang mit Situationen, die Gefahr in sich bergen. Nur so können Sie den Erfolg garantieren.

Es ist für Menschen, die Angst vor einem Pferd haben, ein Leichtes, diese zu überwinden, wenn sie wissen, wie sie sich das Tier vom Hals halten können. Es ist leicht, mit Nähe umzugehen, wenn man weiß, wie man auch wieder Distanz erzeugen kann. Hier helfen die Werkzeuge der HarmoniLogie®, die vier Säulen der Ansprechbarkeit, der Störbarkeit, der Lobbarkeit und der Abgrenzbarkeit.

Pferde haben einen siebten Sinn. Das weiß fast jeder. Und Pferde können Menschen spüren und spüren ihre Angst, auch wenn sie strategisch gut darin sind, diese zu verbergen. Diese Wahrnehmung der Pferde von uns hat eine Wechselwirkung. Sie reagieren auf unsere Angst mit Angst, was uns Angst macht. Da befinden wir uns in einer Dauerschleife. Nun versuchen Sie nicht, die Angst loszuwerden. Das wird nicht gelingen. Versuchen Sie, die Fragestellung zu verändern, eine andere Frage zu stellen, die Situation zu verändern, sich besser abzusichern, bis Sie in der Lage sind, das Pferd wieder klar zu steuern. Das Pferd überzeugt sich wieder von Ihrer Führungskompetenz und Sie bekommen die Fähigkeit, die Angst gegen Beschlussfreude, eben Mut, zu tauschen.

Und genauso begegnen wir auch dem Verhalten der Pferde, welches wir als Angst wahrnehmen. Wir wollen die Pferde stärken und ihnen Mut machen. Sie sollen sich mit uns sicher fühlen.

Es gibt unter den Pferden richtige Hasenherzen. Steht ein Pferd gut an den Hilfen, egal ob am Boden oder unter dem Sattel, dann soll es mir glauben, dass ich die Situation gut einschätzen und es führen kann. Übernimmt jedoch das Pferd die Führung, dominiert es über Raum und Zeit, dann stehen Sie im zweiten Glied. Häufig ist vermeintliches Angstverhalten bei Pferden nur eine Haltlosigkeit oder auch eine Frechheit, denn sie nutzen den Außenreiz, um zu dominieren. Meist werden sie ja auch dafür gelobt.

Wir stärken Pferde nach demselben Prinzip, wie wir es mit den Menschen tun. Wenn die Rösser beispielsweise noch keine Artenvielfalt erlebt haben und weder Schafe noch Ziegen kennen, dann gehen wir mit den Pferden, nach erfolgreichem Kommunikationstraining, auf die Herden zu und beginnen sie zu treiben. Wenn das Pferd versteht, dass es sich die Tiere vom Hals halten kann, dann weicht die Angst dem Mut und das Vertrauen zu seinem Menschen wächst. So wird aus dem Hasenherz vielleicht am Ende doch ein Löwenherz.

MIT LIEBE UND GEDULD ZU ECHTEN GEFÄHRTEN

Er war einer der Meister in meinem Leben, der irgendwie viel bewirkt hat – zumindest hat er das Wesentliche nicht verhindert –, der wahrscheinlich gar nicht weiß, dass er ein Meister war. Mein erster Reitlehrer. Ein kleiner knochiger Mann, der nicht sonderlich gesund wirkte und immer eine Zigarette im Mundwinkel trug.
Er hätte auch eine Hauptrolle in einem Western bekommen können. „Warum willst du reiten, Mädchen? Pferde sind gefährlich. Vorn beißen sie, hinten treten sie und rechts und links haben sie einen tiefen Abhang!" Er grinste, rückte die Zigarette zurecht und hob mich aufs Pferd.
Und dann machte ich eben genau diese Erfahrungen. Agent, der große Braune aus dem Schulbetrieb, biss mich in die Schulter und hob mich hoch. Rocky, der Fuchs, war dafür zuständig, mir auf die Füße zu treten, und dafür, dass ich einmal in der Stunde, die ich in Gymnastikhosen und gelben Gummistiefeln absolvierte, runterflog.
Es wurde kurz geschaut, ob ich noch alles bewegen konnte, dann wurde das Pferd, das zufrieden mit seinem Werk in der Ecke stand, eingefangen, ich wieder draufgesetzt und weiter ging es.
Eine Träne, und ich hätte nicht mehr reiten dürfen. Also keine Träne. Das war klar. Weder der Reitlehrer noch das Pferd hatten Mitleid. Das war gut, denn sonst wäre mein Wille nicht so stark geworden. Viele Meister kreuzten seither meinen Weg und bedanken möchte ich mich bei all denen, die mir etwas mitgaben: Menno, Elke, Jean Claude, Johannes, Miriam und viele mehr. Jeder hat ein Stück dazugegeben. Viele habe ich für ihre Geduld bewundert und ihren guten Blick.
Die besten Meister aber sind und bleiben die Pferde. Die haben noch mehr Geduld und einen noch besseren Blick. Sie schauen immer den ganzen Menschen an und erfassen immer die ganze Situation. Sie nehmen keine Rücksicht auf meine Ich-Emotionen und haben kein Mitleid. Aber sie bieten mir Halt, Kraft und Gleichgewicht. Sie begegnen mir mit etwas, was ich als Liebe empfinde.

„Sprich leise, denn er hört dir zu"...

Es sind die Komplimente, die sie machen, es ist die Güte, mit der sie uns begegnen. Und dann ist es wieder die Geduld, die sie aufbringen, um zu warten, bis ich den Fehler bei mir gefunden habe. Verstanden habe ich allerdings, dass dieses Gefühl der Liebe nur zum Tragen kommt, wenn Respekt und Vertrauen im Einklang sind. Wenn ich Nähe gegen Distanz tauschen kann. So wäre die Formel: Respekt und Vertrauen = Liebe. Liebe und Geduld = gelungene Partnerschaft.
So habe ich mich auf den Weg gemacht zu lernen. Herausgekommen ist eine Lebensart, a way of life, denn die HarmoniLogie® ist absolut lebenswert. Für Sie, liebe Leser, habe ich dieses Buch geschrieben. Ein Buch, in dem ich meinen Weg beschreibe, der mich zu dieser unglaublich einzigartigen Kreatur geführt hat. Mein Ziel war es immer und ist es bis heute, aus einem Pferd einen Gefährten zu machen und ihm ein Gefährte zu sein. Einen Weg zu finden, der ihm und mir gerecht wird, ein System zu entdecken, dem jeder folgen kann. Die HarmoniLogie® verbindet das Naturgesetz der Sprache mit neuzeitlichen und sportlichen Anforderungen an unsere vierbeinigen Freunde. Wir wenden diese Methode sehr erfolgreich im Training mit Hunden, Pferden und Menschen an. Denn sie funktioniert im echten Leben und überall.
Entsprungen ist sie meinem Herzen und ich bin inzwischen überzeugt, dass dieses Herz aus Fell ist.

... ist der Satz, der mein Leben mit den Tieren maßgeblich geprägt hat. Er ermöglicht mir, dem Pferd ein Gefährte zu sein.

SERVICE

— *Was noch hilfreich ist*

ZUM SCHLUSS

Als ich Anne Krüger-Degener im Rahmen eines Interviews für ein Pferdemagazin kennenlernte, war ich von der ersten Minute an begeistert. Wir trafen uns auf ihrem Hof voller Tiere verschiedener Spezies, die sich nicht immer unbedingt leiden können. Hier aber herrschte Ruhe, Frieden und Harmonie. Anne kam lächelnd auf mich zu, an ihrer Seiter mindestens ein halbes Dutzend Hunde – Border Collies, Border Terrier, ein Hovawart und ein Labrador. Alle drängten sich in ihre Nähe, himmelten und wedelten sie an und nahmen keine Notiz von mir. Auf ihr leises „Hunde, lay down" reagierten alle prompt. Ruhend schauten sie Anne beim Putzen eines wunderschönen, lackschwarzen Oldenburgers mit wachen Augen zu.
Ich kam aus dem Staunen nicht mehr heraus und hatte gleich den Wunsch: So will ich das auch! Ein halbes Jahr zuvor war eine zurückhaltende, ängstliche und in sich gekehrte rumänische Straßenhündin bei uns eingezogen. Ich fragte, ob auch sie das lernen könne. Klar doch, jeder Hund und jedes Pferd könne auf Grundlage der HarmoniLogie® erzogen und ausgebildet werden, denn es handle sich um eine der Natur abgeschaute Art, mit den Tieren zu kommunizieren, war die Antwort.
So ging ich meine ersten Schritte in der HarmoniLogie® mit meiner Hündin. Mittlerweile ist Hündin Nummer zwei eingezogen, denn ich habe gelernt, dass ein Hund besser auch noch einen Kumpel gleicher Art haben sollte. Und es dauerte nicht lange und ich nahm mit meinen Islandpferden an einem Kurs teil.
Vom ersten Augenblick an war ich infiziert von dieser Art, mit den Tieren zu arbeiten und gemeinsam mit ihnen zu lernen. Denn die HarmoniLogie® verändert nicht nur die Tiere, sondern auch ihre Menschen. Die feine Kommunikation, die man sich über diese Methode mit seinen Tieren erarbeitet, fördert das Verständnis für sie und bringt eine ganz neue Qualität in die Beziehung. Es macht großen Spaß, so zu arbeiten, und es geht einem das Herz auf, wenn das Pferd ohne Netz und doppelten Boden und aus freien Stücken bei einem bleibt.
Im Laufe der Jahre entwickelte sich eine Freundschaft zwischen Anne und mir und ich durfte sie

nach „Wenn Hunde lachen" nun auch bei „Wenn Pferde Komplimente machen" dabei begleiten und unterstützen, ihre Philosphie mit den Tieren niederzuschreiben.
Anne brennt nach 30 Jahren Erfahrung mit der HarmoniLogie® noch immer dafür, den Menschen einen guten Umgangston mit ihren Tieren ans Herz zu legen und sie dafür zu begeistern. Die Überzeugung, dass die HarmoniLogie® Mensch und Tier zu einem Team formt, in dem Ehrlichkeit, Respekt und Vertrauen herrschen, bringt eine nie enden wollende Dynamik in ihr Werken. Der Wille, die Tiere zu verstehen, sie auf ihre Seite zu bekommen, sie zu motivieren, fröhlich und aus freien Stücken mitzuarbeiten und so vielen Menschen wie möglich den Weg dorthin zu ebnen – das ist es, was Anne Krüger-Degener antreibt und sie unbeirrt ihren Weg gehen lässt. Respekt und Hut ab vor so viel Power, Dynamik und Willenskraft.
Ich wünsche der HarmoniLogie® und Anne Krüger-Degener, dass sie noch viele Mensch-Tier-Teams für diesen „way of life" begeistern können, und bedanke mich herzlich für eine sehr intensive, lehrreiche Zeit und das mir entgegengebrachte Vertrauen.

CHRISTIANE SPÄTE

DANKE

Wenn Hunde lachen und Pferde Komplimente machen, dann nennen wir das Glück. Die HarmoniLogie® hat einen Weg zu diesem Glück gefunden. An ihrer Entstehung haben viele Menschen mitgewirkt. So auch an diesem Buch. Und es ist mir ein Glück, in diesem Team arbeiten, werken und wirken zu dürfen. Deshalb gilt mein größter Dank meiner Familie, Jan Degener und Carla Marie Degener, die vorbehaltlos hinter mir standen und geholfen haben, wo es ging, meine Fragen beantwortet und meine Nerven gepflegt haben.

So auch meinem Bruder und Weggefährten Eckard Krüger.

Ebenso Christiane Späte, die als Vorlektorin nicht nur das Entstehen dieses Buches sowie meines Buches „Wenn Hunde lachen" aus nächster Nähe und intensiv betreut und gefördert hat, Sie hat auch unermüdlich an meiner Seite mitgewirkt und mir stets Mut gemacht, wenn es eng wurde.

Mein Dank gilt den Fotografen Horst Streitferdt und Anna Auerbach, die mit Empathie und Feingefühl viele Magic Moments, kleine Details und die große Liebe zu den wunderbaren Pferden eingefangen haben, um sie Ihnen, liebe Leser, zu zeigen.

Vielen Dank an Pikeur Reitsport und Jochen Mayer zu Drever, die für ein wunderbares Outfit gesorgt haben.

Danke an Ines und Johannes Westendarp, die es verstehen, besonders wunderbare Pferde zu züchten und dafür sorgen, dass zusammen kommt, was zusammen gehört. Danke für dieses Fürstenkind und den wunderbaren Fly!

Den Menschen, Schülern und Freunden, die die Fotoshootings vor und hinter der Kamera unterstützt haben, gilt mein herzlicher Dank.

Vielen Dank auch an Ike Becker für die wieder einmal sensationellen Zeichnungen.

Herzlichen Dank meiner Freundin und Schülerin Alexandra Jahn für Mut, Kraft und Vorwort.

Danke sage ich meinem Team, das auch an diesem Werk im Kleinen wie im Großen beteiligt war.

Mein Dank gilt Birgit Bohnet, die in wunderbarer Art mit dem gesamten Team des KOSMOS Verlages diesem weiteren Werk über die HarmoniLogie® auf die Welt geholfen hat.

Ein Buch zu schreiben, ist ein wenig wie über die Alpen zu fliegen. Und mit diesem Team schafft man das.

ZUM WEITERLESEN

Baumert, Beth: **Dressurdynamik**, Zwei Pferdekörper in Harmonie; KOSMOS 2021
Wie schaffen wir es, dass sich zwei Körper in absoluter Harmonie bewegen? Dieses Buch liefert den Schlüssel zum besseren Reiten und erklärt, wie man als Reiter Gleichgewicht entwickelt und Gefühl und Timing verfeinert. So leitet und formt man die Energie des Pferdes.

Charles, Iris: **Fit aufs Pferd,** Kraft, Koordination, Körperspannung; KOMOS 2021
Nicht nur die Fitness des Pferdes, sondern auch Kondition und Koordination des Reiters entscheiden darüber, ob das Pferd-Reiter-Paar harmoniert und wie gut die Hilfengebung klappt. Dieses Buch zeigt, welche Muskeln für Reiter wichtig sind, wie Reiter beweglich und dennoch stabil im Sattel sitzen und mit welchen Übungen sich Sitzprobleme aus der Welt schaffen lassen. Mit Fitnesstest und einfachen 7-Minuten-Workouts, speziell für Reiter!

Jones, Janet: **Horse Brain, Human Brain,** Erkenntnisse aus der Neurowissenschaft - Wie Pferd und Mensch denken, fühlen, handeln. KOSMOS 2022
Das Gehirn steuert das Verhalten – beim Pferd wie beim Menschen. Die Neurowissenschaftlerin und erfolgreiche Trainerin Janet Jones erklärt leicht verständlich die Gemeinsamkeiten und Unterschiede zwischen den Gehirnen von Mensch und Pferd und zeigt, wie man dieses Wissen anwendet, um Ausbildung, Training und Umgang effizient und lösungsorientiert zu gestalten.

Krüger-Degener, Anne: **Glückschmiede für Pferde,** HarmoniLogie – Ausbildung ohne Missverständnisse; KOSMOS 2022
Die HarmonieLogie® ist ein einzigartiges Konzept zum vertrauensvollen Umgang mit Pferden. In diesem Buch erklärt Anne Krüger-Degener praxisnah und mit vielen Beispielen, wie man die Signale des Pferdes richtig erkennt und Missverständnisse vermeidet. Mit einem Vorwort von Doppel-Olympiasiegerin Jessica von Bredow-Werndl.

Krüger, Konstanze, Marr, Isabell, **Forschung trifft Pferd,** Neuste Erkenntnisse für ein besseres Verständnis; KOSMOS 2022
Schluss mit Pferde-Mythen und alten Zöpfen! Prof. Dr. Konstanze Krüger und Dr. Isabell Marr stellen die aktuellen Erkenntnisse der Verhaltensforschung vor und zeigen, wie sich dieses Wissen bei Ausbildung und Training sowie im täglichen Umgang nutzen lässt. Dabei berichten sie von überaus erstaunlichen Erkenntnissen über Pferde und ihr Verhalten. Ein Standardwerk auf dem neuesten Stand der Wissenschaft.

Lubetzki, Marc: **Im Gespräch mit wilden Pferden,** Natürlich kommunizieren; KOSMOS 2022
Nach dem großen Erfolg von „Im Kreis der Herde" nimmt Marc Lubetzki uns mit zu den Koniks der Geltinger Birk. Auf faszinierenden Fotos gibt er tiefe Einblicke in das Verhalten und die Körpersprache der Wildpferde und zeigt, wie wir Menschen in einen echten Dialog mit ihnen treten können. Es ist erstaunlich, was Pferde uns erzählen, wenn wir ihnen zuhören.

Schulte Wien, Beatrix; Keller, Irina: **Osteopathie für Pferde,** Wissen, Spüren, Behandeln; KOSMOS 2019
Bewegungsprobleme beim Pferd werden oft nicht erkannt oder falsch beurteilt und können schnell zu dauerhaften Schäden führen. Deutschlands bekannteste Pferde-Osteotherapeutin Beatrix Schulte-Wien zeigt in ihrem Buch, wie man sein Pferd mithilfe der Osteopathie gesund und leistungsfähig erhalten kann.

Wilsie, Sharon/Vogel, Gretchen: **Sprachkurs Pferd,** Pferdesprache lernen in 12 Schritten; KOSMOS 2018
Jedes Zucken von Ohr oder Nüster, jede Bewegung des Pferdes hat eine Bedeutung. Pferde reden mit uns, doch die meiste Zeit übersehen wir diese Signale. Mit diesem Übersetzungshelfer lernen wir, die Sprache unserer Pferde zu verstehen und uns mit ihnen so zu unterhalten, dass sie unsere Wünsche verstehen und sich verstanden fühlen. Horse Speak ändert alles!

NÜTZLICHE ADRESSEN

Deutsche Reiterliche Vereinigung e. V. (FN)
Freiherr-von-Langen-Str. 13
D-48231 Warendorf
Tel. +49 (0) 25 81 63 62 0
pferd-aktuell.de

Vereinigung der Freizeitreiter und -fahrer in Deutschland (VFD)
Christiane Ferderer
Zur Poggenmühle 22
D-27239 Twistringen
Tel. +49 42 43 94 24 04
vfdnet.de

Österreichischer Pferdesportverband (OEPS)
Am Wassersprung 2
A-2361 Laxenburg
Tel. +43 22 36 71 06 00
oeps.at

Schweizerischer Verband für Pferdesport (SVPS)
Papiermühlestr. 40 H
Postfach 726
CH-3000 Bern 22
Tel. +41 31 33 54 343
fnch.ch

Tierschule und Schäferei Anne Krüger-Degener
Buersche Straße 132
49324 Melle
Tel. +49 54 22 45 141
anne-krueger-degener.com

REGISTER

HarmoniLogie®

—— Kommunikationstraining mit Anne Krüger-Degener

200 Seiten, € (D) 32,–

248 Seiten, € (D) 25,–

192 Seiten, € (D) 25,–

192 Seiten, € (D) 24,–

kosmos.de

BILDNACHWEIS

205 Farbfotos wurden von Horst Streitferdt/Kosmos für dieses Buch aufgenommen.

Weitere Bilder sind von Anna Auerbach (21: S. 2, 5, 7, 19, 37, 64, 76, 77, 83, 84, 84/85, 85, 88, 89, 99, 114, 144, 158, 199, 204/205, 208), Melanie von Sachs (1: S. 191), Rosl Rößner/Kosmos (2: S. 16, 91), Shutterstock/Dennis W. Donohue (1: S. 90).

Mit 13 Illustrationen von Friederike Becker (S. 48 – 51).

IMPRESSUM

Umschlaggestaltung von GRAMISCI Editorialdesign, München unter Verwendung von einem Farbfoto von Anna Auerbach (Umschlagvorderseite) und einem Farbfoto von Horst Streitferdt/KOSMOS (Umschlagrückseite). Das Bild auf dem Cover zeigt den dreijährigen Westfalenwallach Best of.

Mit 229 Farbfotos und 13 Zeichnungen.

Alle Angaben in diesem Buch erfolgen nach bestem Wissen und Gewissen. Sorgfalt bei der Umsetzung ist indes dennoch geboten. Der Verlag und die Autorin übernehmen keinerlei Haftung für Personen-, Sach- oder Vermögensschäden, die aus der Anwendung der vorgestellten Materialien, Methoden oder Informationen entstehen könnten.

Unser gesamtes Programm finden Sie unter **kosmos.de**.
Über Neuigkeiten informieren Sie regelmäßig unsere
Newsletter, einfach anmelden unter **kosmos.de/newsletter**

Gedruckt auf chlorfrei gebleichtem Papier

ISBN 978-3-440-16271-2
Redaktion: Birgit Bohnet
Gestaltungskonzept: Peter Schmidt Group GmbH, Hamburg
Gestaltung und Satz: Atelier Krohmer, Dettingen/Erms
Produktion: Claudia Frank
Druck und Bindung: FIRMENGRUPPE APPL, aprinta druck, Wemding
Printed in Germany / Imprimé en Allemagne

FSC
www.fsc.org
MIX
Papier | Fördert gute Waldnutzung
FSC® C004592